32비트 ARM9을 이용한

임베디드 시스템 설계와 응용

남상엽 · 조상영 · 이무영 저

도서출판 상 학 당

머리말

이 책은 32비트 ARM920T의 마이크로프로세서 코어를 기반으로 한 MBA2440 보드를 이용하여 컴퓨터 · 전자 · 통신 분야의 학생을 대상으로 한 PDA 기반 시스템 프로그램에 대한 학습 및 실습을 위한 교재로서 제작되었다.

특히 최근 임베디드 시스템에 대한 관심과 개발노력이 많이 대두되고 있으므로 임베디드 시스템의 개념과 이에 관련된 실시간 운영체제(RTOS)와 그와 관계된 윈도우 CE나 리눅스에 대한 개념을 이해하고자 노력하였다. 그리고 개발 환경의 개요를 서술하였다.

제1장부터 제3장까지는 임베디드 시스템의 개요, 임베디드 운영체제 및 ARM9 프로세서, 그리고 프로그래밍 모델에 대하여 기본적인 개념을 통하여 임베디드 시스템 전반의 하드웨어, 소프트웨어의 구성과 특징에 대하여 서술하였다.

전체적으로 ARM 기반 시스템의 소프트웨어 개발 툴인 EWARM을 사용하도록 하였고, 제4장에서는 이에 대한 사용법을 익히도록 하였다(현재는 EWARM 3.4 디버거를 사용하도록 구성되어 있지만 다른 디버깅 소프트웨어를 사용하여도 크게 달라지는 내용은 없다. 그 이유는 대부분의 디버깅 소프트웨어가 아주 유사하게 동작하며, 사용자 인터페이스가 거의 동일하기 때문이다).

제5장부터 제8장까지는 ARM 프로세서의 어셈블리어를 익히면서 EWARM 환경에 익숙해지도록 하였다. 어셈블리어 프로그래밍을 위해서는 ARM의 프로그래밍 모델에 대한 이해와 각 명령어에 대한 이해를 가져야 하며, 또한 어셈블리어 프로그래밍을 위한 어셈블러의 각종 지시어를 알아야 한다.

제8장까지는 타깃 보드를 사용하지 않고 EWARM 3.4에서 제공하는 Embedded workbench C-SPY를 사용하여 실습을 진행한다. 시뮬레이터를 사용하는 실습 환경과 실제 타깃 보드를 사용하는 실습 환경이 거의 유사하다.

제9장에서는 MBA2440 보드를 사용한 소프트웨어 개발 환경 설정에 대하여 학습을 하며, 제10장에서는 타깃 보드의 초기화 루틴에 대한 실습을 통하여 하드웨

어의 초기화 루틴의 과정을 이해한다. 제9장과 제10장을 통하여 하드웨어 주변장치들에 대한 실습을 준비하게 된다.

제11장 이후의 실습은 가장 간단한 하드웨어 실습인 범용 포트를 이용한 LED 제어 실습으로부터 PLL, UART, Timer, TFT-LCD 제어까지 다양한 기능들을 실습할 수 있도록 하였다.

끝으로 이 책을 출판하는 데 도움을 주신 (주)아이지시스템의 김창균 사장님과 연구소장으로 계신 노상태 부사장님, 그리고 도서출판 상학당의 남승우 사장님을 비롯한 임직원 여러분께 감사의 마음을 전합니다.

저자 씀

차 례

제1장
임베디드 시스템의 개요

제2장
임베디드 운영체제 소개

제3장
ARM9 프로세서의 구조 및 프로그래밍 모델

제4장

소프트웨어 개발 환경

제5장

ARM 어셈블리어 실습 (I)

제6장
ARM 어셈블리어 실습 (II)

제7장

ARM 어셈블리어 실습 (III)

제8장

ARM 어셈블리어 실습 (IV)

제9장
실습 시스템 소개

제10장
초기화 코드 실습

제11장

입출력 포트를 이용한 LED 제어 실습

제12장

PLL을 이용한 시스템 동작 주파수 제어

제13장

UART를 이용한 직렬 통신

제14장
타이머 제어 실습

제15장
TFT-LCD 제어 실습

제16장

타이머와 TFT-LCD를 이용한 시계 구현

제17장
부 록

제1장

임베디드 시스템의 개요

이 장은 임베디드 시스템과 그 응용 분야에 대하여 자세히 소개하며, 구성 및 특징 등도 살펴본다.

이 장에서 다룰 주요 내용은 아래와 같다.

- 임베디드 시스템에 대한 소개
- 임베디드 시스템의 응용 분야
- 실시간 시스템
- 임베디드 프로세서의 종류
- 임베디드 소프트웨어의 분류
- 임베디드 시스템 산업의 특성 및 설계
- 임베디드 시스템의 시장 현황 및 전망

1.1. 임베디드 시스템이란

임베디드(embedded)라는 단어 자체는 "끼워넣다"라는 뜻인데 보통 컴퓨터 시스템에서는 "내장"이라는 뜻으로 해석하고 있다. 일반적으로 우리가 사는 세상은 크게 소프트웨어적 요소와 하드웨어적 요소로 나눌 수 있다. 그리고 소프트웨어와 하드웨어가 마치 서로 다른 관계가 없는 것처럼 생각되어 온 것이다.

하드웨어에 생명력을 불어넣는 것이 소프트웨어의 역할로 부각되어온 것이 우리나라의 경우에는 1990년대부터이다.

예를 들면, 밥솥을 보면 밥을 만드는 하드웨어적 요소도 있지만 미처 알지 못하는 부분은 밥의 온도를 유지하기 위해 보온장치, 온도를 측정하기 위한 센서, 일정 시간의 타이머 등등 밥솥의 역할을 최상으로 하기 위한 여러 가지 소프트웨어적 요소들이 가미되어 있다.

그리고 세탁기의 경우 초기 모델은 세탁과 탈수 기능만 수행하는 단순한 하드웨어에 의해 제어되는 기능을 수행했는데 요즘 생산되는 세탁기는 옷감의 종류, 세탁할 옷의 양, 세탁물의 종류에 따른 세제와 물의 양 · 온도 등을 고려해 세탁할 수 있도록 지능화되었다. 이는 하드웨어적 요소인 마이크로프로세서와 변경이 가능한 고도의 제어 프로그램인 소프트웨어 요소가 내장되어 새로운 기능이 필요한 경우 쉽게 프로그램만 변경해주기 때문에 가능하다.

또 다른 예로 PDA, 핸드폰, MP3 등에서 디스플레이되는 액정(LCD) 등은 하드웨어적 요소이고 실질적으로 통신을 하는 부분이나 데이터의 이동 등은 소프트웨어적 요소가 결합된 것이다. 하드웨어적 요소라는 것은 단순히 외형을 이루는 것을 칭하는 것이 아니라 객체가 기능을 완수하도록 내부에 결합된 장치들을 말하고, 그것을 정해진 순서 또는 이벤트에 따라 적절히 대응하도록 프로그램된 것이 소프트웨어적 요소이다. 마이크로프로세서, 마이크로컨트롤러, 전자회로, 전기이론, 절삭, 기계공작 등등의 하드웨어적 요소들과 C, Assemble, C++, RTOS(Real Time Operating System) 등 모든 소프트웨어적 요소들이 갖추어져야 올바른 시스템이라 할 수 있다. 이 두 요소인 **컴퓨터 하드웨어와 소프트웨어가 조합되어 특정한 목적을 수행하는 시스템이 바로 임베디드 시스템**(embedded system)이다.

임베디드 시스템의 일반적인 의미는 마이크로프로세서 · 마이크로컨트롤러를 내장(embedded)하여 원래 제작자가 의도한 특정한 기능만을 수행하는 장치이다. 즉, 미리 정해진 특정한 기능을 수행하도록 프로그램이 내장된 시스템이고, 일반적으로 보다 큰 시스템의 일부이거나 독립된 시스템이고 특별한 업무를 수행하거나 사용자가 임의로 정한 업무를 수행한다.

임베디드 시스템은 여러 가지 이점이 있다. 우선 다양한 기능을 더하거나 향상시킬 때 비싼 하드웨어를 교체하는 것이 아니라 소프트웨어만 교체함으로써 제품 생산의 경비를 줄일 수 있고, 유지보수를 보다 쉽게 할 수 있는 장점이 있다. 특히 시스템을 개발하고 생산할 때 단순히 하드웨어 위주로 개발된 시스템인 경우에는 제품을 모방하므로 지적 재산권을 보호하기가 어려우나 임베디드 시스템으로 제품을 생산할 때는 소프트웨어로 구성되어 있는 부분이 감춰지기 때문에 지적재산권 보호가 용이하다. 이 임베디드 시스템은 개인 휴대정보 단말, 지리정보 시스템, 의료정보 단말, 정보가전, 게임기기, 자동차, 항공기 및 우주선, 의료 및 산업 원격조정 장비 등에 사용되는 시스템을 총칭한다.

이러한 임베디드 시스템의 응용분야는 일반용, 산업용, 특수용 등으로 분류할 수 있다.

1.1.1. 일반용 임베디드 시스템 응용 분야

일반용 임베디드 시스템은 가정 자동화(HA : Home Automation)와 사무실 자동화(OA : Office Automation) 기기를 포함하는 인터넷 정보가전(IA : Internet Application)이 대표적이다. 가정 자동화는 집안의 모든 것들을 리모컨 혹은 원격으로 제어하는 것이 목표이다. 현재 리모컨이 아닌 웹패드, 음성인식 등을 이용한 제어로 발전하고 있고, 주택을 단순히 주거 개념으로 보지 않고 컴퓨터와 통신 및 반도체 기술을 응용하여 일상생활을 자동화시킨 가정을 가정 자동화로 본다.

인터넷 정보가전은 기술의 발전에 따라 일반 가전제품에 다양한 기능이 요구되고 다양한 기능의 처리를 위한 가전제품 전용 임베디드 시스템이 적용되었다. 가정 내 유무선 정보통신망에 연결되어 데이터의 송수신이 가능하게 구성함으로써 원격제어, 정보수집 등이 가능해짐에 따라 홈오토메이션, 홈네트워킹과 함께 가정 자동화의 핵심 부분이 되었다.

디지털TV, 인터넷 냉장고, 인터넷 세탁기, 전자레인지, DVD, 디지털 비디오 등과 같은 차세대 네트워크 가전제품을 말한다. 인터넷 정보가전은 크게 게임기기,

일상생활기기, 사무용기기, 휴대정보 단말기기 등으로 구분된다.

특히 휴대정보 단말기기는 단순한 통화 중심의 이동 전화기에서 각종 정보검색, 오락, 메시징 등의 복합기능이 수행되는 디지털 정보 단말기기로 발전하고 있고 단말기기 각각의 기능에 맞는 마이크로프로세서, 메모리, 운영체제, 응용 프로그램 등으로 구성되어 있다. 앞으로 다양한 단말기기, 즉 핸드폰, PDA, 스마트폰, MP3, 게임기기 등이 하나의 기기로 통합되고 있다. 컴퓨터 유무선 통신망을 이용하여 생활정보, 문화정보, 홈뱅킹, 홈쇼핑, 학습정보, 진료 등의 컨텐츠가 하나의 단말기를 통하여 얻어짐으로써 시간과 공간의 제약에서 자유로워지는 데 그 목적이 있다. 하나의 통합단말기는 집안이나 외부에서 조명, 수도, 가스, 난방, 가전제품 등을 제어할 수 있다.

게임기기는 고성능 프로세서를 탑재한 마이크로소프트의 Xbox, 소니의 플레이스테이션 2와 32비트 ARM 프로세서를 탑재하고 2.9인치 TFT스크린과 더불어 32,768색상을 지원하는 휴대형 게임장치인 닌텐도 게임보이 어드밴스(Nintendo Gameboy Advance) 등이 있다.

인터넷 냉장고는 인터넷에 연결되어 온도, 문의 개폐 여부, 현재 저장량과 같은 상태를 웹 브라우저를 통해 모니터 및 조절하는 기능을 제공하고, 냉장고 문에 달린 디지털TV를 통해 제품 구입 및 물건 상태를 측정하고 자동 배송할 수 있는 시스템을 복합적으로 활용하고 있다. 그리고 인터넷을 통해서 원격지에서 상태를 모니터할 수 있는 세탁기도 있다. 방문자가 벨을 누르면 벨에 연결된 네트워크를 통해 직장에 있는 집주인에게 이메일이 보내진다든지, 전화가 인터넷에 연결되어 있으면 최근의 전화 수신 상태를 체크할 수도 있다.

사무기기를 중심으로 하는 OA는 주로 PC를 기본으로 하고 있으나 팩시밀리, 복사기, 프린터, 전화기 및 각종 통신 관련 장비[예를 들어, 디지털 교환기, PABX(Private Automatic Branch Exchange), 인터넷 전화기, 영상전화기 등의 음성 서비스 통신기기, 라우터, 게이트웨이, 공유기 등의 유무선 데이터 통신장비, 셋톱박스 등]들이 이 범주에 포함된다.

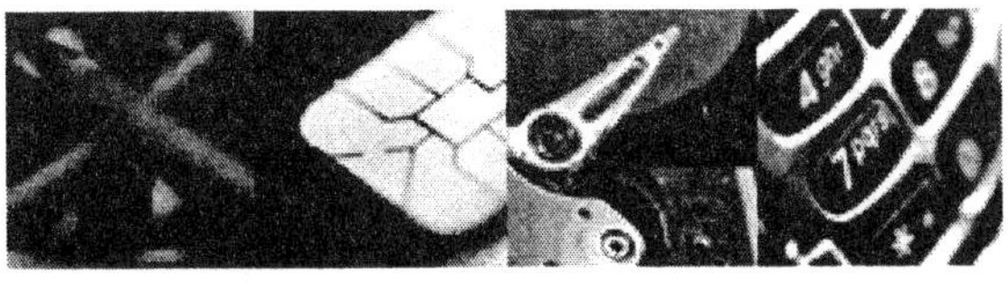

1.1.2. 산업용 임베디드 시스템 응용 분야

산업용 임베디드 시스템은 주로 공장 자동화(FA : Factory Automation)에 사용하는 기기들이다. 공장 자동화용 임베디드 시스템은 특정 기계나 장비를 통해 제품의 설계, 제조, 조립, 검사 등의 생산공정을 거쳐 창고에서 제품이 출하되는 일체의 생산과정을 자동적으로 관리하는 시스템에 적용된다. 이는 센서와 제어 시스템, 로봇 등으로 구성하여 무인시스템을 구축하고 공장 자동화 및 로봇은 실시간 시스템과 임베디드 시스템 발전의 원동력이 된다. 임베디드 시스템은 이 산업 분야에서 생산량 증대, 생산비 절감, 품질 향상, 생산 시간 단축, 기능공 부족 해소, 위험한 작업을 대신하는 일에 주로 기여한다. 공장 자동화 관련 장비와 설비들은 목적에 따라 하드웨어로 구성되어 있어 확장성, 업그레이드, 기능 수정을 위해 소프트웨어를 조합하여 구축한다.

1.1.3. 특수용 임베디드 시스템 응용 분야

일반용과 산업용의 범주에 들지 않는 임베디드 시스템으로 군사무기(예를 들어 크루즈 미사일, 요격용 미사일, 레이더, 항법장치 등), 보통 수백 개의 프로세서가 탑재한 비행제어 시스템, 대표적인 실시간 시스템의 하나로서 영상처리, 통신 등 모든 처리 기능을 복합적으로 갖고 실시간 운영체제인 VxWorks가 탑재된 것으로 유명한 우주왕복선 패스파인더(Pathfinder), 위성제어 시스템, 핵발전소 제어 시스템, 자동차 엔진 및 각종 제어 시스템 및 무인제어 시스템인 자동차 제어 시스템, 지능형 교통 시스템(ITS : Intelligent Transport System) 등을 들 수 있다. 이들은 일반적인 임베디드 시스템과는 달리 상당 수준의 시스템의 신뢰성, 즉 극한 환경에서 작동하여 장시간 동안 고장나지 않는 등의 까다로운 규격을 요하는 시스템이다.

1.2. 임베디드 시스템의 등장

장비를 제어하는 데 사용되는 컴퓨터(임베디드 시스템)는 컴퓨터 그 자체만큼이나 친숙해졌고, 1960년대 후반, 전화 스위치를 제어하는 통신에 사용되었던 것이 최초의 임베디드 시스템으로 알려져 있다. 지난 몇십 년 동안 컴퓨터는 소형화되고 임베디드 시스템도 그러한 추세를 따라갔다. 외형은 작아졌지만 더 많은 기능을 제공하고 네트워크와 연결할 필요성이 대두되면서 네트워킹 스택도 필요해졌다. 더욱 복잡해지고 더 많은 메모리와 인터페이스가 필요하게 되었다. 따라서 운영체제(OS)의 서비스에 대한 기대도 높아졌다.

임베디드 시스템용 OS는 1970년대 후반에 등장했다. 요즘은 10여 가지의 제품이 있다. 이 중에서 VxWorks, pSOS, Neculeus, 윈도우 CE, 리눅스 등이 주요 제품으로 등장했다.

1.3. 임베디드 시스템의 구성 및 특징

임베디드 시스템의 구성을 살펴보면, 임베디드 하드웨어는 임베디드 프로세서/임베디드 컨트롤러, 메모리, I/O 장치, 네트워크 장치, 센서, 구동기 등으로 구성되어 있고 임베디드 소프트웨어는 운영체제, 시스템 소프트웨어 및 응용 소프트웨어로 구성되어 있다.

임베디드 시스템의 특징은 특정한 기능에 부합하는 최적화(application-specific functionality), 소형, 경량화, 저전력화, 고신뢰성이면서 네트워크를 지원하고 멀티미디어를 지원하는 시스템으로 실시간 운영이 되는 열악한 환경하에서도 데드라인(deadline) 이내, 즉 반응에 요구되는 시간의 한계값에 논리적으로도 결과 산출에 걸리는 시간에서도 적시성(timeliness)을 가지며 외부 자극에도 예측 가능한(predictable) 방식으로 반응하는 시스템으로서 가격에 민감하고 안전하게 동작할 수 있는 시스템의 특징을 가지고 있다.

1.4. 실시간 시스템의 정의 및 분류

실시간 시스템(real time system)의 정의는 정해진 시간 내에 시스템이 결과를 출력하는 시스템을 말한다. 이는 주어진 작업을 빨리 처리하는 것이 아니고 정해진 시간을 넘어서는 안 된다는 뜻이다.

실시간 시스템의 분류는 하드웨어 실시간 시스템(hardware real-time system)과 소프트웨어 실시간 시스템(software real-time system)으로 분류된다.

하드웨어 실시간 시스템은 정해진 시간(deadline) 내에, 즉 시간 내에 처리하지 않으면 치명적인 결과를 초래하는 경우에 작업의 결과가 절대적으로 출력되어야 하는 시스템으로 주로 전투기의 비행제어 시스템, 핵발전소의 제어 시스템, 인공위성의 제어 시스템 등이 이에 해당된다.

소프트웨어 실시간 시스템은 정해진 범위를 넘는 시간(deadline) 지연이 발생하더라도 그것이 시스템의 에러가 되지 않는 시스템으로 주로 컴퓨터, 정보기기, 네트워크 관련기기 등이 이에 해당된다.

임베디드 시스템은 대부분 실시간적인 요소가 내포되어 있고 실시간 시스템이 포함되어 있어야 한다.

1.5. 임베디드 프로세서의 종류

임베디드 프로세서는 단순히 장치 내에 내장되는 마이크로프로세서를 지칭한다. 주로 제어와 계산을 수행하는 임베디드 프로세서는 마이크로컨트롤러(MCU)보다 성능은 높지만 범용 프로세서 성능에는 미치지 못하다는 것으로 생각하고 있다. 그러나 그 적용 범위는 범용 프로세서를 훨씬 능가하고 있다.

우선, 비트 수에 따라 분류해 보면 몇 년 전까지만 해도 8비트나 16비트가 주요 제품이었는데 최근 들어 32비트 이상 되는 프로세서를 채택하는 고성능 시스템이 늘어가고 있는 추세이다. 또한 프로세서에 메모리와 각종 보조회로들을 한 개의 칩에 탑재시켜 모든 기능을 제공할 수 있는 시스템 온 칩(SOC : System-On-a-Chip) 기술이 발달하여 임베디드 시스템의 확산을 더욱 가속화시키고 있다. 특히 32비트 프로세서가 50%이상 시장 점유율을 기록하고 있다.

전통적으로 32비트 임베디드 프로세서 시장에서는 모토로라의 CISC 68K계열 코어를 사용한 68300계열 프로세서와 RISC계열의 Coldfire MPU 및 PowerPC 계열의 MPC860 계열이 상당한 시장 장악력을 행사하고 있었다. 모토로라를 선두로 하고 MIPS 테크놀로지스와 ARM사가 그 뒤를 추격하는 양상이었다. 그러나 1999년부터 혜성처럼 등장한 ARM이 새로운 패권자로 등장하기에 이르렀다. 이러한 ARM의 극적인 반전은 1998년 노키아가 출시한 GSM 모델 Nokia 6110 셀룰러폰의 영향이 컸다. 물론 그 뒤에는 디지털 신호 처리(digital signal processing) 분야의 절대 강자인 텍사스 인스트루먼트가 ARM 코어를 채택함으로써 ARM은 2000년에 57.8%의 시장 점유율을 기록한 데 이어 이듬해인 2001년에는 76.8%라는 경이적인 성장을 기록했다. 최근 발표된 SIA와 Semico Research 그룹의 자료에 의하면, ARM은 지난해에도 79.5%의 시장 점유율을 기록하며 정상 질주를 계속하고 있다. ARM의 비즈니스 모델은 많은 임베디드 프로세서 업체들의 벤치마크 대상이 되고 있다. 오늘날 임베디드 프로세서 시장은 전통을 자랑하는 68K, x86, PowerPC, SPARC, 그리고 아주 최근에 등장한 임베디드 전용 IP(Intellectual Property)인 ARM, MIPS, SuperH 등이 서로 경합하며 경쟁 구도를 형성하고 있다. 이들 중 상당수는 임베디드 시장이 아닌 워크스테이션이나 PC 시장을 대상으로 개발되었다는 점이 흥미롭다.

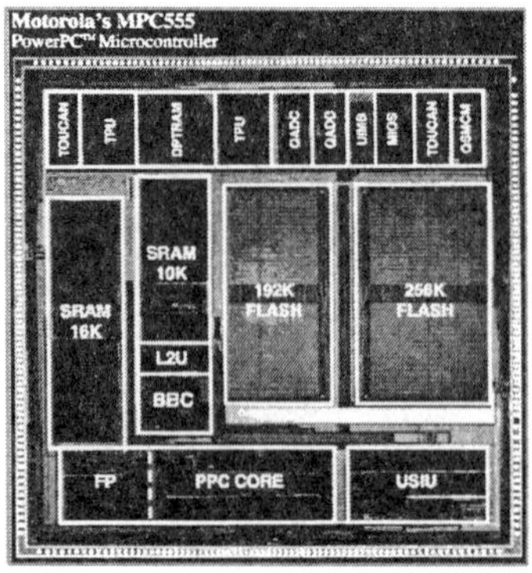

1.6. 임베디드 소프트웨어의 분류

초기 임베디드 시스템은 비교적 단순해서 운영체제와 같은 고도의 소프트웨어가 필요 없이 순차적으로 실행되는 단순 프로그램으로도 동작이 가능하였다. 그러나 최근 임베디드 시스템은 그 규모가 커지게 되고 네트워크나 멀티미디어 처리 기능 등을 처리하는 것이 기본적으로 제공되어서 단순한 순차적 프로그램 실행 소프트웨어만으로는 동작이 매우 어렵게 되었다. 임베디드 운영체제는 크게 실시간과 비실시간으로 나누어진다. 일부 정보단말을 제외한 대부분의 임베디드 시스템은 정해진 시간 간격 내에 주어진 작업이 실행되어야 하는 실시간 특성을 가지고 있다. 산업용과 특수용, 일부 일반용 임베디드 시스템은 대부분 이러한 특성을 지원하는 실시간 운영체제를 탑재하고 있다. 요즘 많이 사용되는 임베디드 운영체제는 마이크로소프트사의 윈도우 CE와 공개된 운영체제인 내장형 리눅스 등의 비실시간 계열과 특정회사에서 개발하여 판매하는 실시간 운영체제인 VRTX, VxWorks, OS-9 등이 있다.

임베디드 소프트웨어의 분류를 살펴보면 다음과 같다.

■ 임베디드 응용 소프트웨어

멀티미디어 재생기, MAP Viewer, 브라우저, PIM응용, 게임, 모바일 숍, CNS(GPS, GIS) 등

■ 임베디드 미들웨어

JVM, CORBA,COM, 무선 인터넷 플랫폼(Brew), 각종 통신 프로토콜 관리기 등

■ 임베디드 시스템 소프트웨어

적용형 RTOS, 메모리 상주 DBMS, 디바이스 드라이버, 저전력 지원 등

■ 임베디드 소프트웨어 개발 프레임워크

컴파일러, 디버거, 모바일 환경에 적합한 각종 시뮬레이터, 실시간 모니터, 이동모니터로 구분한다.

1.7. 임베디드 시스템 산업의 특성 및 설계

1.7.1. 임베디드 시스템 산업의 특성

임베디드 시스템의 산업은 한마디로 고부가가치 산업이다. 임베디드 소프트웨어가 탑재된 상품의 가치는 하드웨어보다 소프트웨어가 좌우하는 기술집약적 고부가가치 산업이다.

예를 들자면 통신 라우터의 경우 하드웨어 원가가 수십만원에 불과하나 각종 통신 및 제어 소프트웨어가 탑재되면 최종가격은 수백만 원으로 상승됨을 알 수 있다.

우리나라의 기술 우위산업 분야인 정보가전(디지털가전), 이동전화, 전자, 자동차 등과 임베디드 소프트웨어 기술을 접목할 경우 국가 산업 발전의 새로운 대안으로 부각 기능을 수행할 것으로 본다.

1.7.2. 임베디드 시스템의 설계

임베디드 시스템 설계시 핵심은 하드웨어와 소프트웨어가 개발할 기능을 어떤 식으로 할 것인가에 대하여 많은 관심이 있다. 즉 개발 기능은 3분야로 보면 적절

한 프로세서의 선택, 적절한 운영체제의 선택, 적절한 디버깅/개발 툴의 선택으로 구분하여 설계해야만 한다.

그리고 임베디드 시스템 설계의 흐름은 소프트웨어/하드웨어 설계팀의 활동이 유사하므로 소프트웨어/하드웨어 구별이 모호해지고 Co-Design의 개념을 도입하여 설계해야만 한다.

1.8. 임베디드 시스템의 시장 현황 및 전망

1.8.1. 임베디드 시스템의 시장 현황

임베디드 시스템의 세계시장은 2002년도에 약 1000억 달러 규모이고 임베디드 소프트웨어 분야는 약 200억 달러 규모인데 이는 매년 20%의 성장률을 보이고 있고, 2007년도에는 약 500억 달러 수준으로 성장을 전망하고 있다. 특히 국내시장은 2002년도에 약 7천8백억 원 규모이고, 2007년도에는 약 1조9천5백억 원 규모로 성장할 것으로 전망하고 있다.

특히 소프트웨어 시장은 제1의 강자가 없다. 즉 가장 각축전이 치열한 분야는 임베디드 운영체제(OS)인데 PC시장과 같이 특정OS가 시장을 독점하지 못하고 있고 적용제품의 종류, 규모에 따라 여러 종류의 상용 및 비상용 제품이 다양하게 출시되고 있다. 그리고 임베디드 OS 및 플랫폼, 어플리케이션 시장을 놓고 불꽃튀는 경쟁을 벌이고 있다. 즉 VxWorks를 비롯한 RTOS, 윈도우 CE, 임베디드 리눅스, Sun사의 Java, 일본의 Tron 등이 있다.

1.8.2. 임베디드 시스템의 전망

임베디드 시스템, 그것이 없는 생활은 상상하기 곤란할 정도로 우리의 생활에 깊숙이 자리잡고 있다. 임베디드 시스템은 향후 정보통신의 궁극적인 목표인 언제, 어디서, 누구나, 쉽게 정보를 이용할 수 있는 환경을 구축하는 데 가장 중요한 기술이다. 앞으로 임베디드 시스템은 PC중심에서 다양한 non-PC를 기반으로 하는 보다 윤택한 정보사회로 발전해 나가는 핵심이 될 것이다.

1. 임베디드 시스템 하드웨어의 전망

대부분의 프로세서가 임베디드 시스템용으로 사용되고 있고, 데이터의 처리용량의 증가에 따라 32비트 코어에서 64비트 코어로 발전해나가고 있다. 특히 기능면에서 고성능의 파이프라인, DSP, 자바 처리 전용 하드웨어가 추가되는 추세이며, 많은 종류의 마이크로프로세서/컨트롤러들 중에서 응용에 최적인 제품을 찾아내는 것이 설계에서 매우 어렵고 중요한 작업이다. 메모리는 고속/대용량화되고 있고, 특히 플래시 메모리의 사용이 증가되고 있다.

네트워크 분야에서는 유·무선 네트워크의 대역폭의 계속적인 증가가 있고 정보기기를 통해 어디서나 다른 정보 시스템에 접근 가능한 액세스 네트워크 구축이 핵심기술(예를 들면 Wireless LAN, Bluetooth 등)이다.

SOC(System-On-a-Chip)는 CPU, 메모리, DSP, I/O 등을 하나의 칩으로 만드는 기술로서 CPU칩, 메모리 칩, 주변장치 칩들을 따로 사용하여 설계할 수 있고, 각 칩에 해당되는 회로를 각각의 IP(Intellectual Property 또는 지적 재산권)로 확보해서 한 개의 칩으로 설계하는 수만 게이트 급의 칩으로 설계가 가능하다.

2. 임베디드 시스템 소프트웨어의 전망

실시간 시스템의 운영체제는 간단하고 단순한 순차적인 작업에 관련되어 있는 것으로 순차적인 프로그램으로 충분하였으며, 8비트, 16비트 마이크로프로세서 및 마이크로컨트롤러를 사용하고 있다.

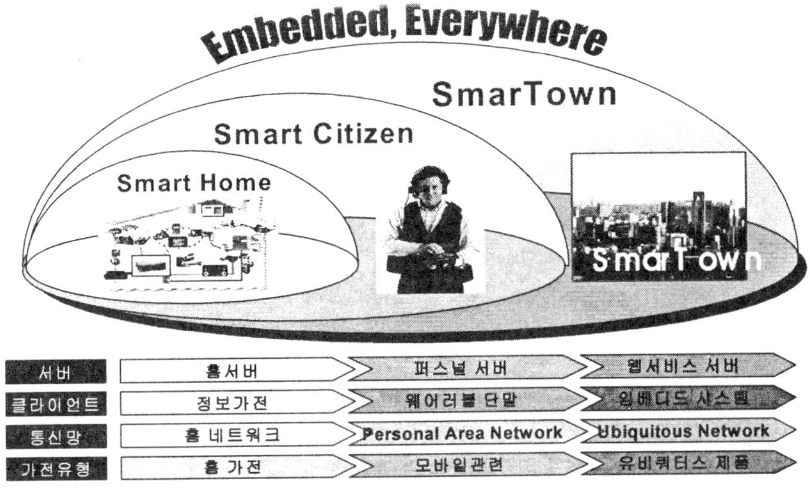

임베디드 시스템에서의 운영체제는 시스템 자체가 실시간 시스템에 비해 대형화되고 32비트 RISC 마이크로프로세서를 사용하고, 네트워크와 연결되고, GUI 환경이 강화되어 있어 기능이 많아지고 복잡해졌다. 이에 해당되는 것은 기존의 상용 RTOS(Real-Time OS), 윈도우 CE, 임베디드 리눅스, 임베디드 JAVA 등이다.

임베디드 시스템은 초기에 산업 및 군수용 장비 제어를 위해 VxWorks pSOS, VTRX 등 RTOS가 세계시장을 선점하였는데 2001년을 기점으로 점차 전용 실시간 OS인 VxWorks, pSOS는 시장 점유율이 하락하고 있다.

현재 임베디드 시스템의 다기능화 추세로 MS의 윈도우 CE와 공개 소스 기반의 임베디드 리눅스 중심으로 시장이 재편되고 있다. 임베디드 리눅스는 2003년에 14%, 2010년에 50% 시장 점유가 예측하고 있고 2002년 PDA에서는 PalmOS가 선두이나 2005년에는 MS사의 윈도우 CE가 이를 추월할 것이다.

제2장

임베디드 운영체제 소개

이 장은 임베디드 시스템에서 반드시 필요한 실시간 운영체제에 대하여 살펴본다.

이 장에서 다룰 주요 내용은 아래와 같다.

- 임베디드 시스템에서의 운영체제에 대한 설명
- 여러 가지 운영체제들

2.1. 임베디드 시스템에서의 운영체제

앞장에서 살펴보았듯이 임베디드 시스템이라는 것은 일반적인 컴퓨터 시스템과는 달리 어떠한 목적을 이루기 위해서 특별하게 설계된 컴퓨터 시스템이다. 초기의 임베디드 시스템은 비교적 단순한 기능만을 요구하는 일이 대부분이어서 운영체제의 도움 없이 순차적인 마이컴 프로그램만을 이용하여도 대부분의 요구되는 기능을 만족시키는 데 문제가 없었다. 또한 특별한 이벤트에 대한 처리도 인터럽트 프로그램이라는 기법을 사용하여 기능을 구현하는 데 크게 문제가 되는 경우가 발생되지 않았었다.

따라서 과거의 임베디드 시스템들은 주로 간단하고 단순한 순차적인 작업에 관련되어 있었기 때문에 굳이 운영체제의 도움을 받아야 할 필요가 거의 없었다. 그러나 최근의 임베디드 시스템 분야에서는 시스템 자체에 대한 성능과 기능에 대한 요구가 커지고, 네트워크나 멀티미디어가 시스템에 필수의 개념이 되면서 임베디드 시스템의 기능이 이전에 비해 매우 복잡해지고 다양화되었기 때문에 순차적인 프로그램 작성만으로는 그러한 요구에 대응하기가 매우 어렵게 되었다.

따라서 임베디드 시스템에서도 PC 등의 컴퓨터 시스템에서와 마찬가지로 운영체제의 개념이 필요하게 되었고, 임베디드 시스템의 특성상 실시간이라는 요소를 만족해야 했으므로 실시간 운영체제가 임베디드 시스템에 도입되는 것이 현재는 당연하게 여겨질 정도가 되었다.

과거에는 정밀무기나 제어 시스템에서 주로 사용되던 실시간 운영체제가 현재에 이르러 산업 전반에서 많은 제품들이 실시간 운영체제를 채택하여 개발되고 있으며, 그 범위가 전방위적으로 확대되고 있는 추세이다. 현재 제품개발에 사용되고 있는 임베디드 운영체제는 다양하며, 그 중 대부분은 RTOS(Real-Time OS, 실시간 운영체제)로 RTOS가 임베디드 운영체제라고 말해도 될 정도로 임베디드 시스템과 실시간 운영체제는 밀접한 관련성을 지니고 있다. 따라서 이 장에서는 임베디드 시스템에서 반드시 필요한 실시간 운영체제에 대하여 살펴보기로 한다.

2.1.1. 임베디드 시스템과 RTOS

실시간 시스템의 예로 정밀 무기체계, 산업제어 시스템, 의료 영상시스템, 동영상 시스템, 자동차엔진 연료주사 시스템 등을 들 수 있을 것이다. 이러한 실시간 시스템의 예들은 시간제약이 잘 정의되고, 또한 고정되어 있다. 따라서 모든 처리는 이러한 제약조건하에서 수행되어야 하며, 그렇지 않을 경우 시스템의 동작은 오류를 발생하게 된다.

예를 들어, 자동차 생산에 있어서 용접 로봇이 있다고 가정하면, 로봇은 자동화 라인에서 용접되기를 기다리는 자동차가 자신의 작업반경에 도착해서 벗어나기 전까지 자신에게 주어진 용접작업을 완료해야 한다. 그렇지 않으면 현재의 용접작업이 지연되고, 전체 자동차 생산라인의 동작에도 치명적인 결과를 초래하게 된다. 따라서 실시간 시스템은 주어진 시간 제약 내에 올바른 결과를 내야만 정상적으로 작동된다고 정의할 수 있다.

실시간 시스템은 시간 제약성의 강약에 따라서 경성 실시간 시스템(hard real-time system)과 연성 실시간 시스템(soft real-time system)으로 나누어진다. 경성 실시간 시스템이란 시간의 제약 내에 주어진 작업이 처리되지 못했을 경우 재앙적이고 치명적인 오류의 결과가 나타나는 경우에 적용되는 시스템을 말하며, 정밀무기 제어, 원자력 발전소 제어 등이 이에 해당된다. 따라서 이러한 시스템은 주어진 시간 제약 내에 주어진 작업이 반드시 완료되어야 하는 보장성(guaranteed computing)이 가장 중요하다고 할 수 있으며, 자원 사용 및 시간적 서비스에 대한 예측성(predictability)이 주어져야 하는 시스템이다. 이에 반해 연성 실시간 시스템은 주어진 작업에 대한 시간 제약성이 주어지지만, 실시간 동영상 시스템과 같이 그것을 위반하여 동작했을 경우에도 심각한 결과를 초래하지 않는 시스템을 가리킨다.

과거의 실시간 시스템의 개념은 무기체계나 산업제어 분야, 로보틱스 같은 분야에서부터 시작하였으므로 경성 실시간 시스템으로 출발하였으며, 기존에 상용으로 많이 사용되었던 VxWorks, pSOS, VRTX 등의 실시간 운영체제가 경성 실시간 시스템을 위한 것이다. 반면에 최근 들어서 인터넷과 정보기기의 발전으로 인해서 폭발적으로 그 수요가 증가하고 있는 멀티미디어, 가상현실 등의 분야에서는 일반적인 컴퓨터의 운영체제와 유사한 고급 기능을 필요로 하는 경우가 많으므로 연성 실시간 시스템의 개념이 증대되었으며, 임베디드 리눅스, 윈도우 CE, 임베디드

JAVA 등이 이에 해당되는 실시간 운영체제라 할 수 있다.

2.1.2. 임베디드 운영체제의 기능

RTOS는 표준 하드웨어 환경이 정해져 있지 않다는 점이 윈도우나 유닉스 등 범용 운영체제와 커다란 차이이며, 이는 곧 응용 프로그램뿐 아니라 운영체제 자체에 대해서도 사용자가 환경을 설정해야 하고 때에 따라서는 포팅 노력이 요구된다는 뜻이다. 그리고 시스템의 하드웨어 자원, 특히 메모리 사용에 대해서 많은 제약이 따른다. 예를 들어 일반 OS에서 작동하는 응용 프로그램이 몇 백 KB 메모리를 더 사용한다고 해서 무슨 큰 문제가 되는 것은 아니다. 그러나 임베디드 시스템에서는 메모리를 더 사용하면 그만큼 제품 단가가 올라가고, 특히 이동 환경에서는 제품의 크기와 전지의 사용 시간에도 직접적인 영향을 주게 된다. 임베디드 분야의 개발자 실력이 0에서 100점까지 확연하게 드러나는 이유가 바로 여기에 있다. 현재 시장에선 임베디드와 RTOS에 대한 확실한 구분 없이 사용되고 있다. 정확히 말하면 임베디드 OS는 실시간 운영체제를 포괄하는 폭넓은 분야이다.

임베디드 운영체제는 임베디드 시스템이 가지는 특성 때문에 범용 운영체제와 구조는 다르지만 멀티태스킹, 태스크 스케줄링, 태스크 간의 통신, 메모리 관리, I/O, 인터럽터 및 TCP/IP와 같은 통신 프로토콜까지 대부분의 기능을 지원하고 있으며, 일반 운영체제와의 차이점은 시간제약에 차이, 신뢰성, 범용성과 특수성에 있다 할 것이다. 따라서 임베디드 운영체제는 구조적으로 범용 운영체제와는 구별되는 다음과 같은 특수한 기능을 제공하고 있다.

■ RAM 및 플래시 메모리 기반 파일 시스템

임베디드 시스템은 일반적으로 하드디스크를 사용하지 않는 시스템이 대부분이므로 RAM이나 플래시 메모리가 프로그램과 데이터 메모리로 사용된다. 따라서 이러한 반도체 메모리는 하드디스크에 비해 저장 용량이 현저히 부족하므로 파일의 저장, 관리, 삭제 및 부팅 등의 파일 시스템 기능은 범용 운영체제에 비해 축약된 파일관리를 위한 기능을 제공해야 하는 것이 특징이다.

■ 저전력 기능

임베디드 시스템은 이동용 기기가 대부분이므로 건전지를 전력원으로 사용하는 것이 일반적이다. 따라서 기기의 사용시간을 늘리기 위해 시스템의 전력소모를 최소로 관리하는 것이 필수적이므로 운영체제가 이러한 기능을 가지는 것이 당연하다. 따라서 임베디드 시스템에서 전력소모가 큰 장치로 LCD 및 LED 등의 디스플레이 장치들이 주 관심대상이 될 것이다.

■ 빠른 부팅 기능

일반적인 PC의 운영체제는 각종 하드웨어 진단 프로그램이 수행된 후에 부팅이 되므로 시스템 초기화에 상당한 시간이 소요된다. 그러나 임베디드 시스템의 경우는 부팅이 느리면 사용자의 불편이 증대되므로 꼭 필요한 기능만을 수행하는 것으로 부팅 기능이 축소되어 있다.

■ 유무선 통신 기능

임베디드 시스템은 정보가전기기의 비율이 급속도로 증가하고 있으므로 유무선 통신 기능에다 TCP/IP 등 인터넷 기능들이 필수적으로 장착되고 있다. 무선 LAN, 블루투스, GPS, 적외선 통신 모듈, RF, CDMA 등의 통신들이 제공된다.

■ XIP(eXecute in Place)

임베디드 시스템의 경우 일반적으로 메모리 용량이 작으므로 플래시 메모리에 있는 응용 프로그램을 주기억장치로 불러들여서 실행하는 것이 시스템에 부담이 되는 경우가 많다. 따라서 응용 프로그램을 저장된 플래시 메모리에서 바로 실행할 수 있는 기능을 제공하는 기능이 XIP 기능이다. 이 기능은 플래시 메모리에서 프로그램이 바로 실행되는 편리성이 있으나 수행속도가 느리고, 플래시 메모리의 수명단축에 대한 단점이 있다.

■ 컴포넌트 기반 운영체제

임베디드 운영체제는 각종 타깃 디바이스에 따라서 메모리 사용을 최소화하기 위해 운영체제의 커널의 구성에서 필요한 부분만을 발췌하여 구성할 수 있는 기능을 제공한다. 이러한 기능을 제공하려면, 커널이 기능별로 모듈화가 되어 있어야 한다.

■ 다양한 입출력 장치 드라이버

임베디드 운영체제는 PC에서처럼 표준화된 규격의 하드웨어나 장치에 대해서 운용을 지원하는 것이 아니라, 그 응용 분야가 다양하므로 다양한 입출력 장치 드라이버를 제공하고 있다. GPS, LCD, CDMA, 블루투스, 무선LAN 등에 대한 장치 드라이버는 표준화되어 제공하고 있으며, 각 하드웨어의 응용에 따라서 필요할 경우 PC의 운영체제와 마찬가지로 제조사에서 하드웨어를 구동해 줄 수 있는 장치 드라이버를 만들어서 제공해야 한다.

2.1.3. 상용 RTOS 시장동향

현재까지 국내에서 많이 쓰이는 RTOS로는 마이크로텍의 VRTX, ISI의 pSOS, 윈드리버사(WindRiver)의 VxWorks, 마이크로웨어의 OS-9 등이 있고, 이밖에 QSSL의 QNX와 같은 운영체제가 쓰이고 있다. 이들 RTOS는 모두 경성 실시간 운영체제로서 선점형 멀티태스킹을 지원하며 POSIX를 지원한다. 운영체제의 각 태스크들은 우선순위를 가지고 있어 높은 우선순위를 가지는 태스크들이 먼저 실행되는 구조로 되어 있다.

그리고 이들 RTOS는 보통 커널 모드와 사용자 모드가 있어 시스템 콜에 의해 이 모드들에 대한 독립성을 보장한다. 또한 PC의 운영체제와 마찬가지로 통합 개발 환경과 디버깅 툴을 개발하여 개발자들이 쉽게 프로그램을 개발할 수 있도록 지원하고 있다.

그렇지만 이러한 RTOS들은 대부분이 상용 운영체제라 일반 PC의 운영체제와 달라 구매자가 소수이고 개발비용도 많이 들며, 지원하는 마이크로프로세서도 다양하기 때문에 개발 및 라이선스 비용이 매우 비싼 편이므로 이를 적용해서 제품을 개발하는 데 적지 않게 부담으로 작용하고 있다.

예를 들면, 이들 운영체제의 중에는 개발 툴을 제대로 갖추려면 1억 원 이상 들어가는 경우도 있으며, 라이선스 가격이 엔지니어 1명당 3천만 원을 호가한다고 한다. 따라서 비싼 가격 문제로 인해 정밀성이 요구되는 무기체계나 아주 복잡성을 갖는 시스템을 제외하고는 RTOS가 직접 적용되는 예가 많지 않다.

개발에 있어서는 RTOS의 환경에서 개발하고, 실제 양산에 들어갈 때는 RTOS를 제거한 채 생산하고 판매하는 경우가 많다고 한다. 결국 개발용 툴로 RTOS가 적용되기는 하지만, 실제 제품 적용시에는 라이선스 비용에 대한 부담 때문에 제조업체에서는 가능한 한 RTOS의 적용을 꺼리기 때문이다.

그러나 한 대 또는 수십 대의 제품만 만드는 특수한 경우에 있어서는 RTOS를 그대로 사용해도 큰 부담이 되지는 않을 것이다.

실시간 운영체제의 선택은 응용 분야별로 선택되기도 하지만 일반적으로는 개발 엔지니어의 경험 유무에 의해서 결정되는 것이 대부분이다. 또한 임베디드 시스템의 프로그램 개발 환경은 PC나 그 이상의 컴퓨터 시스템을 이용하여 개발이 이루어지며, 개발 후 임베디드 시스템으로 다운로드하여 디버깅하는 형태를 취하게 된다. VRTX는 유닉스 환경에서 개발 환경이 구축되어 있으며, 다른 RTOS들에서는 윈도우 NT에서 개발하는 환경도 제공하고 있다.

미국의 경우 임베디드 시스템 개발 회사의 50% 정도는 자체적으로 개발한 RTOS나 그것에 해당하는 프로그램을 독자적으로 개발하고 있으며, 앞서 언급한 RTOS들이 5% 내외의 비율로 시장을 조금씩 나눠갖고 있는 형편이다. 이와 같이 상용의 RTOS가 많이 채택되지 않는 이유는 임베디드 시스템 개발에서 RTOS의 비싼 가격 외에 많은 노하우를 필요로 하며, RTOS를 비롯한 개발 도구의 안정성이 높지 않아서 새로운 것을 선택하는 경우 개발 도구를 익히는 데 많은 시간이 소요되기 때문인 것으로 판단된다.

그리고 무료 RTOS로 교육용으로 많이 사용되고 있는 uC/OS가 있다. 프로그램 소스가 몇 천 라인 정도로 소규모로 작성되어 있고, 모든 프로그램 소스가 공개되어 있으며, 통신을 제외한 모든 운영체제의 기본 요소를 포함하고 있으므로 운영체제를 공부하는 학생들에게 적합하기 때문에 교육용 운영체제로 최적의 조건을 갖추고 있다고 판단된다. 그 외에 시그너스사의 eCOS는 무료로 제공되면서 GNU 컴파일러, 그밖의 도구들을 지원하며 상용으로도 손색없는 기능 제공으로 인해 임베디드 시스템 시장에서 널리 알려져 있으며, 이를 사용하고자 하는 요구가 증가하고 있는 추세이다.

[그림 2-1]에서는 임베디드 운영체제 시장의 흐름을 RTOS와 범용 OS로 나누어서 진행되는 모양을 그린 것으로 양진영이 임베디드 운영체제 시장을 놓고 치열한 경쟁을 벌이고 있는 양상을 볼 수 있으며, 〈표 2-1〉에서는 운영체제의 기능에 대한 양진영의 장단점을 비교 분석하고 있다.

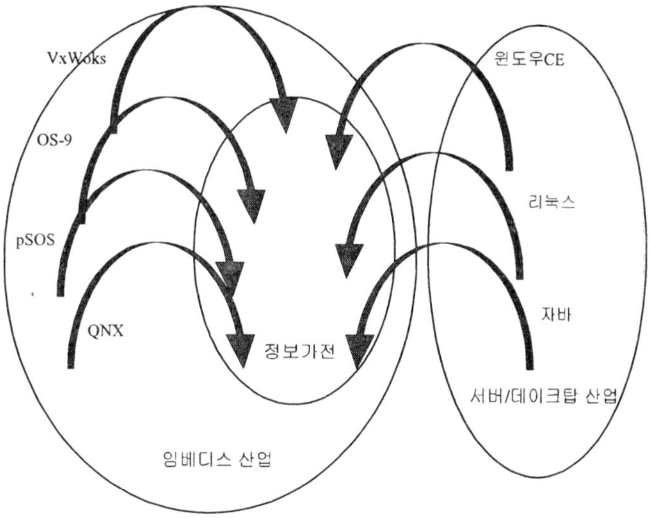

[그림 2-1] 임베디드 시스템과 OS의 시장변화

〈표 2-1〉 임베디드 운영체제 기능별 비교

구 분	RTOS	Palm OS	Embedded Linux	Windows CE
실시간성	Medium	N/A	Weak	Weak
Dependability	Medium/Weak	N/A	Weak	Weak
QoS support	N/A	N/A	N/A	Weak
Multimedia Support	N/A	N/A	Weak	Medium
범용성	Weak	Weak	Medium	Medium
Size	Medium	Light	Heavy/Medium	Heavy
Dynamic Connectivity	N/A	N/A	Weak	Medium
Applications	FA, 정보가전	PDA	PDA, 정보가전	PDA

2.2. 여러 가지 운영체제

2.2.1. pSOS

pSOS는 윈드리버(WindRiver) 시스템즈로 합병된 미국의 인테그레이티드 시스템즈(Integrated Systems : ISI)에서 만든 임베디드 디바이스용 실시간 커널(Kernel)이다. 삼성전자가 pSOS+ 개발에 참여하여 라이선스를 갖고 있어 비교적 우리나라에서 잘 알려진 RTOS이다. 또 컴파일러 전문업체인 Diab Data, 소스 디버거 전문업체인 SDS를 자회사로 두고 있어 컴파일러와 디버거 측면에서 상대적으로 높은 기술력을 자랑한다.

이 커널은 기본적으로 클라이언트/서버의 구조로 소프트웨어 버스를 이용해 운영체제 각 모듈(module)간 통신을 수행한다. 모든 스레드(thread)들이 하나의 어드레스 스페이스를 공유하고 있으며, 따라서 컨텍스트 스위칭(context switching) 타임은 매우 적으나 서로 다른 스레드 간의 메모리 보호가 이루어지지 않기 때문에 프로그래밍 테크닉이 시스템의 안정성에 영향을 준다. 이를 피하기 위해 메모리 보호와 관리를 위한 라이브러리를 따로 구입해야 한다.

현재 삼성전자가 개발한 휴대폰의 핵심 칩인 Scom3000에 포팅되었으며, 각종 통신 장비와 네트워크 장비 등에서 사용되고 있다. 삼성전자에서 내놓은 웹 스크린폰도 바로 pSOS 운영체제를 탑재하고 있다.

pSOS는 선점형 멀티태스킹 RTOS로 각 태스크들은 우선순위를 가지고 있어 우선순위가 높은 태스크들의 작업 수행이 먼저 이루어진다. 따라서 선점형 스케줄링 방식을 따른다고 볼 수 있다. 만일 각 태스크들이 같은 우선순위를 가진다면 스케줄링 방식은 라운드로빈 방식으로 바뀌게 된다. 태스크의 수는 총 256개이며 태스크 레벨은 255가 가장 높고, 0이 가장 낮다. 특이할 사항은 레벨 240에서 255까지는 커널에 의해 사용되도록 지정되어 있다는 것이다.

이외에도 태스크 관리, 세마포어, 메시지 큐, 시간 관리 및 타이머, 이벤트 및 비동기 신호, 오류 처리, 동적인 메모리 저장 관리, 다른 태스크들로부터의 코드나 데이터 보호 등의 서비스를 지원한다. 여러 개의 다른 실행 모드를 가지고 있는 프로세서를 위해 사용자 모드와 슈퍼바이저 모드를 제공하고 있다.

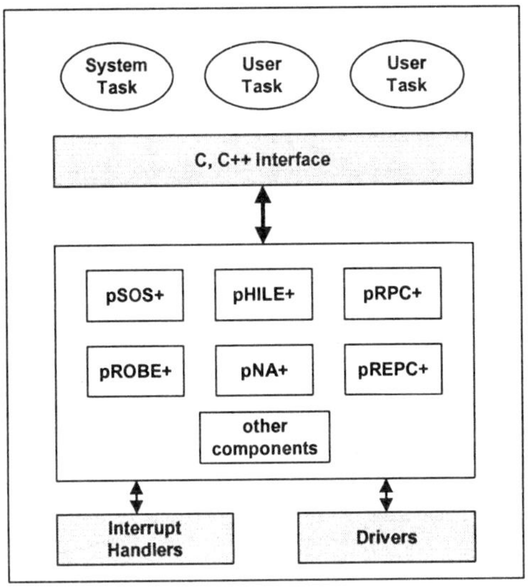

[그림 2-2] pSOS 아키텍처

네트워크는 TCP/IP를 비롯한 다양한 프로토콜 스택들이 유료로 선택 가능하며 FTP, Telnet, TFTP, NFS, HTTP 서버 등이 어플리케이션으로 존재한다. pSOS용 어플리케이션은 pRISM+라는 개발 툴을 이용하여 개발 가능하며, 이 툴은 여러 유닉스 시스템과 윈도우 95/98, NT 등에서 운용할 수 있다.

[그림 2-2]는 pSOSystem의 아키텍처를 보여주고 있다.

2.2.2. VxWorks

화성 착륙선 패스파인더의 운영체제로 쓰인 윈드리버사의 RTOS인 VxWorks는 처음에 VRTX와 pSOS를 위한 개발 환경과 네트워크 환경을 제공하기 위해 만들어졌다. 이런 시스템 밑에 윈드리버 시스템즈가 자신들의 마이크로커널을 구현해 만든 것이므로 pSOS와 유사한 점이 많다. pSOS가 통합 개발 환경으로 pRISM+를 제공한다면 VxWorks는 토네이도를 제공한다.

VxWorks의 커널인 마이크로커널은 선점형 멀티태스킹이며, 총 태스크의 단계는 256개이고 스케줄링 방식도 높은 우선순위를 가지는 태스크가 먼저 실행하는 방식을 지원한다. 만일 같은 우선순위를 가질 경우 라운드로빈 방식의 스케줄링을 이용하는 것도 pSOS와 유사하다.

또 하나 pSOS가 여러 개의 컴포넌트로 되어 있다고 하면 VxWorks는 200개 가량이 모듈을 지원하는 형식으로 되어 있어 개발자는 이들 필요한 모듈만 사용해서 시스템에 맞는 운영체제를 구성할 수 있다.

VxWorks는 현대의 RTOS들이 지원하는 거의 모든 서비스를 지원하고 있다. 태스크 간의 통신을 위해 세마포어와 메시지 큐, 공유 메모리, 소켓, 시그널 등을 제공하고, 표준 TCP/IP 네트워킹과 ROM이나 로컬 디스크, 네트워크로 부팅이 가능하게 되어 있다. 파일 시스템은 MS-DOS와 RT-11 파일 시스템을 지원하는 등 여러 가지 서비스를 제공하고 있다. VxWorks의 구조는 크게 하드웨어에 의존하는 BSP, 디바이스 드라이브 영역, 하드웨어에 의존하지 않는 커널, 그에 따른 모듈 및 응용 프로그램으로 나누어진다. 이것은 pSOS와 매우 유사한 부분이다.

토네이도는 교차 개발 환경을 지원하는 통합 개발 환경이다. 이 툴의 구성은 크게 세 가지로 나누어지는데, VxWorks, 응용 프로그램 개발 툴(컴파일러와 프로그램들), VxWorks의 응용 프로그램을 관리하고, 디버깅하고, 모니터링할 수 있는 통합 개발 환경들로 이루어져 있다. 여기에는 소스 코드 에디터, C와 C++ 컴파일러, 타깃 시스템의 상태를 그래픽 환경에서 모니터링할 수 있는 브라우저, C 언어 해석기인 WindSh 등의 기능이 들어 있다. 토네이도는 pRISM+와 달리 프로세서마다 각각 다른 툴과 컴파일러를 제공하는 것이 아니라, 하나의 컴파일러에 모든 프로세서를 지원한다.

[그림 2-3]은 VxWorks의 아키텍처를 보여준다.

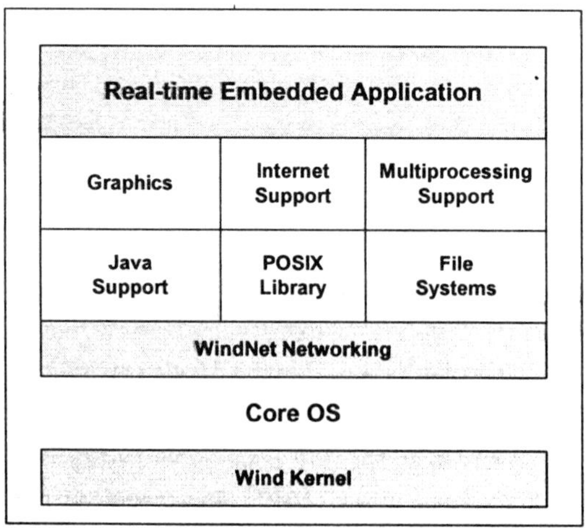

[그림 2-3] VxWorks 아키텍처

2.2.3. VRTX

VRTX는 멘토 그래픽사(Mentor Graphics Corporation)에서 개발한 RTOS로 상당히 신뢰성이 높은 운영체제로 정평이 나 있다. 극히 제약된 리소스를 가진 간단한 시스템을 위한 VRTXoc(on-chip)와 메모리 보호가 필요한 복잡한 시스템을 위한 VRTXsa(scalable architecture) 두 종류의 커널을 가진다. 커널상의 시스템 서비스가 모듈화되어 있어 커널 크기를 필요에 맞게 줄일 수 있으며, 옵션으로 POSIX/ANSI 호환 라이브러리를 제공해 프로그램의 호환성을 높일 수 있고, MS-DOS 호환 파일 시스템을 제공한다.

현재 통신 장비, 네트워크 장비, 셀룰러, 경주용 자동차의 엔진제어 시스템 등 다방면의 분야에서 사용되고 있다. 우리나라에는 다산 인터넷에 공급되고 있으며, 삼성전자의 통신 장비, 발전소의 모니터링 시스템, 전동차의 제어 시스템 및 모니터링 시스템에 사용되고 있다.

VRTX는 선점형 멀티태스킹 커널을 가지고 있으며, 파일 시스템은 MS-DOS 6.1을 포함하고 있고, ANSI-C 라이브러리도 제공된다. VRTX는 스케줄링에 시스템 콜의 중간쯤에 인터럽트가 발생하여 생기는 시간적 지연을 막기 위해 선점 가능한 시스템 콜을 가지고 있다. 따라서 VRTX는 태스크가 수행할 준비가 되자마자 스케줄링이 가능하다.

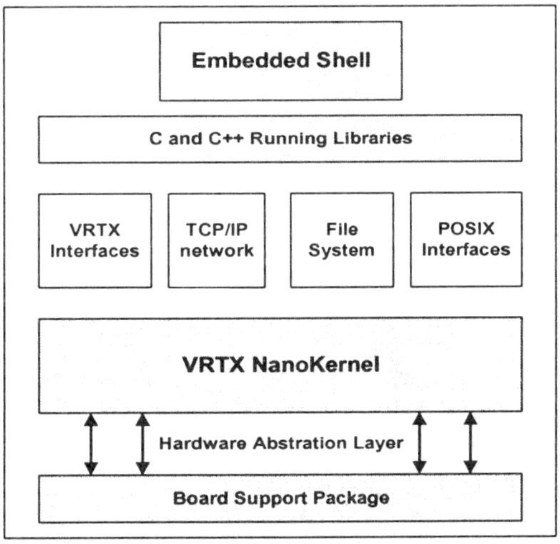

[그림 2-4] VRTX 아키텍처

2.2.4. 임베디드 시스템에서의 자바

인터넷 프로그램으로만 쓰이다가 자바가 임베디드 시스템에서 사용되기 시작하면서 임베디드 운영체제 시장에서 다크호스로 등장하였다. 자바의 가장 큰 장점은 어떠한 시스템에도 Java API와 JVM(Java Visual Machine)만 있으면 자바 코드가 이식이 가능하다는 것이다. Java API와 JVM이 내장되어 있는 임베디드 자바와 퍼스널 자바는 기존의 상용 RTOS와 연계되어 사용 가능하다는 것이다. 즉, RTOS가 포팅된 타깃 시스템에 임베디드 자바나 퍼스널 자바에 연계되어 그 위에 응용 프로그램으로 자바 코드나 자바 애플릿이 실행 가능하다는 뜻이다.

퍼스널 자바는 JDK와 호환성을 가지고 있는 자바 응용 환경(JAE : Java Application Environment)을 내장하고 있어 자바 애플릿 수행이 가능하다. 따라서 어느 정도의 애플릿이 필요한 웹 브라우징 폰이나 셋톱박스 같은 제품에서 사용한다. 임베디드 자바는 애플릿을 구현하는 부분이 빠진 JAE를 가지고 있어 애플릿 구현은 불가능하다. 따라서 사용자 인터페이스가 제한적이다. 구현 가능한 제품도 모바일폰, 네트워크 장비, 프린터 등 사용자 인터페이스가 제한적인 제품에만 사용된다.

자바 코드를 마이크로프로세서에서 직접 실행해서 프로그램의 수행 속도를 빠르게 할 목적으로 만든 프로세서가 자바 칩으로 picoJava, microJava, ultraJava 등이 있다. picoJava는 PDA, 스마트폰, 저전력 가전 디바이스에, microJava는 저가 네트워크 디바이스, PDA, 전기통신기기, 게임기에, ultraJava는 웹 PC 등의 데스크탑 환경의 시스템에 각각 사용된다.

2.2.5. uC/OS

uC/OS-II는 포터블, ROMable(해당 C 컴파일러, 어셈블러, 링커, 로더가 필요하며 설정이나 어플리케이션에 따라 메모리의 크기를 자유로이 결정할 수 있음), Preemptive Kernel(높은 우선순위의 작업이 수행됨, 255레벨의 Nest Interrupt 가능), 실시간, 멀티태스킹(독자적 우선순위가 있는 64개의 TASK 가능)이 가능한 커널이다.

커널 소스가 소규모의 C언어와 약간의 어셈블리어로 작성되어 있고, 모든 프로그램 소스가 공개되어 있으며, 통신을 제외한 모든 운영체제의 기본 요소를 포함하고 있으므로 운영체제를 공부하는 학생들에게 적합하기 때문에 교육용 운영체제로 최적의 조건을 갖추고 있다. 커널 코드의 대부분이 이식 가능한 ANSI C를 기반으로 하며, 일부는 어셈블러로 코딩되어 있다.

uC/OS와 uC/OS-II는 4천 라인 정도의 C코드와 마이크로프로세서와 같은 하드웨어와 밀접한 관계가 되어 있는 부분에 아키텍처에 의존적인 어셈블리 코드로 이루어져 있어 여러 CPU로의 포팅이 쉬우며, 실제로 Intel, Motorola, ARM, Sparc, Hitachi SH 등의 32비트 CPU와 자이로그(Zilog)사의 Z80과 같은 8비트 CPU, 그리고 TI의 여러 DSP칩에도 포팅되어 있다.

임베디드 운영체제로서 대표적인 비상용 커널이며 공개형이므로 사용이 자유롭고 크기가 작아 많은 시스템에 적용되고 있으며, 상당히 저렴한 가격의 실시간 운영체제이기 때문에 많은 계측 장비, 산업용 장비의 운영체제로 쓰이고 있다. 이것도 역시 교육용으로 사용될 때는 무료로 사용할 수 있으나 상용일 때는 라이선스를 맺어야 하는 것이 원칙이다. 또한 스택 체크, 처리시간 체크, Mailbox, Queue, Semaphore, Memory partition 등의 시스템 서비스도 제공되고 있다. 그러나 TCP/IP 스택을 가지고 있지 않기 때문에 네트워크 디바이스용의 운영체제로 사용하기 위해서는 uC/OS, uC/OS-II용 스택을 판매하는 회사의 제품을 구매해야 한다는 단점이 있다.

2.2.6. eCOS

TCP/IP 스택을 갖고 있지 않아서 상용으로 사용되기 불편한 uCOS에 비해 eCOS는 TCP/IP 스택을 제공하면서 uCOS처럼 로열티가 없고 소스가 공개되어 있으며, 리눅스가 탑재되지 못할 만큼 극히 제한된 임베디드 디바이스에 포팅이 될 수 있으면서도 제조사에서 잘 정리된 지원체제까지 갖추고 있다는 장점 때문에 임베디드 제작자들의 흥미를 끌고 있는 운영체제이다. 모토로라의 Power PC, Sparc, ARM, Mips 계열의 CPU로 포팅되어 있으며, 커널 자체를 쉽게 특정 목적에 맞게 구성할 수 있는 GUI 툴이 제공된다.

[그림 2-5]는 eCOS의 아키텍처를 보여준다.

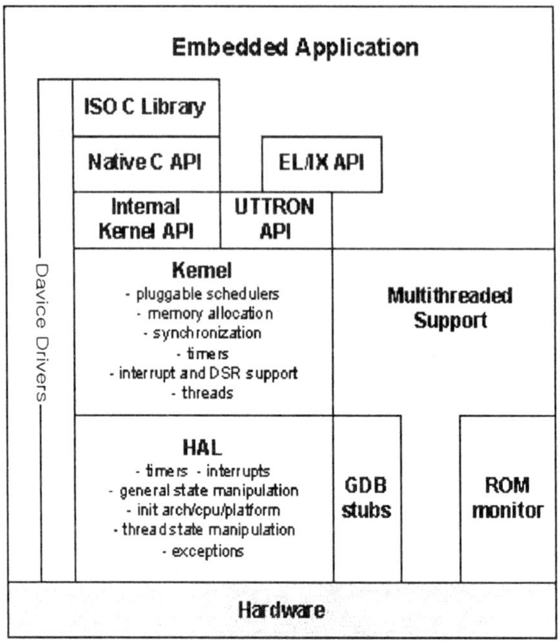

[그림 2-5] eCOS 아키텍처

2.2.7. 임베디드 리눅스

임베디드 시스템의 운영체제 시장은 그동안 마이크로소프트사의 윈도우 CE와 심비언 진영의 이포크(EPOC), 팜컴퓨팅의 팜 OS 등이 각축을 벌여왔다. 기존 IT 업체들은 원하는 하드웨어를 시스템에서 사용하려면 운영체제를 만드는 회사나 하드웨어 개발 업체에서 드라이버를 만들어 제공할 때까지 기다려야 했다. 이들 중 점유율이 월등한 운영체제만이 살아남고, 상대적으로 점유율이 낮은 운영체제의 경우에는 디바이스 드라이버조차 제때 제공하지 못하는 상황에 처해 있다.

이런 문제점의 대안으로 등장한 것이 리눅스(Linux)이다. 개발 환경이 두텁고, 널리 사용되고 있다는 이유인데, 이러한 배경에는 리눅스만의 강점이 있기 때문이다.

첫째, 리눅스 자체의 커널이 완전히 개방되어 있다는 것이다. 즉, 오픈 소스, 오픈 아키텍처이기 때문에 개발하고자 하는 플랫폼에 대해 충분히 지원받을 수 있다.

둘째, 제품 개발 기간이 짧다는 것과 개발비용이 저렴하다는 것이다. 오픈 소스로 인해 개발자들이 디바이스 드라이버를 제작해 내놓고 있어, 이러한 기존 소스 코드를 이용하여 개발 기간과 비용을 줄일 수 있다.

임베디드 운영체제 분야에서 임베디드 리눅스의 비중은 점점 커지고 있다. 기존의 임베디드 운영체제와 비교해 보았을 때, 상용 운영체제보다는 임베디드 시스템이 가지는 실시간적인 요소를 충족시키지 못하는 것은 사실이다. 또한 윈도우 CE보다는 개발 환경이 좋은 편도 아니다. 그리고 본래 PC 기반으로 만들어졌기 때문에 메모리가 열악한 임베디드용으로 쓰기에는 커널이 너무 크다. 이런 불리한 점을 가진 임베디드 리눅스가 그 비중이 커지고 사람들이 많이 다루게 되는 배경에는 오픈 소스에 라이선스 비용이 없다는 임베디드 리눅스의 큰 장점을 들 수 있다. 그렇지만 분명 실시간 기능이 떨어지기 때문에 경성 실시간 시스템에서는 쓰기 힘들고, 커널의 크기를 줄여서 PDA 같은 임베디드 시스템에 오히려 적당한 운영체제로 여겨지고 있다. 이러한 임베디드 리눅스에 실시간 제어의 요소를 가미한 RT-리눅스도 선보이고 있다.

임베디드 리눅스의 장점과 단점을 각각 살펴보면 다음과 같이 요약될 수 있다.

- 산학계에 걸친 수많은 사용자들로부터 지난 수년간 직접 사용되면서 검증된 소스들로 효율적이고 안정적이며 성숙된 내용을 가진다.
- 오픈 소스이기 때문에 소스 코드 자체가 공개되어 있고 이의 적용에 따른 로열티 자체가 없기 때문에 부담 없이 쉽게 자체 개발 아키텍처에 적용할 수 있다.
- 리눅스 커널 자체가 태생적으로 모듈 형식의 코드로 이루어져 있어 쉽게 최소, 최적화가 가능하다.
- 네트워킹 어플리케이션에 필수적인 TCP/IP, PPP, X.25, HDLC, FDDI 등의 네트워크 코드를 가지며, 그 종류에 있어서도 다양하고 무료로 사용할 수 있어 개발에 용이하다.
- 네트워킹 디바이스에서 현존하는 거의 대부분의 프로세서에 포팅되어 있고 대부분의 컨트롤러를 위한 디바이스 드라이버가 제공되기 때문에 그 적용 영역 또한 방대하다.
- 사용자뿐만 아니라 개발자 그룹의 크기도 오픈 소스이면서도 개발을 위한 자체 툴과 라이브러리를 가지고 있는 현대적인 운영체제라는 특성에 맞물려 전세계적으로 거대한 수의 개발자들이 존재한다. 따라서 어플리케이션은 물론 자체 문서도 거의 모든 영역에 대해 상용 운영체제 못지 않게 잘 이루어져 있다.
- 이미 PC상에 리눅스 어플리케이션과 커널의 개발에 익숙한 사람들에게 있어

임베디드 리눅스는 자신에게 익숙한 환경을 제공하기 때문에 쉽게 임베디드 어플리케이션을 개발할 수 있게 해준다. 또한, 개발 툴은 어떤 운영체제나 아키텍처 상에도 포팅이 되어 있으므로 한번 개발 툴에 익숙해지면 개발 환경에 제약이 없어진다는 장점이 있다.

- 실시간(real time)을 지원하여 지금까지 상용 OS에 열세였던 실시간성을 크게 확보하고 보다 다양한 분야에 적용을 할 수 있다.

임베디드 리눅스의 단점은 다음과 같다.

- 임베디드 리눅스 위에서 실행될 수 있는 어플리케이션이 상당히 부족한 실정이다. 따라서 임베디드 리눅스를 OS로 채택하고 이를 확산시키는 데 걸림돌이 되고 있는 실정이다.
- 임베디드 리눅스를 이용하여 장비개발시 개발 환경에 접근하는 데 상당히 어렵다. 커널을 비롯하여 마이크로프로세스(microprocess), 네트워크, 각종 툴(tool) 등을 다루어야 하는 내용이 방대하므로 단시일 내에 전문적인 개발자 양성에 문제가 있다.

2.2.8. 윈도우 CE

윈도우 계열의 운영체제로 PC 계열의 범용 운영체제 시장을 석권한 마이크로소프트사는 다시 임베디드 운영체제 시장으로 뛰어들었다. 즉, 기존의 윈도우 인터페이스에 임베디드 네트워크 기능을 강화하여, 가전제품, PDA, 자동차 셋톱박스 등에 탑재될 임베디드 운영체제를 만드는 일이다.

그러나 이런 요구에 맞추다 보니 하드웨어의 사양이 매우 높아서, 가격 경쟁력에서 다른 모바일 제품에 밀리고 있는 실정이다. 그렇지만 기존의 윈도우 운영체제를 바탕으로 하므로 성능이 상당히 우수하며, 특히 GUI 환경과 많은 응용분야를 가지고 있어서 현재 그 영역을 급속하게 넓혀가고 있다.

네트워크 통신들은 적외선 통신, 이더넷, 데스크탑과의 오토싱크 및 PCS나 셀룰러폰을 이용한 웹 브라우징 능력 등의 무선 통신을 포함한 여러 가지 하드웨어를 지원한다. 비록 네트워크 스택이 Winsock 인터페이스를 통해 유일하게 접근할 수 있어도 윈도우 CE는 또한 내부적으로 Winsock에 사용하고 Winsock 연결을 설정하고 관리하는 섬세한 부분을 다루는 여러 가지 상위 레벨의 API들을 제공한다.

특히, 차세대 가전제품에 윈도우 CE를 이용하여 하나의 윈도우 호환 환경에서 홈오토메이션, 카 네비게이션 등을 고려함으로써 한때 하드웨어 업체들의 강력한 지원을 받기도 하였다. 문제는 완전한 실시간 운영체제가 아니라는 점이고, 이러한 단점 때문에 산업용·정밀용으로 사용하는 데에는 앞에서 이야기된 경성 실시간 운영체제에 비해 경쟁력이 떨어진다.

윈도우 CE는 32비트 윈도우 운영체제와 호환성이 있는 임베디드 운영체제이다. 여러 RTOS와 마찬가지로 모듈화되어 있으며, 그 모듈이 좀더 세분화가 가능한 컴포넌트 형태로 운영되므로 모듈 중에서 필요한 부분만 선택하여 사용할 수 있게 되어 있다. 또한 커널은 선점형 멀티스레딩을 지원한다. 윈도우 CE는 기본적으로 32개의 프로세스를 가질 수 있고, 하나의 프로세스는 8개의 스레드를 가질 수 있다. 이 스레드는 스케줄링의 기본이 된다.

윈도우 CE는 32비트 윈도우와 호환성이 있기 때문에 Win32 API를 이용하여 비교적 쉽게 프로그램을 포팅할 수 있다. 개발 툴은 Platformbuilder 2.11, 윈도우 CE용 VC++ 6.0, 윈도우 CE용 VB 6.0이며, 섬세한 제어 분야가 아닌 PDA 응용 제품과 같은 엔드 유저를 지향하는 비주얼한 제품에 상당히 유리하다. 또한 TCP/IP, PPP와 IrDA 같은 프로토콜을 가지고 있어 다른 윈도우 시스템에 쉽게 연결할 수 있고, Win32 직렬 APIs, TAPI 등을 지원한다.

실제 윈도우 CE가 가장 많이 쓰이고 있는 분야는 PDA 시장이다. 그러나 현실적으로 대부분의 PDA 시장은 팜 운영체제(Palm OS)가 장악하고 있고, 윈도우 CE가 차지하는 부분은 미미하다. 따라서 임베디드 운영체제에서의 경쟁력을 높이기 위해 마이크로소프트는 컬러 디스플레이를 지원하고, 아웃룩(Outlook), 엑셀(Excel), 윈도우 미디어 플레이어(Windows Media Player), 인터넷 익스플로러(Internet Explorer), 이북 리더(eBook Reader), 워드(Word)와 같은 어플리케이션 프로그램을 탑재하며 휴대폰과 연계하여 와이어리스 기능까지 구현하는 포켓 PC를 개발하고 있음을 밝히고 있다.

마이크로소프트가 PC 시장의 성공을 발판으로 임베디드 시장에서의 패권을 차지하기 위해 겨냥한 시장이 PDA 시장이다. PDA 시장을 공략하기 위한 준비로서 대형 제조업체(컴팩, LG, 필립스 등)와 손을 잡고 발표한 것이 Windows CE다. 즉, MS는 DOS에서 그랬던 것처럼 이들 업체가 만드는 PDA에 OS를 공급하는 방식을 채택했던 것이다. 윈도우 95·98, 윈도우NT와 비슷하고 휴대형 기기에 들어가는 운용체계인만큼 윈도우 제품보다 기능이 축소됐다.

그러나 MS의 Windows CE는 Windows NT를 기반으로 출발한 운영체제이기 때문에 아무리 크기를 작게 만들었다 할지라도 임베디드 시스템에 대해서는 여전히 덩치가 큰 OS였기 때문에 다른 MS의 제품처럼 시장을 뒤집어 독점하는 데에는 실패했다.

MS Windows의 경우 예전 도스에 비해 엄청난 하드웨어적 사양을 요구하는 데 비해 그에 따른 이득은 그리 크지 않았다. Windows CE도 마찬가지였다. 즉, Palm과는 달리 컬러가 지원되고 Windows의 인터페이스를 따라 보기가 좋다는 두 가지 이유를 위해 가격이 2배 이상 비싸고, 덩치가 커지고, 하드웨어 사양은 훨씬 높은데 Palm에 비해 실행속도는 느리다는 치명적인 단점을 가지고 있었다. 그런 연유로 해서 Windows CE는 그리 큰 인기를 얻지 못했었던 것이 사실이다.

물론, 현재의 시장상황(다양한 멀티미디어적 기능과 이를 가능케 해주는 컬러풀한 화면과 사운드, 그리고 기존 Windows와의 완벽에 가까운 호환성)이라면 Windows CE가 PDA 시장을 주도하게 될 것은 어쩌면 당연해 보인다.

〈표 2-2〉 PDA 운영체제 비교

운영체제	Windows CE	Palm OS	EPOC
개발사	Microsoft	3Com	Psion
탑재된 기기	HPC, PPC	Palm Pilot	Symbian
특징	• Windows 기반 PC와의 데이터 호환 탁월 • 포켓 브라우저 • 고성능 • 멀티미디어	• 간편한 사용자 인터페이스 • 저 사양의 하드웨어 • 개인 일정 관리 기능이 뛰어남	• 모듈 방식의 설계로 플랫폼 변경이 자유로움 • 무선 데이터 통신 단말기용
자바	지원	지원	지원
TCP/IP	지원	지원	지원
HTML	지원	지원	지원

MS에서 출시된 임베디드 관련 운영체제는 Windows CE 외에 Windows XP embedded가 있는데 두 가지 운영체제의 특징 및 용도를 분석해 보는 것도 흥미로운 일일 것이다. 각각의 특징들을 이용해서 원하는 타깃에 합당한 플랫폼을 선택하는 방법을 보인 것이 [그림 2-6]이며, 각각의 특징을 항목별로 비교한 것이 〈표 2-3〉이다.

여기서 보면 Windows CE는 배터리를 전원으로 사용하는 이동용 기기용으로, 또한 여러 가지 프로세서를 지원할 수 있도록 설계되었으며, image의 크기가 이동용 기기에 적합하도록 작게 설계된 것을 알 수 있다. 또한 Windows XP embedded는 Pentium 계열의 마이크로프로세서를 사용하는 임베디드 시스템의 개발 속도를 빠르게 하기 위해서 Windows XP를 임베디드 시스템에서 동작할 수 있도록 컴포넌트화한 것임을 알 수 있다.

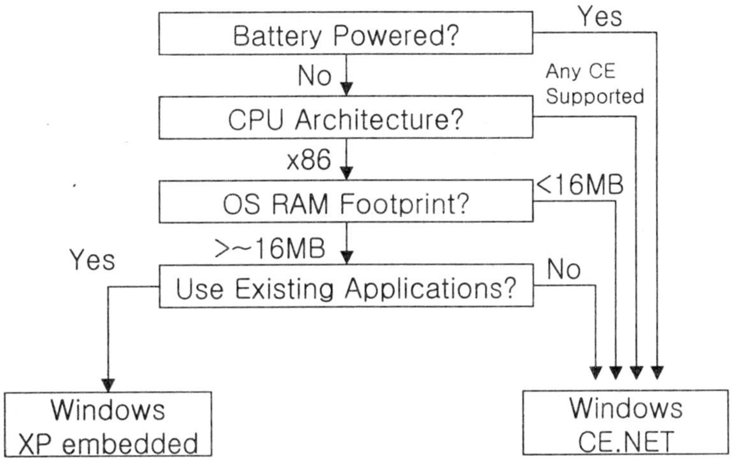

[그림 2-6] Selecting a Windows Embedded 운영체제

〈표 2-3〉 Windows CE.NET과 XP embedded 특징 비교

특 징	Windows CE	Windows XPE
Disk Space	500k-16MB	5MB-56MB
Image Size	200KB-14MB+	5MB-35MB+
Configurability	Extremely modular	Modular
API Support	Best of Win32 plus Windows CE-specific enhancements	Complete Win32, Same as XP
CPU Support	x86, MIPS, SHx, ARM	Pentium class x86
Device Driver	Fine-tuned for size	Same as XP
Security	Improved over 3.0	Same as XP
Development	Windows 2000/XP Platform Builder	Windows 2000/XP Target Designer

1. Windows CE 역사

1992년 마이크로소프트에서는 PDA라고 불리는 새로운 개념의 모빌 컴퓨터로부터 더 발전한 형태의 '윈 패드'라는 프로젝트를 새롭게 시작하였다. 그러나 기능에 비해 비싼 가격 등 많은 단점으로 인해 실패한 프로젝트가 되고 말았다. 1993년 초에 MS는 휴대용 컴퓨터를 사용하는 사람들을 주 고객층으로 겨냥한 쌍방향 호출 시스템의 일종인 OS 개발 프로젝트를 시행했지만 불편한 입력수단 및 다른 여러 상황에 결국 실패로 돌아가고 말았다.

마이크로소프트는 이런 실패를 밑바탕으로 '페가수스'라는 새로운 프로젝트로 OS를 개발하기 시작하였다. 그들의 목적은 사용자들이 쉽게 자신의 데이터를 생성 및 관리하며, 무선통신을 이용할 수 있게 하도록 하고 배터리의 수명은 길며, CPU의 종류에 의존하지 않는 운영체제를 만드는 것이었다.

[그림 2-7]은 MS의 운영체제들의 분화과정을 보인 것이다.

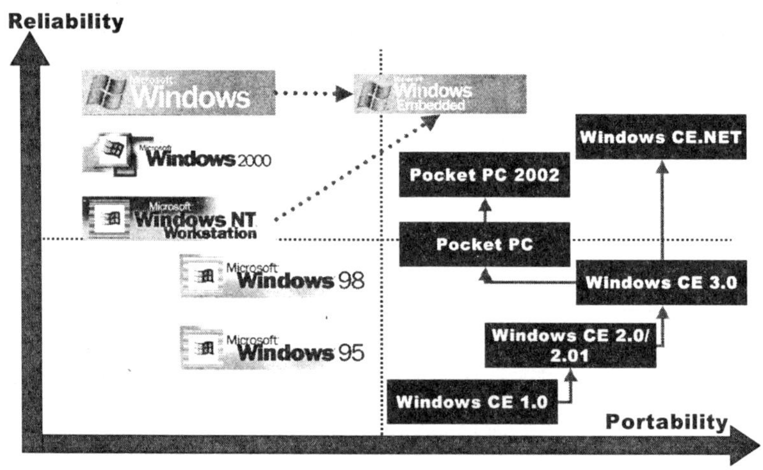

[그림 2-7] MS의 OS들

■ Windows CE 1.0

결국 1996년 9월 미국 Autumn Comdex에서 마이크로소프트사는 Handheld PC에 사용 가능한 Windows CE 운영체제를 발표하여 많은 관심을 가지기 시작했다. 'NEC MobilePro'와 'Casio Cassiopeia', HP, LG 등 Windows CE를 탑재한 제품이 출시되어 판매되었지만 여러 가지 문제점이 드러나기 시작하였다. Windows

CE 1.0은 워드, 엑셀 등을 지원하며 동기화 프로그램인 Windows CE Service 1.0을 지원하지만, 제약이 많은 하드웨어, 자동화되지 못한 소프트웨어, 부족한 메모리, 느린 속도, 작은 스크린, 지루한 아이콘 등 문제점이 많이 지적되었다.

즉, Windows CE 1.0은 장점이 많지만 PDA라고 부르기에는 부족한 점이 많았던 것이다.

■ Windows CE 2.0

마이크로소프트는 이 문제점을 해결하기 위해 1997년 9월 Windows CE 1.0보다 확장성과 호환성이 강한 Windows CE 2.0을 개발 발표하였다. Windows CE 2.0의 가장 큰 특징으로는 빨라진 속도, 컬러 화면, 파워 포인트 추가, 시스템 안정성 향상 등으로 노트북과 대등한 기능 구현에 있다.

다양한 CPU 지원, 16 gray 흑백화면 256컬러 지원 및 해상도 강화, 트루 타입 폰트 지원, 비트맵 프린트 지원(IR 접속가능), 저장 용량 확대 및 파일관리 기능 향상, 데스크탑 컴퓨터와의 동기화 기능 향상, PowerPoint Viewer가 탑재되는 등 Windows CE 1.0보다 향상되었다.

■ Windows CE 2.11

이후 1998년 10월 Jupiter라는 코드명으로 개발된 Windows CE 2.11이 발표되었다. Windows CE 2.11은 기존의 OS에서 크게 변화된 것이 아니라 많은 소프트웨어 및 하드웨어 지원 기능 강화 및 운영시스템을 향상시켰다.

Windows CE 2.11은 소비자의 요구에 따라 더 큰 화면 지원, 이메일과 서버와의 동기화 기능 향상, 웹브라우저 기능 향상, 관리 툴 기능 향상, 데이터베이스 첨가 등 여러가지 기능을 개선시켰다. 그 중 크게 개선된 것은 640×480 VGA, 800×600 SVGA 스크린 지원, Access database와 유틸리티와 툴 첨가, 브라우저상에서 Java Script와 HTML 3.1 기능 지원, PowerPoint에서 메모 노트 및 Title Slide, Recorder Slide 첨가, Excel, Word, Outlook 기능 향상 등이다.

■ Windows CE 3.0(PocketPC)

그리고 2000년 4월 마이크로소프트사는 미국 라스베이거스에서 열리고 있는 2000년 Consumer Electronics Show(CES)에서 윈도우 CE를 탑재한 차세대 신형 팜사이즈 PC "Pocket PC"를 발표하였다.

MS사가 발표한 "Pocket PC"는 작년 초 MS사가 발표한 차세대 팜사이즈 PC의 코드네임 "Rapier" 스펙의 제품으로 윈도우즈 CE 2.11의 후속작인 셈이다. 코드네임 "Rapier" 기반의 새로운 OS는 영상 및 음악 등의 멀티미디어 기능 강화뿐만 아니라 불만이 높았던 브라우저 표시기능 및 IME, 유저 인터페이스도 보다 사용하기 쉽게 개선하였다. 전자북용 폰트인 ClearType을 내장한 MicroSoft Reader를 탑재할 예정이며, MP3 플레이가 가능한 Windows Media Player의 새 버전과 더욱 밝아진 컬러 화면, Compact Flash 슬롯 및 USB 포트 지원, 65,536 컬러 등이 지원되게 되었다.

■ Windows CE.NET

Windows CE.NET에서는 기존의 PDA, 웹패드, 셋톱박스 시장 외에도 VoIP, 게이트웨이 등의 새로운 시장을 개척하기 위한 기능들이 많이 들어가 있는 것이 주목된다. 이를 위해 Real-Time Communication(RTC) 기능을 첨가하여, 문자메시지, Voice over IP(VoIP), IP 대 PSTN 전화의 브리지 등의 기능을 담고 있다.

특히 Windows CE.NET 4.2로 넘어오면서 주목할 만하게 3달러짜리 Windows CE 코어 라이선스 모델이 제시되었는데, 코어 라이선스는 멀티미디어 기능을 제외한 모든 기능을 담고 있어, 멀티미디어 응용을 제외한 제조업체들에게 엄청난 환영을 받고 있다. 이를 적용할 만한 장치로서 VoIP, 게이트웨이, 산업용 PDA, 휴대용 미디어 플레이어, low-end STB, 디지털가전 등 특정기능을 위주로 한 제품들이 될 수 있다. 또한 일반 PDA나 STB와 같이 기본적으로 제공되는 응용 프로그램(Word, Inbox, file Viewer, etc.)과 다양한 기능을 요구하는 제품에는 기존과 마찬가지로 Professional 혹은 Professional Plus license를 사용하면 된다.

또한 풍부한 기능을 가진 MS Internet Explorer 5.5 for Windows CE와 호환성을 가지며, PC버전의 IE와 거의 유사한 특징을 가진다. 그리고 802.1x/Zero configuration, Bluetooth, MediaSense 등을 포함하는 PANs, LANs 및 WANs 등의 광범위한 무선환경을 지원하고 있다. 또한 네트워크에 연결된 상태에서 스트림 데이터나 로컬 오디오 및 비디오 데이터를 재생할 수 있는 여러 가지 스트리밍 포맷과 프로토콜을 지원하고 있으므로 멀티미디어 환경을 구축하는 데 유리하다. 또한 User Interface를 각자의 취향에 맞추어 수정할 수 있게 설계되어 있으므로 OEM Customized UI 등을 설계하고 제공할 수 있는 특징이 있다.

2. Windows CE의 특징

Windows CE는 Microsoft사에서 PDA와 소형 컴퓨터, 가전, 게임기 등 한정된 하드웨어 환경에서 사용하도록 설계되어 PDA 분야에서 적용되고 있는 OS이다. Windows CE 3.0의 발표로 성능의 많은 발전을 가져왔고 Windows CE 3.0을 탑재한 PDA를 Pocket PC라 부르며, 현재 Windows CE.NET 버전이 출시되어 다양한 PDA 응용이 제공된다. Windows CE의 특징은 바로 멀티미디어용 OS라는 점이다. Windows와 거의 비슷한 인터페이스를 바탕으로 동영상, 인터넷, 음악재생, 녹음 등을 가능하게 함으로써 Palm과의 차별화를 노렸던 것이다. 또한 기존 시장 전체를 노리기 위해 Newton, Palm과 비슷한 직접필기 방식의 Palm-size PC (이하 Palm PC) 계열과 Psion, LX와 비슷한 키보드입력방식의 HPC 계열로 나누어 발매하였다. Windows CE는 대부분의 PPC와 HPC에 탑재되었으며, Windows CE 2.11버전과는 외형적, 기능적 측면에서 다른 인터페이스를 가지는 Windows CE 3.0 OS를 탑재한 PPC제품들이 주를 이루고 있으며, 이러한 기종들을 Pocket PC라고 한다. 그리고 HPC의 경우 Windows CE 3.0을 탑재한 제품들을 Handheld PC 2000이라 부르고 있다.

또한, Windows CE Embedded(Windows CE의 커널을 사용한 독자적인 OS) 계열의 PDA들도 다수 선보이고 있다. Windows CE 계열 기종은 대부분 Hitachi SH3, NEC MIPS, Intel StrongARM 등 100MHz 이상의 고성능 CPU를 사용하고 있으며, 16~64MB에 이르는 대용량 메모리 및 65,536 컬러까지 표현가능한 240×320 이상의 해상도를 지원한다. 또한, 각종 PC용 프로그램과 호환되는 Word, Excel 등의 어플리케이션을 자유롭게 사용할 수 있으며, PIMS 기능을 주로 하는 Palm OS 계열과 비교할 때 다양한 무선 인터넷 및 멀티미디어 기능 등을 가지고 있다.

[그림 2-8] Pocket PC(PPC)와 HandHeld PC(HPC)

- Windows CE 운영체제는 다양한 종류의 기기에 사용 가능한 개방형 구조 디자인을 한 32비트, 멀티태스킹, 멀티스레드를 지원하는 200K보다 적은 용량의 유닛 코드 운영체제이다.
- Windows CE는 이메일 송수신 및 World Wide Web 접속을 위한 다양한 종류의 엔터프라이즈 시스템과 인터넷 통신, 윈도우 기반의 PC와의 정보 교환/공유를 가능한 새로운 범위의 통신 제품을 가능하게 한다.
- Windows CE는 메모리의 한계에서도 높은 수행능력을 제공하는 압축된 제품이다. 모바일 또는 멀티미디어 제품 등 다양한 범위를 포괄하며, 강력한 휴대기능 및 통합된 전원관리 기능이 있다.
- 통신기능 지원이 좋다 : HPC에는 Windows CE의 연결성이 잘 반영되는데 적외선 포트, 시리얼 포트, 타입-II PC 카드 슬롯을 지원한다. 적외선 포트는 HPC간 무선 통신용, 시리얼 포트는 HPC와 Desktop PC간 파일의 동기화에 사용된다. 또한 TAPI와 WinSock을 지원한다.
- 모듈성이 강하다 : Windows CE는 60개 정도의 컴포넌트로 이루어졌으며 이들을 H/W에 맞게 적절히 결합하여 OS를 구성할 수 있다.
- 이식성이 좋다 : 다양한 프로세서를 지원한다.

프로세서 패밀리	CPU	SDB	BSP Name
ARM	Intel SA1110	모토로라	MPC821
	ARM920	ARM Integrator AP SDB	ARMINTEGRATOR
	ARM1020		
	Intel Xscale	Intel Lubbock SDB	TBD
MIPS	NEC Vr4122	NEC DDB-Vr4122 Eagle SDB	EAGLE
	NEC Vr5432	NEC DDB-Vr5476 Boston SDB	DDB5476
SHx	SH4-7750	Hitachi SH4 Aspen SDB	ASPEN
	SH3-7729	Hitachi SH3 Keywest SDB	KEYWEST
x86	P5/P4/PIII/PII/CelK6x/Athlon	CEPC	CEPC
	NS Geode	National Geode Reference Platform	GEODE

• 기존의 Win32 프로그램처럼 개발하면 되기 때문에 새로운 언어를 익힐 필요가 없다. 32비트 색깔을 지원하고, 폰트, 선, 도형, 이미지 등의 그래픽 디바이스 인터페이스가 있어서 비주얼한 유저 인터페이스를 구현할 수 있다.

Windows CE OS는 마이크로소프트(MS)가 가전 기기, 제어 장치, 휴대형 장비를 운영하기 위해 개발했다. 윈도우 95 · 98, 윈도우NT와 비슷하고 휴대형 기기에 들어가는 운용체계인만큼 윈도우 제품보다 기능이 축소됐다. 그러나 32비트 운용체계이고 멀티태스킹, 멀티스레드까지 지원할 수 있다.

또 소형 모바일 컴퓨터, 무선 통신기기, 차세대 오락 · 멀티미디어 기기, 특수 목적용 인터넷 접속기 등 정보화 기기와 연계가 가능하다. 즉 통신, 오락, 모바일컴퓨팅 등의 넓은 범위에 사용되는 플랫폼으로서 인터넷 접속, 윈도우 기반의 PC와의 동기화, 통신이 가능한 기기, 가전, 게임기, PDA 등 새로운 범위에서 사용할 수 있다. 그러나 무엇보다 Windows CE의 강점은 마이크로소프트의 상업적 추진력과 멀티미디어 구현 등 다양한 기능이다.

지난해 말 기준으로 170여개 업체가 국내에서 Windows CE 기반의 임베디드 시스템 및 어플리케이션을 개발하고 있고, 그동안 문제점으로 지적됐던 Windows CE3.0의 라이선스 방식도 개선됐다. 지난 5월에는 마이크로소프트가 Windows CE 테스트 업체로 사이버뱅크와 삼성전자를 선정, 국내시장을 테스트 시장으로 활용하는 적극적인 모습을 보이기도 했다.

Windows CE는 1.0버전에서 시작해 포켓 PC를 거쳐서 Windows CE.NET이라고 불리는 제품까지 출시되고 있다. 이에 따라서 임베디드 리눅스 운영체제(OS) 기반의 정보단말기 개발업체들이 최근 자사제품에 Windows CE를 잇달아 채택하는 등 OS 무게중심을 윈도우 쪽으로 옮기고 있으며, 특히 3불짜리 코아라이선스의 발매로 그 현상이 가속화되고 있다. 최근 리눅스 기반 개인정보단말기(PDA)와 웹패드 개발업체들은 리눅스 OS만으로는 시장에서 주류제품으로 부상하기 어렵다고 보고, 자사가 리눅스용으로 개발한 정보단말기에 Windows CE를 새롭게 탑재하는 작업을 잇달아 진행하고 있다.

이 같은 경향은 이들 개발업체에게 주문자상표 부착(OEM) 및 제조자 설계생산(ODM) 방식으로 정보단말기를 구매하려는 국내외 업체들이 리눅스보다는 Windows CE를 탑재한 제품을 요구하고 있기 때문이다. 리눅스 기반의 PDA나 웹패드는 Windows CE 제품과 OS만 다를 뿐, 중앙처리장치(CPU) 등 모든 하드웨어가 동일하다. 따라서 Windows CE를 자사 제품에 맞도록 포팅하는 작업만 하면 되기 때문에 개발에 소요되는 기간도 짧다.

3. Windows CE.NET 구조

[그림 2-9]에서 Windows CE.NET의 구조를 보이고 있으며, 5개의 핵심요소가 Windows CE.NET OS를 형성하고 있다.

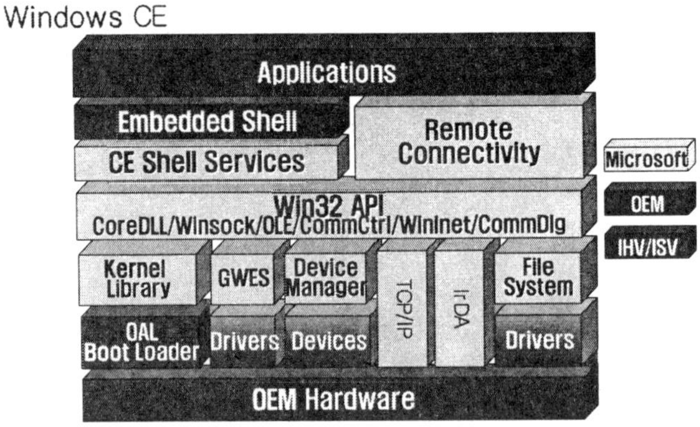

[그림 2-9] Windows CE 구조

■ OAL(OEM Adaptation Layer)

OEM은 반드시 custom hardware를 위한 OAL를 제작해야 한다.

■ Device Manager

Device Manager 프로세스와 모든 디바이스 드라이버는 OS를 하드웨어와 연결한다.

■ Device Drivers

OEM은 custom hardware와 주변장치들을 위한 디바이스 드라이버 전체를 제작해서 공급해야 한다.

■ Kernal

커널 모듈은 NK.LIB이다. 커널 모듈은 OAL과 더불어 하드웨어 위에서 수행되는 운영체제의 부분이다.

■ GWES(Graphics, Windowing, and Events Subsystem)

GDI(Graphics Device Interface)와 사용자 인터페이스 컴포넌트를 포함한다.

■ Filesys

파일 시스템, 레지스트리, 데이터베이스 저장장치를 포함하는 오브젝트의 저장을 담당한다.

■ OAL

Kernal과 타깃 디바이스 하드웨어 사이의 계층으로 Kernal과 타깃 디바이스 하드웨어 사이의 통신을 원활하게 하는 역할을 담당한다.

- 시스템 Start-up, 인터럽트 핸들링, 파워 매니지먼트, 프로파일링, 타이머, 클록 등과 관련된 함수들을 세팅한다.
- OEM이 직접 자기들의 하드웨어에 Windows CE.NET을 포팅하기 위해서 코딩한다.
- 플랫폼 빌더 IDE 속에 적재되어 있는 몇몇 하드웨어 SDB에 대해서 Built-in BSP를 제공한다. 보통 자체의 BSP를 생성하는 데는 6개월 정도 소요된다.

■ Kernal

Windows CE 운영체제의 커널은 대부분이 C로 짜여져 있으며, 지원되는 프로세서에는 모두 포팅 가능하다. 커널의 코드는 NK.EXE라는 파일을 포함하는데, NK는 New Kernal을 의미하며, 이는 Windows CE가 단순히 데스크탑에서 사용되는 윈도우의 일부분이 아닌 새로운 커널임을 상징한다. 또한 Coredll.dll은 운영체제 core DLL 모듈이다. 이것은 여러 개의 선택 가능한 컴포넌트들로 구성되어 있다. 이 DLL은 대부분의 Win32 API를 제공한다.

Windows CE 로더는 2가지의 방법으로 시스템 리소스를 절약할 수 있도록 고안되었다. 첫째는 응용 페이지를 필요할 때만 로드할 수 있도록 한 것이며, 페이지 크기는 1KB에서 4KB까지 가변되며, 프로세서에 따라서 다르다. 둘째는 여러 개의 프로세스가 1개의 DLL을 여러 번 호출하더라도 로더는 DLL의 단 1개의 물리적인 복사본만을 가지며, 단지 각 프로세스에 대한 인스턴스 데이터만 다른 것을 보관한다.

Demand paging 메커니즘은 Windows CE가 필요할 때는 물리적 메모리에 가상 메모리의 페이지를 로드할 수 있게 한다. Windows CE는 모든 응용 프로그램을 바로 물리적 메모리에 로드하지 않고, 요청된 코드의 페이지만을 로드한다.

Execute in place(XIP) 영역이란 코드를 RAM으로 불러오는 대신에 ROM으로부터 직접 코드를 읽어서 실행할 수 있는 기능이다. Windows CE.NET에서는 여러 개의 XIP영역을 설정할 수 있다. 예를 들면, 코어 OS feature들을 ROM에 인스톨하고, 다른 feature들을 플래시 메모리에 인스톨하는 것이 가능하다.

■ Device Driver System

디바이스 드라이버는 OS와 디바이스를 연결시켜주는 프로그램으로 Platform 제조사에 의해서 인스톨되는 Built-in Driver와 3rd-party 주변장치에서 제공하여 Windows CE-based platform을 이용하여 설치할 수 있는 Installable Driver로 나눌 수 있다. 또한 GWES에 의해서 관리되는 native 디바이스 드라이버가 있으며, 시스템 부트시에 디바이스 매니저가 레지스트리를 참조하여 로드하는 stream interface driver가 있다.

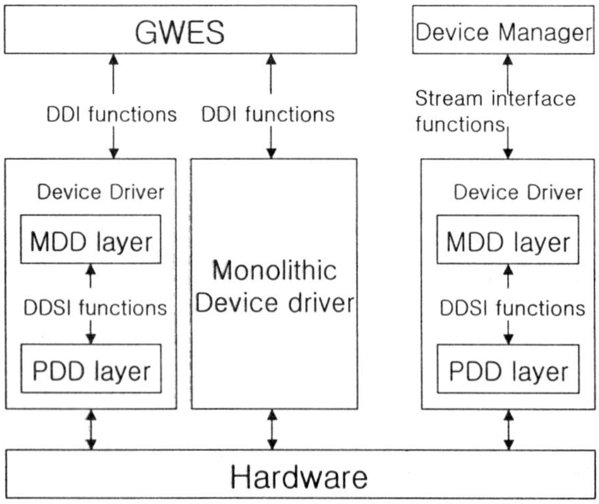

[그림 2-10] Windows CE 디바이스 드라이버

그리고 Monolithic Driver는 제어되는 디바이스 위에서 동작으로 바로 구현되는 드라이버이며, layered driver는 2개의 계층으로 나뉘어서 구현되는데 위의 계층에는 드라이버의 navtive나 stream 인터페이스를 표시하고, 아래계층에는 하드웨어와 상호동작을 수행하도록 구현된다. 많은 샘플 드라이버들이 Windows CE Platform Builder는 layered driver들이며, 이는 모든 하드웨어에 관련된 사항들이 아래계층에 기술되므로, OEM이 새로운 하드웨어에 대한 드라이버를 포팅하기 위해서 해야 하는 일들을 많은 부분 감소시킨다. Windows CE.NET의 디바이스 드라이버 구조는 [그림 2-10]과 같다.

■ GWES 모듈

GWES(Graphics, Windowing, and Event Subsystem) 모듈은 사용자, 응용 프로그램 및 OS 사이의 인터페이스를 제공하며, Windows CE 코어 기능의 대부분을 포함한다. GWES는 GDI(graphics device interface), 윈도우 관리자 및 이벤트 관리자의 기능을 수행하며, 매우 잘 컴포넌트로 세분화되어 있으며, 크게 사용자와 GDI로 2개의 서브그룹으로 나뉜다.

사용자는 GWES에서 메시지, 이벤트 및 키보드나 마우스 등의 입력장치로부터의 사용자 입력을 관리하는 부분을 의미하며, 또한 GDI는 그래픽 출력을 담당하는 부분을 말한다. GDI는 텍스트 및 그래픽을 어떻게 표시할 것인지를 제어하는 GWES의 서브시스템으로 선이나 곡선, 도형 및 텍스트, 비트맵 이미지 등을 이용한다.

GDI는 특정한 디바이스에 대한 그리기 속성을 저장하기 위해서 DC(Device Context)를 사용하며, DC에 저장된 그래픽 속성은 선을 긋기 위한 펜과 칠과 채우는 것을 담당하는 브러시, 글자출력의 폰트, 비트맵 그림의 복사 및 끌어오기, 가능한 색깔을 지정하는 팔레트 및 클리핑 영역 등을 포함한다. 또한 Windows CE는 프린터에서의 그리기를 위해 프린터 디바이스 컨텍스트를, 비디오 디스플레이에서의 그리기를 위해 디스플레이 디바이스 컨텍스트를, 그리고 메모리 속에서의 그리기를 지원하기 위한 메모리 디바이스 컨텍스트 등을 지원한다.

■ 파일 시스템 모듈

파일 시스템 모듈은 최대 크기가 256MB의 오브젝트 저장 기능을 수행하며, Windows CE에서는 파일 시스템과 레지스트리 그리고 프로퍼티 데이터베이스 등

3가지의 저장 타입을 지원한다. 표준 Win32 함수들은 파일과 레지스트리를 접근하는 기능을 제공하며, 새로운 Windows CE-specific API 함수들은 프로퍼티 데이터베이스와 특정한 레지스트리 특성을 지원한다. 임베디드 시스템에서는 대부분이 하드디스크를 포함하고 있지 않으므로 오브젝트 저장은 RAM이나 ROM 혹은 양쪽 다에 존재하는 내부 heap 메모리 안에서 이루어진다.

Windows CE는 ATA(Advanced Technology Attachment) 장치, 플래시 메모리 및 SRAM 카드 등을 위한 다음의 3가지 타입의 파일 시스템을 제공한다.

- ROM-based 파일 시스템
- RAM-based 파일 시스템
- FAT 파일 시스템

임베디드 시스템 개발자들이 독자적인 파일 시스템을 만들고 기록할 수 있으며, 저장 양식에 상관없이 모든 파일 시스템은 Microsoft Win32 file-system API (application programming interface)를 통해서 접근가능하며, 파일은 4GB까지 올릴 수 있다. 또한 사용자는 FAT 파일 시스템 같은 파일 시스템을 인스톨할 수 있으며, 인스톨된 파일 시스템은 PC Card 혹은 외부의 다른 저장장치로 접근할 수 있다.

WinCE 파일 시스템은 모든 파일 시스템들과 블록 드라이버를 포함한 외부 저장장치들을 관장하는 Storage Manager와 플로피디스크 드라이버, 하드디스크, 플래시 파일 시스템 및 다른 외부 저장장치를 포함하는 장치들을 이용해서 파일 시스템을 인스톨할 수 있게 하는 Installable File System으로 구성된다.

- 파일 시스템 : Windows CE.NET의 파일 시스템으로의 접근은 표준 Win32 API에 의해서 가능하며, CreatFile, ReadFile 및 WriteFile 등의 함수를 제공한다. 그러나 Windows CE에서는 Windows95/NT 파일 시스템의 모든 기능을 지원하지는 않으며, 다음과 같은 차이가 존재한다.
- 드라이브에 대한 명칭, 즉 "C:" 혹은 "D:" 등의 이름이 존재하지 않는다. 대신 모든 데이터는 C:\Windows in Windows CE is\Windows 등과 같은 하나의 이름으로 된 공간 내에서 접근된다.
- 현재 디렉토리 같은 개념이 존재하지 않는다. 그러므로 사용자가 파일을 접근할 때, 반드시 상대적인 이름이 아닌 전체의 파일 이름을 제공하여야 한다.

- 파일 시스템 컴포넌트의 크기를 줄이기 위해 Windows CE는 동기적 파일 접근만을 허용한다. 이는 overlapped I/O에 대한 지원이 없다는 것을 의미한다.
- RAM에 저장된 모든 파일은 자동적으로 압축되며, 따라서 압축플래그 같은 파일 속성이 없다. 플래그는 ROM과 RAM 파일을 구별하기 위해 사용한다.
  - 레지스트리 : 레지스트리는 응용 프로그램과 드라이버 시스템, 시스템 설정, 사용자 정보 및 그 외 데이터를 저장하기 위한 데이터베이스이다. 레지스트리의 목적은 시스템에 대한 모든 세팅에 대한 저장장소를 하나로 통일하기 위한 것이다. 레지스트리는 내부 heap 메모리 내의 맨 위에 만들어지므로 압축되지 않는다. Windows CE 레지스트리는 항상 RAM에 저장되므로 휘발성이므로 이를 피하기 위해서는 OAL에 WriteRegistryToOEM과 ReadRegistryToOEM의 2개의 함수들을 구현해야만 한다. WriteRegistryToOEM은 비휘발성 메모리에 레지스트리 내용을 기록하는 함수이며, ReadRegistryToOEM는 비휘발성 메모리에서 레지스트리 내용을 읽어내는 역할을 담당하는 함수이다. 만약 레지스트리가 RAM 내에 없다면 Window CE는 ROM에 저장된 파일로부터 디폴트 타입의 레지스트리를 생성한다.
  - 프로퍼티 데이터베이스 : Windows CE내에는 소용량의 데이터베이스를 관리할 수 있는 데이터베이스 관리자 시스템을 제공한다. 프로퍼티 데이터베이스는 프로퍼티의 ID, 타입 및 값을 내용으로 하는 테이블을 관리하며, 다음과 같은 제약조건이 있다.
- 데이터베이스 볼륨의 최대 크기는 256MB이다.
- 데이터베이스 내의 레코드의 최대 크기는 128KB이다.
- 레코드 내의 프로퍼티의 최대 크기는 64KB이다.
- 데이터베이스당 인덱스는 최대 4개이다.

■ 그 외의 특징들

Windows CE에서는 위에서 설명한 5개의 메인 모듈 이외에 Real Time Operating System 모듈 및 Power Management 모듈 등의 부가적인 모듈들을 지원하고 있다.

• Real Time Operating System 모듈

RTOS를 분류할 때 Windows CE는 연성 실시간 시스템으로 분류되고, 따라서 엄밀한 의미의 실시간 운영체제가 아니라고 분류되지만, Microsoft측에서는 실시간 운영체제의 기능을 수행할 수 있다고 주장하고 있다. 이러한 주장의 근거가 Real Time Operating System 모듈이며, Windows CE도 선점형 운영체제로서 경성 실시간 시스템의 대표격인 Windriver사의 VxWorks의 95%까지의 성능을 지원할 수 있다고 주장한다. 이를 지원하기 위해 다음과 같은 실시간 운영체제의 특징들을 포함하고 있다.

- 인터럽트 응답 레이턴시가 제한되어 있다. 인터럽트 레이턴시는 소프트웨어 인터럽트 핸들링 레이턴시를 의미한다. 실시간 처리를 위해 Windows CE에서는 인터럽트의 처리가 2단으로 구성되는데 ISR(Interrupt Service Routine)에서는 인터럽트의 요청에 대한 확인만을 수행하는 간단한 루틴으로 구성되고, 인터럽트의 처리는 IST(Interrupt Service Thread)에서 맡아서 처리하게 하고 있다. 즉, 인터럽트가 요청된 시각으로부터 인터럽트 처리가 시작되는 데까지 걸린 시간을 뜻하는데, 페이징이 일어나지 않는다면 Windows CE의 인터럽트 레이턴시는 메모리 내에서의 스레드에 대한 것으로 제한되므로, 최악의 경우에 대한 레이턴시의 계산(ISR의 시작에서 IST의 시작까지)이 가능하다.
- 타이머 정밀도는 1ms가 디폴트로 구성되어 있으며, 이는 인터럽트 시간을 조정함으로써 OAL 루틴의 더 높은 주파수의 세팅이 가능하다.
- 시스템 타이머 틱(Timer Tick)이 스레드 퀀텀에 독립적이다.
- 다중 인터럽트가 지원된다. : 인터럽트가 서비스되고 있는 상황에서 또 인터럽트 요청에 대해서 응답할 수 있으므로 실시간성을 확보할 수 있다.
- 우선순위가 상속된다 : 낮은 순위의 인터럽트가 차단되므로 인터럽트의 응답성을 향상시킬 수 있다.
- Protected 가상 메모리 : 이 특징은 크리티컬 응용에 대한 서비스를 차단함으로써 시스템의 신뢰성을 크게 향상시킨다.
- 오브젝트의 동기화 : 운영체제에서 여러 개의 스레드가 동시에 수행되고 있을 때 스레드 간의 동기동작을 할 수 있어야 한다. Windows CE에서는 여러 개의 오브젝트를 동기화하는 기능을 제공하며, 이러한 오브젝트에는 critical sections, mutexs, events 및 semaphore 등이 포함된다.

• Power Management Features

파워 매니지먼트 함수는 시스템 오프 혹은 아이들 상태에 대한 시스템 요구에 응답한다. 이러한 시스템 요구는 파워스위치 혹은 아이들 타이머 카운트 등의 하드웨어나 소프트웨어에 의해서 요청될 수 있다.

시스템이나 하나의 장치의 동작 상태에 따른 전력소모에 대한 상태를 나타내는데 다음과 같은 5가지의 레벨로 Power State를 사용하고 있다.

- D0 : Full ON
- D1 : Low ON
- D2 : Standby
- D3 : Sleep
- D4 : OFF

4. Windows CE 개발환경

Windows CE의 시작은 Windows CE OS를 빌드, 다운로드, 디버깅할 수 있는 도구(IDE : Integrated Development Environment)가 MS에서 제공되는데, 이것이 Platform Builder이며, 시작화면은 [그림 2-11]과 같다.

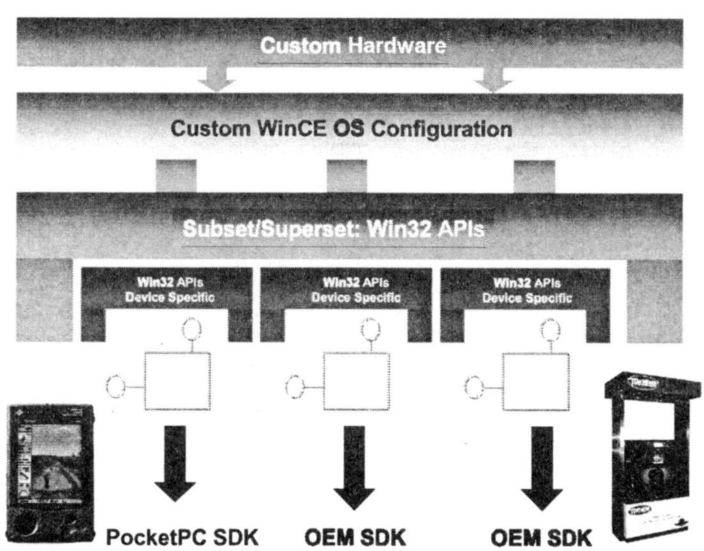

[그림 2-11] Windows CE.NET 개발환경 구조

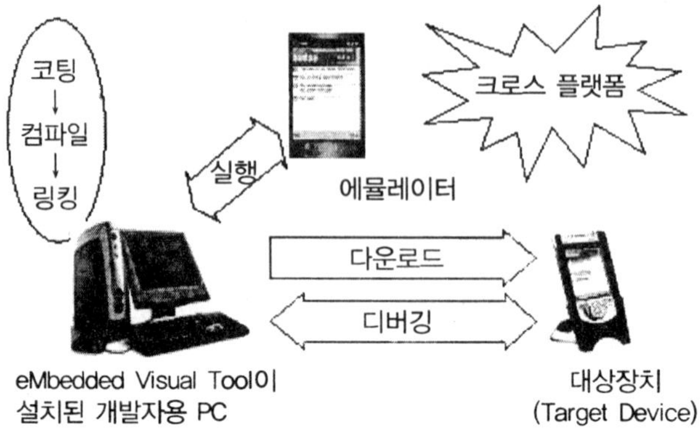

[그림 2-12] Windows CE.NET 개발절차

Platform Builder 4.2에서는 국산 CPU Platform인 삼성전자의 SMDK 2440 (ARM920T) BSP(Board Support Package)가 기본 탑재되어 있으며, 그동안 Windows CE의 이전 버전에서 많이 사용되어 왔던 StrongARM 프로세서인 SA1110 SDB(Standard Developoment Board) BSP는 빠진 것이 특징이다.

Platform Builder의 시작 후, 사용할 프로세서의 선택으로 BSP의 선택이 제일 먼저 이루어지며, 그 후에 응용제품에 따라서 Platform Configuration을 진행하게 되는데 다양한 Platform Configuration이 지원되어 응용에 맞게 빠른 시간 내에 project를 형성할 수 있도록 도움을 주고 있으며, 여기서 그 종류에 대해서 살펴보도록 하자.

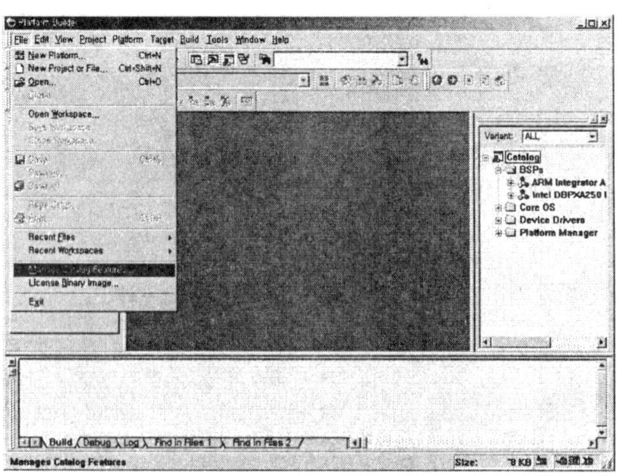

[그림 2-13] Platform Builder

▪ Digital Media Receiver

E-book 리더, 디지털 A/V 장치 등의 디지털 미디어 데이터를 사용하는 기기를 개발할 수 있는 configuation이다.

▪ Enterprise Terminal

판매시점관리(POS), ATM과 같은 다양한 단말기를 개발할 수 있는 환경을 제공하는 configuration이다.

▪ Enterprise Web Pad

웹패드 환경의 configuration으로 터치 디스플레이, 무선 네트워킹 기능들이 기본 포함된다.

▪ Gateway

홈네트워킹의 게이트웨이를 개발할 수 있는 configuration으로 다이얼업(dial-up) 또는 여러 가지 인터넷 접속 및 서비스를 제공한다.

▪ Internet Appliance

인터넷 브라우저를 이용한 다양한 장치를 개발할 수 있는 configuration이다.

▪ Industrial Controller

산업용 컨트롤러 및 콘솔을 개발할 수 있는 configuration이다.

▪ IP Phone

VoIP를 이용한 전화를 개발할 수 있는 configuration으로 VoIP 폰 응용 및 메신저, IE 브라우저가 기본 포함된다.

▪ Mobile Handheld

PDA를 개발할 수 있는 configuration이다.

- **Mobile Phone**

무선을 이용한 전화를 개발할 수 있는 기본 configuration이다.

- **Set-top Box**

인터넷 및 디지털 컨텐츠를 TV환경에서 볼 수 있게 하는 장치를 개발하는 configuration이다.

- **Tiny Kernal**

Windows CE 커널을 이루는 컴포턴트로 구성된 configuration이다.

- **Windows Thin Client**

RDP 5.1을 이용한 씬 클라이언트(WBT)를 개발할 수 있는 configuration이다.

그 외에 CEPC Emulator가 포함되어 있어서 하드웨어가 완성되지 않은 상태에서도 PC 상에서 가상으로 타깃을 에뮬레이션하면서 프로그램을 할 수 있는 환경이 마련되어 있다. [그림 2-14]는 CEPC가 동작하는 상황을 보인 것이다. 마치 화면에서 PDA와 같은 역할을 수행할 수 있도록 설계된 것이 특징이라 하겠다.

[그림 2-14] CEPC Emulator

5. Windows CE.NET의 그밖의 기능

■ Networking and Communications

Windows CE.NET에는 장치가 다양한 네트워크에 접속할 수 있도록 할 수 있는 완전한 네트워크 서비스를 제공한다. [그림 2-15]에는 Networking and Communication 구조가 소개되었으며, 여기에는 NDIS(Network Driver Interface Specification), IrDA, Serial, Protocol Stack(TCP/IP, IrDA), PPP(Point to Point Protocol), RAS(Remote Access Service), IP Helper, Winsock (Windows Socket), WinInet, COM, MSMQ(Message Queing) 등 네트워크와 관련된 컴포넌트들이 총망라되어 있다.

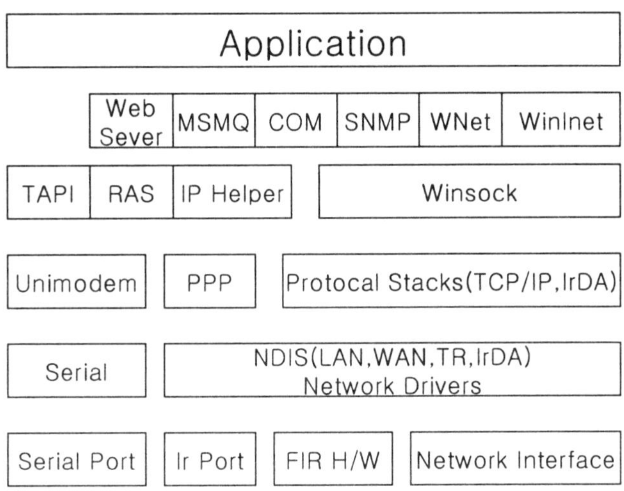

[그림 2-15] Networking and Communication Architecture

[그림 2-16]은 Networking and communication architecture와 7layer OSI model과의 관계를 소개하고 있는 그림이다.

그 외에 Wirless Platform Support로서 IEEE 802.1x, Bluetooth, NDIS 5.1, MediaSense 등을 지원하고 있으며, Platform-independent 객체지향 시스템으로 COM 모델을 지원한다.

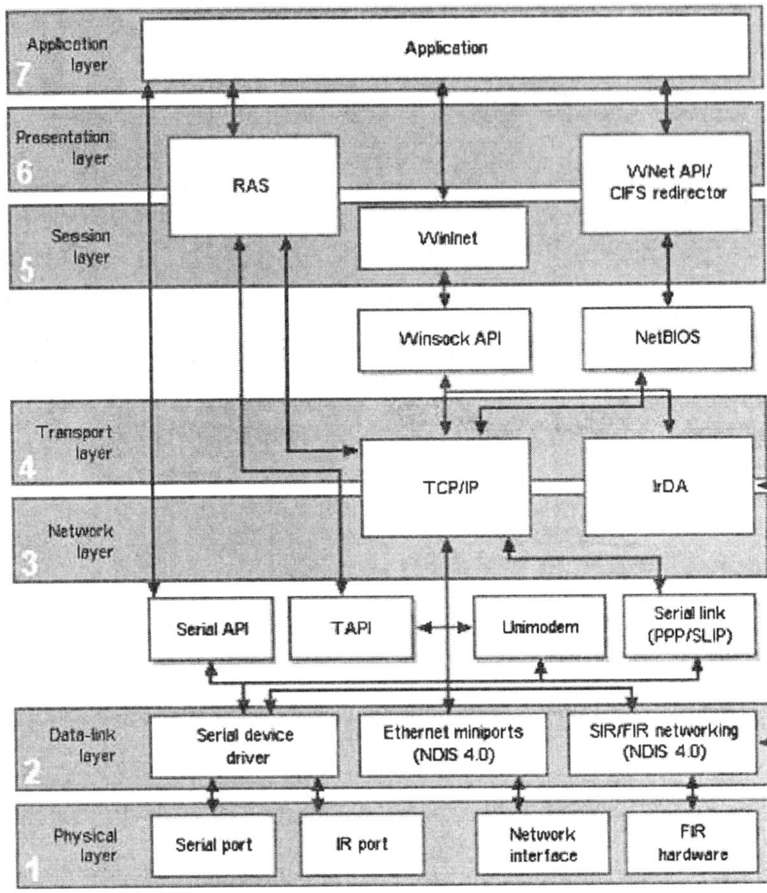

[그림 2-16] networking and communication architecture와 7 layer OSI model

■ Real Time Communication

RTC는 SIP(Session Initiation Protocol)을 기반으로 하며, Real Time Audio Communication(VoIP) 기능을 수행한다. VoIP(Voice ove IP)는 IP 네트워크 위에서의 양방향 오디오 전송방식의 일종이다. RTC architecture가 [그림 2-17]에서 소개되고 있다.

RTC 계층은 SIP(session initiation protocol), RTP(real-time transport protocol) 및 PINT(PSTN-to-Internet Telephony) 스택의 상위에 존재한다. SIP 프로토콜은 매우 간단한 문자기반의 응용 계층 제어를 제공하는데, 이를 이용하면 session의 생성, 수정 및 종료 등을 수행할 수 있다.

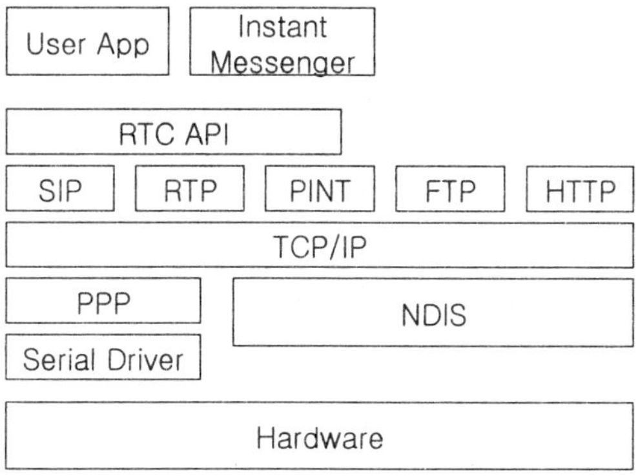

[그림 2-17] RTC architecture

■ Multimedia Support

WinCE가 다른 임베디드 OS와 차별되는 특징이 멀티미디어 기능의 강력한 점을 들 수 있는데, 로컬 파일이든지 네트워크를 통한 스트리밍 데이터를 재생할 수 있는 기능을 제공하고 있다. Windows CE에서의 멀티미디어 지원 기술은 Windows Media Player(WMP)에 기반을 가지고 있으며, 지원되는 멀티미디어 Support는 DirectDraw, Direct3D, DirectDVD 등과 Legacy Video Playback, MIDI Playback, MP3 Playback, MPEG-1 Video Playback, Digital rights Management(DRM) 등이 지원된다.

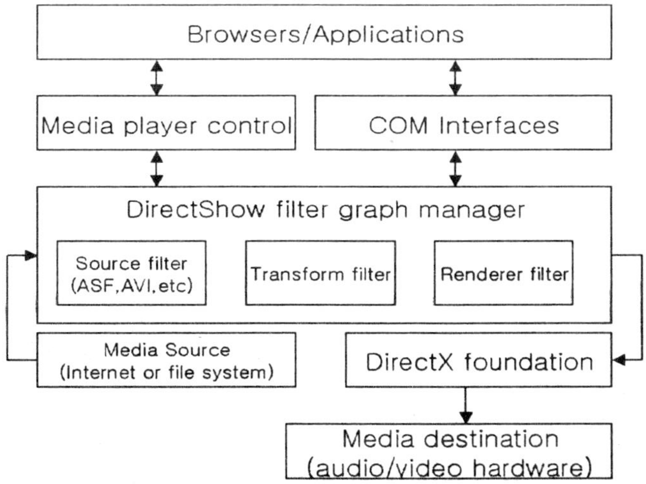

[그림 2-18] Multimedia architecture

[그림 2-18]은 Multimedia Support architecture를 소개한 것이다.

■ Security Features

원하지 않는 응용이 시스템에서 구동되지 않도록 하기 위해 프로그램의 로드시에 올바른 디지털 서명이 포함되어 있을 경우에만 로드를 허락하는 서명확인(signature verification)을 수행한다. 로드시에 서명확인을 하는 함수는 유효한 서명의 생성 및 모든 .dll과 .exe파일에 내장시키고, 유효한 서명을 가려내는 기능을 수행한다. 따라서 믿을 수 있는 환경을 만들기 위해서 수행하는 이러한 확인 절차를 위해 OEM에서는 OEMCertifyModuleInit과 OEMCertifyModule의 2개의 함수를 반드시 구현해야 한다.

또한 마이크로소프트에서 제공하는 암호화 모듈의 API(CryptoAPI)를 이용하면 암호화 키를 생성 혹은 삭제하며, 다양한 암호화 기능을 수행하는 CSP(Cryptographic service provider)를 추가할 수도 있다.

그 외에도 Windows CE에서는 Protected Registry, Password Control, Protected Store, LDAP(Lightweight Directory Access Protocol) Security Model, PPTP(Point-to-Point Tunneling Protocol), Secure File System, DCOM Security, IEEE 802.11 Security 등의 다양한 Security 관련기능들을 지원한다.

제3장

ARM9 프로세서의 구조 및 프로그래밍 모델

이 장은 ARM9 프로세서의 구조 등을 소개하고, ARM9 프로그래밍 모델에 대한 이해를 돕는다. 이 장에서 다룰 주요 내용은 아래와 같다.

- ARM9 프로세서의 소개
- ARM9 프로그래밍 모델

3.1. ARM9 프로세서의 개요

ARM920T 코어를 사용한 삼성 S3C2440는 ARM(Advanced RISC Machines, Ltd)사에서 개발한 16/32비트 ARM920T RISC 프로세서를 CPU 코어로 사용하고 있다. 이 프로세서는 소형 크기이면서 저가격, 저전력, 고성능의 마이크로컨트롤러로서, 휴대형 장치와 범용기기에 사용하도록 설계되었다.

S3C2440는 각각 분리된 16KB의 명령어 캐시, 16KB의 데이터 캐시, 가상의 메모리 관리 유닛을 핸들링하는 MMU, LCD 컨트롤러(STN & TFT), 3채널의 UART, 4채널의 DMA, 4채널의 PWM 타이머, I/O포트, IIS-BUS 인터페이스, USB 호스트, USB 디바이스, SD 호스트와 멀티미디어 카드 인터페이스, 2채널의 SPI와 클록 발생을 위한 PLL 등을 내장하고 있다.

S3C2440는 ARM920T 코어, 0.18μm의 CMOS 표준 셀, 메모리 컴파일러 등을 이용하여 개발되었다. 이 프로세서는 가격과 전력에 민감한 응용분야에 사용할 수 있도록 설계되었으며, Advanced Microcontroller Bus Architecture(AMBA)라고 불리는 새로운 버스 아키텍처를 채택하였다. S3C2440의 ARM920T는 MMU, AMBA BUS, 각 8워드 라인 길이를 갖는 16KB의 명령어 캐시와 16KB의 데이터 캐시가 분리되어 있는 하버드 캐시 아키텍처로 구성되어 있다. S3C2440는 거의 모든 주변장치를 내장하였기 때문에 시스템 구성비용을 최소화할 수 있고, 추가적인 부품장착이 없이도 여러 기능들을 사용할 수 있다.

- 1.8V의 내부 전압, 1.8V/2.5V/3.3V 메모리, 16KB의 I-Cash/16KB의 D-Cash/MMU를 갖는 3.3V 외부 I/O 마이크로프로세서
- 외부의 메모리 컨트롤러(SDRAM 컨트롤과 칩 선택 로직)
- 1채널의 LCD 전용 DMA를 갖는 LCD 컨트롤러(4K의 컬러 STN과 256K의 컬러 TFT)
- 외부의 요청(request) 핀을 갖는 4채널의 DMA
- 3채널의 UART(IrDA 1.0, 16-Byte Tx FIFO, 16-Byte Rx FIFO)/2채널의 SPI
- 1채널의 멀티-마스터 IIC-BUS/1채널의 IIS-BUS 컨트롤러

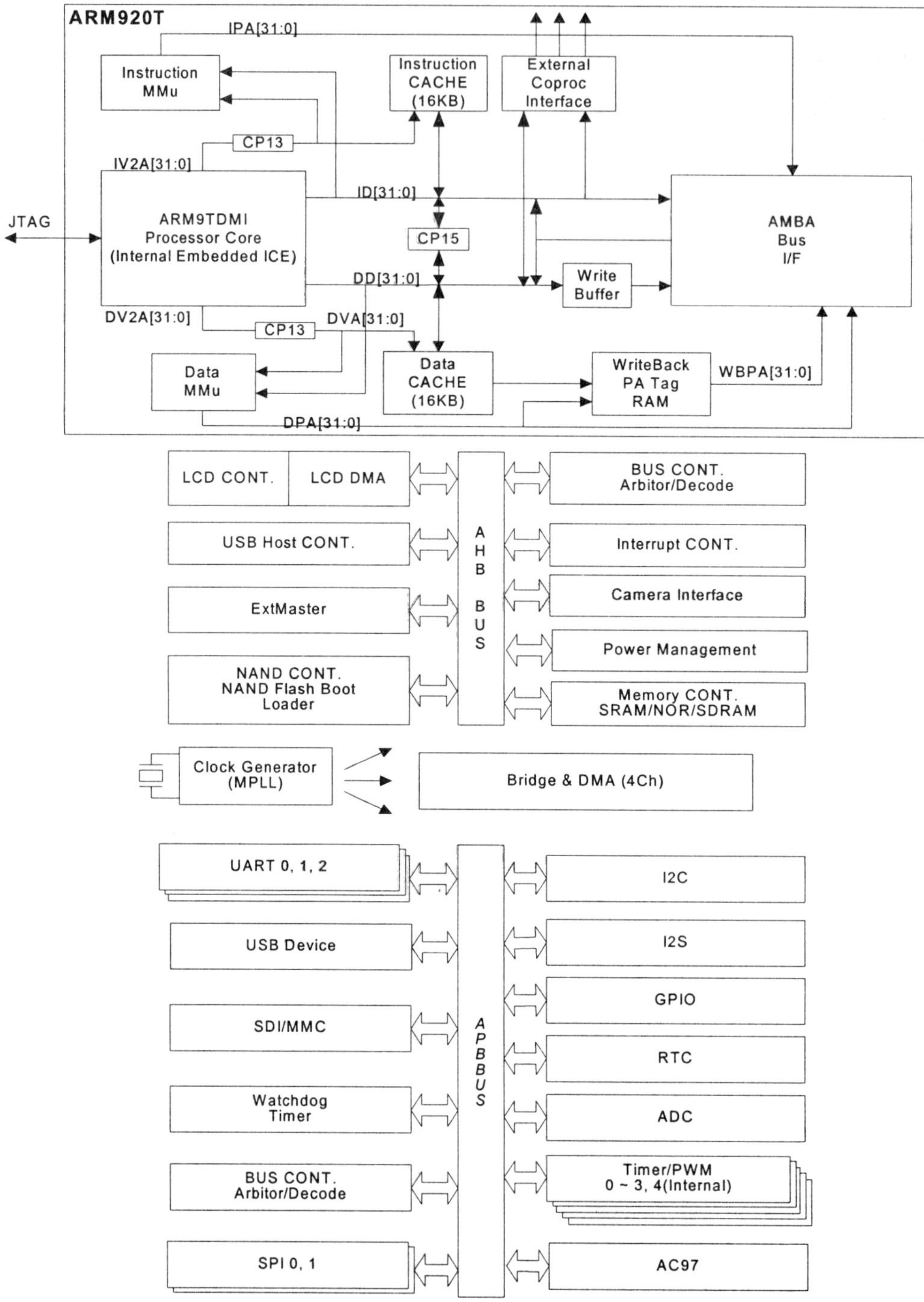

[그림 3-1] S3C2440 블록도

- SD 호스트 인터페이스 버전 1.0과 멀티미디어 카드 프로토콜 버전 2.11과 호환
- 2-포트의 USB 호스트 / 1-포트의 USB 디바이스(버전 1.1)
- 4채널의 PWM 타이머와 1채널의 내부 타이머
- 워치도그 타이머
- 117비트의 범용 I/O 포트 / 24채널의 외부 인터럽트 소스
- 전원 컨트롤 : Normal, Slow, Idle, 파워-오프 모드
- 8채널의 10비트 ADC와 터치 스크린 인터페이스
- 캘린더 기능을 하는 RTC
- 칩 안에 내장된 PLL 클록 발생기

3.1.1. ARM9의 구조

- 휴대용 기기와 범용의 임베디드 장치에 응용이 가능한 통합 시스템
- ARM920T CPU 코어를 내장하여 16/32비트의 RISC 아키텍처와 막강한 명령어 셋을 가지고 있다.
- 윈도우 CE, EPOC 32와 리눅스를 지원할 수 있는 MMU를 내장한 향상된 ARM 아키텍처로 되어 있다.

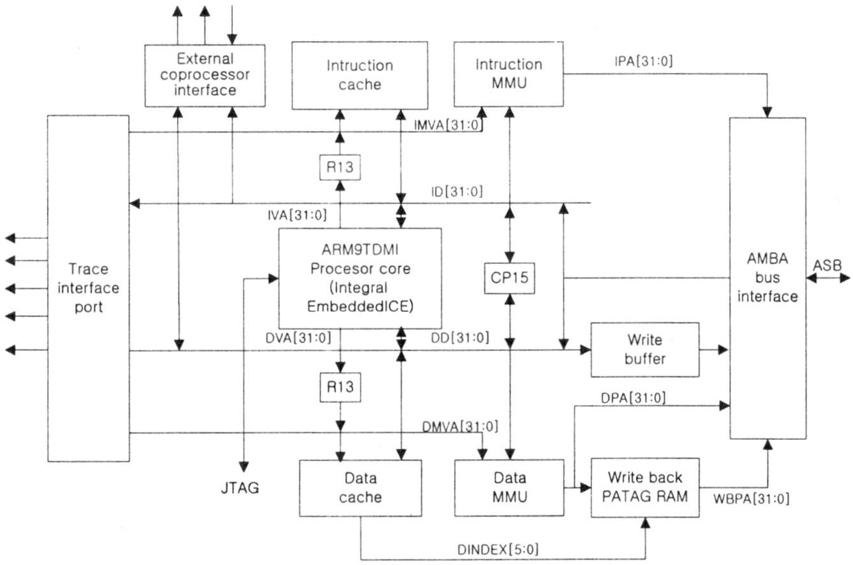

[그림 3-2] ARM920T 블록도

- 명령어 캐시, 데이터 캐시, 쓰기 버퍼, 메인 메모리의 밴드 폭과 성능의 지연(latency)효과를 줄이기 위한 물리 어드레스 TAG RAM
- ARM 디버그 아키텍처를 지원하는 ARM920T CPU 코어
- 내부의 향상된 마이크로프로세서 버스 아키텍처(AMBA, AMBA2.0, AHB/APB)

3.1.2. 시스템 관리자

- 리틀 / 빅 엔디안 지원
- 어드레스 공간 : 각 뱅크당 128MB(총 1GB)
- 각 뱅크당 8/16/32비트의 데이터 버스 폭의 설정 가능
- 뱅크 0에서 뱅크 6까지 고정된 뱅크 스타트 어드레스
- 뱅크 7은 뱅크 스타트 어드레스와 뱅크 크기 조정 가능
- 8개의 메모리 뱅크
  - ROM, SRAM, 기타에 6개의 메모리 뱅크
  - ROM/SRAM/SDRAM에 2개의 메모리 뱅크
- 모든 메모리 뱅크에 대한 액세스 사이클의 설정 가능
- 버스 사이클을 확장하기 위한 외부의 지연 시그널 지원
- SDRAM의 파워-다운 시에 자가-충전(Self-Refresh) 모드 지원
- 다양한 형태의 ROM 부팅 지원(NOR/NAND Flash, EEPROM, 기타)

3.1.3. NAND Flash 부트로더

- NAND Flash 메모리에서 부팅 지원
- 부팅용 4KB의 내부 버퍼
- 부팅 후 NAND 플래시 메모리의 저장 기능 지원

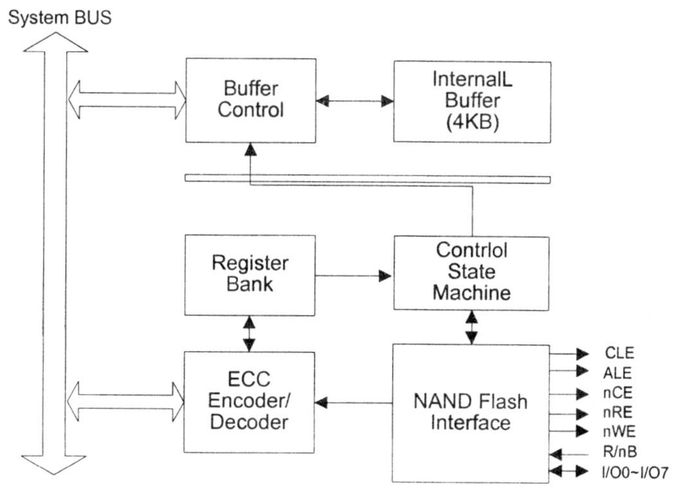

[그림 3-3] NAND Flash Boot Loader 블록도

3.1.4. 캐시 메모리

- I-Cash(16KB)와 D-Cash(16KB)를 갖는 64-방향 set-associative 캐시
- 라인당 8워드의 길이를 가지며, 1개의 유효한 비트와 2개의 Dirty 비트를 가짐
- Pseudo 랜덤 혹은 라운드 로빈 대체 알고리즘
- 메인 메모리 업데이트용 Write-Through 혹은 Write-Back 캐시 기능
- 쓰기 버퍼는 16워드의 데이터와 4개의 어드레스를 유지

3.1.5. 클록과 파워 관리자

- 온-칩 MPLL과 UPLL
  - UPLL은 USB 호스트/디바이스 동작에 사용되는 클록을 발생
  - MPLL은 MCU가 최대 566MHz@1.35V에서 동작하도록 하는 클록을 발생
- 클록은 소프트웨어적인 컨트롤에 의해서 각각의 기능 블록에 선택적으로 공급될 수 있음.
- 파워모드 : Normal, Slow, Idle, Sleep 모드
  - Normal 모드 : 정상적인 동작 모드
  - Slow 모드 : PLL을 이용하지 않는 낮은 주파수의 클록

- Idle 모드 : CPU로의 클록 공급만 중단되는 모드
- Sleep 모드 : 모든 주변장치를 포함하는 코어 전력이 셧다운

- EINT[15:0] 혹은 RTC 알람 인터럽트를 이용해서 Sleep 모드에서 깨어남.

3.1.6. 인터럽트 컨트롤러

- 60개의 인터럽트 소스(1개의 워치도그 타이머, 5개의 타이머, 9개의 UART, 24개의 외부 인터럽트, 4개의 DMA, 2개의 RTC, 2개의 ADC, 1개의 IIC, 2개의 SPI, 1개의 SDI, 2개의 USB, 1개의 LCD, 1개의 Battery Fault, 1개의 Nand, 2개의 Camera, 1개의 AC97)
- 외부의 인터럽트 소스에서의 레벨/에지 모드
- 에지와 레벨의 극성 변환 기능
- 매우 급한 인터럽트 요구시에 빠른 인터럽트 요구(FIQ)를 지원

3.1.7. 펄스 폭 변조(PWM)를 갖는 타이머

- 4채널 16비트 PWM 타이머/1채널 16비트의 DMA 기반 혹은 인터럽트 기반 동작을 하는 내부 타이머
- Duty 사이클, 주파수, 극성의 소프트웨어적인 설정 가능
- 데드-존 발생
- 외부 클록 소스 지원

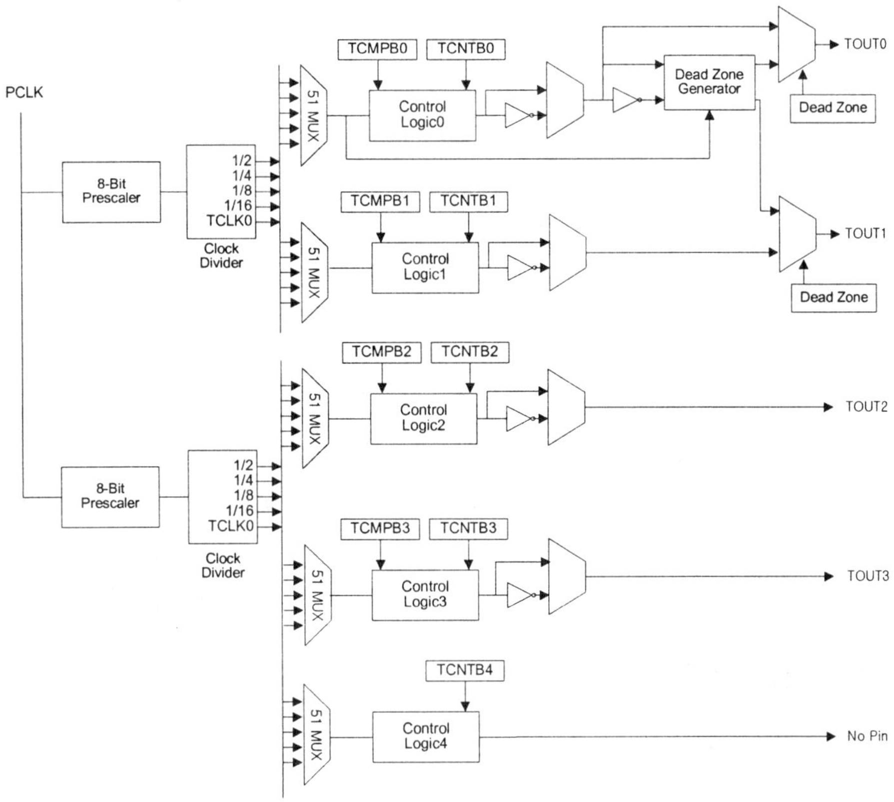

[그림 3-4] 16비트 PWM 타이머 블록도

3.1.8. RTC(실시간 클록)

- Full 클록 형태 : 밀리초(msec), 초, 분, 시, 날짜, 일, 월, 년
- 32.768kHz로 동작
- 알람 인터럽트
- 틱(tick) 인터럽트

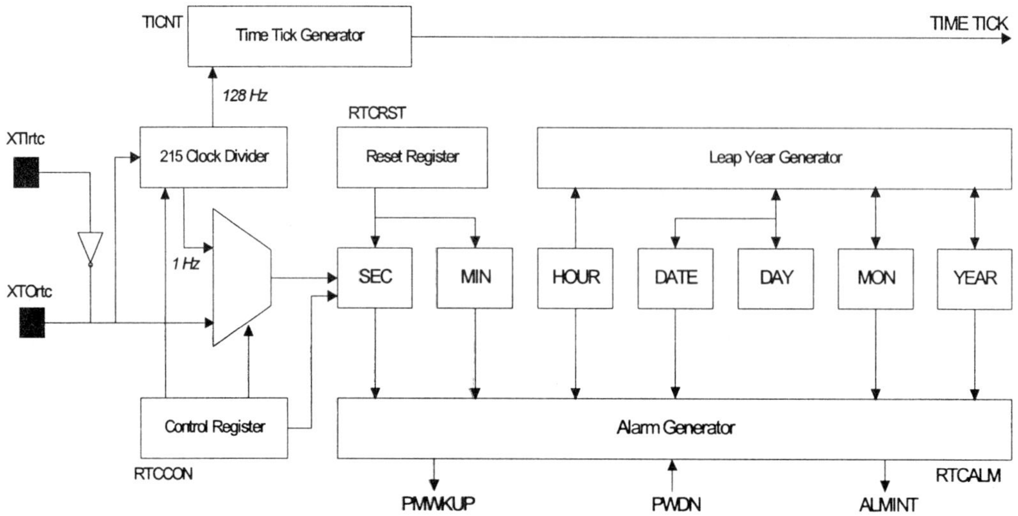

[그림 3-5] 실시간 클록 블록도

3.1.9. 범용 I/O 포트

- 24개의 외부 인터럽트 포트
- 멀티플렉싱의 입력/출력 포트

3.1.10. UART

S3C2440 UART(보편적인 비동기 수신기와 송신기)는 3개의 독립적인 비동기 직렬 I/O(SIO) 포트를 제공하고, 각각 인터럽트 기반 또는 DMA기반 모드에서 작동 할 수 있다. UART는 시스템 클록을 이용해 230.4Kbps 이상의 비트율(bit rates)을 지원해 준다. 즉, UART는 UART와 CPU사이에서 데이터를 이동하기 위해 인터럽트나 DMA 요청을 발생시킬 수 있다. UART는 시스템 클록을 이용해 230.4Kbps 이상의 비트율을 지원해 준다. 만일 외부 장치가 UCLK와 함께 UART에 공급되면 UART는 더 빠른 속도로 동작할 수 있다. 각각의 UART 채널은 수신과 송신을 위한 두개의 16바이트 FIFO를 포함한다.

S3C2440 UART는 Programmable baud rates, infra-red(IR) transmit/ Receive, One or Two stop Bit insertion, 5비트, 6비트, 7비트 또는 8비트 data

Width 그리고 Parity Checking을 포함한다.

각각의 UART는 보 비율 발생기(Baud-Rate Generator), 송신기(Transmitter), 수신기(Receiver), 컨트롤 유닛(Control Unit)을 포함한다. 보 비율 발생기는 PCLK 또는 UCLK에 의해 기록될 수 있다. 송신기와 수신기는 16 바이트 FIFOs와 데이터 시프터를 포함한다. 데이터는 FIFO에 쓰여지고 전송되기 이전에 송신 시프터에 복사된다. 데이터는 송신 데이터 핀(TxDn)에 의해 밖으로 시프트 된다. 그 동안 수신 데이터는 수신 데이터 핀(RxDn)으로부터 시프트되고, 그때 시프터로부터 FIFO에 복사된다.

- DMA 기반 혹은 인터럽트 기반 동작을 하는 3채널 UART
- 5비트, 6비트, 7비트, 8비트의 시리얼 데이터 송/수신(Tx/Rx)을 지원
- UART 동작에 외부 클록(UCLK) 공급
- 보 비율 설정 기능
- IrDA 1.0 지원
- Loopback 모드로 테스트
- 각 채널은 내부에 64바이트의 Tx FIFO와 64바이트의 Rx FIFO를 가짐.

3.1.11. DMA 컨트롤러

S3C2440는 시스템 버스와 Peripheral 버스 사이에 있는 4개 채널의 DMA 컨트롤러를 제공한다. 각 DMA 컨트롤러의 채널은 시스템 버스와 혹은 Peripheral 버스 안의 디바이스 사이에 데이터 이동을 아무 제약 없이 수행할 수 있다.

다시 말하면, 각 채널은 다음의 4가지 경우에서 데이터 전송을 할 수 있다.

- Source와 Destination 모두 시스템 버스상에 있을 때
- Destination이 Peripheral 버스에 있고 Source가 시스템 버스에 있을 때
- Destination이 시스템 버스에 있고 Source가 Peripheral 버스에 있을 때
- Source, Destination 모두 Peripheral 버스에 있을 때

DMA 사용의 주된 장점은 CPU의 간섭 없이 데이터를 전송할 수 있다는 것이다.

DMA의 동작은 S/W에 의해 또는 외부 요청 핀이나 내부 Peripheral의 요청에 의해 초기화될 수 있다.

■ DAM REQUEST SOURCE

DMA 컨트롤러의 각 채널은 H/W DMA 요청 모드가 DCON 레지스터를 사용하여 선택했을 때 4개의 DMA 요청 소스 중에 하나를 선택할 수 있다. (주의 : 만약, S/W 요청 모드 선택시 DMA 요청 모드 소스는 전혀 없다.)

DMA는 동작을 위해 3개의 FSM(Finite State Machine)을 사용한다.
이것은 다음 스텝(Step)에서 설명된다.

State-1 : 초기 상태에서 DMA는 DMA 요청을 기다린다. 만약, 요청이 들어오면 State-2로 간다. 현재 초기 상태에서 DMA ACK, INT REQ는 0이다.

State-2 : State-2에서 DMA ACK가 1이 되고 카운터(CURR_TC)가 DCON[19:0]요청에 적재된다. DMA ACK는 나중에 클리어될 때까지 1로 유지된다.

State-3 : 이 상태에서는 Sub-FSM이라는 DMA의 동작이 초기화되며 Sub-FSM은 소스 주소에서 데이터를 읽어서 Destination 주소에 쓴다. 이때 데이터 크기와 전송 크기(single 또는 burst)가 고려된다.

이 동작은 Single Service Mode에서 한 번만 수행되는 반면에 Whole Service Mode에서는 카운터(CURR_TC)가 0으로 될 때까지 반복된다.

Main FSM은 Sub-FSM이 각 동작을 마칠 때마다 CURR_TC를 카운트다운한다. 또한, Main FSM은 CURR_TC이 0이 되었을 때 INT REQ를 Assert하고 DCON[29] 레지스터를 1로 세트하며 만약 다음과 같은 상황 중에 한 가지가 발생하면 DMA ACK를 클리어한다.

- Whole Service ModedlfEo CURR_TC가 0이 된다.
- Single Service Mode에서 동작이 종료된다.

Single Service Mode에서는 3개의 Main FSM State가 수행되고 나서 정지되고 다른 DMA REQ를 기다린다. 만약, DMA REQ가 발생하면 3개의 State가 반복된다. DMA ACK는 각 Transfer마다 Assert되고 나서 Deassert된다.

반대로 Whole Service Mode에서 Main FSM은 CURR_TC가 0이 될 때까지 State-3을 기다린다. 그러므로 DMA ACK는 Transfer하는 동안 Assert되고 나서 TC가 0이 되면 Deassert된다. 그러나 INT REQ는 CURR_TC가 서비스 모드에

상관없이 0이 될 때에만 Assert된다.

- 4채널의 DAM 컨트롤러
- 메모리간, I/O에서 메모리, 메모리에서 I/O, I/Orks의 전송 지원
- 전송률 향상을 위한 Burst 전송 모드

3.1.12. A/D 컨버터와 터치스크린 인터페이스

- 8채널의 멀티플렉싱 ADC
- 최대로 500KSPS와 10비트 해상도

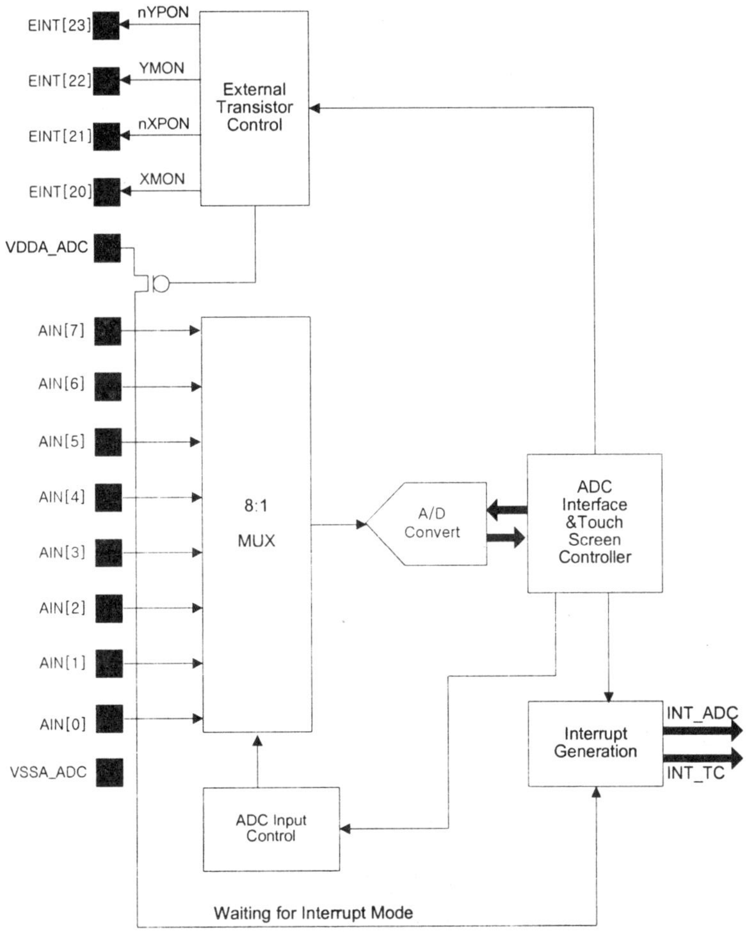

[그림 3-6] ADC 터치스크린 인터페이스 블록도

3.1.13. STN LCD 디스플레이

- 3가지 형태의 STN LCD 패널 지원 : 4비트 유얼 스캔, 4비트 싱글 스캔, 8비트 싱글 스캔 디스플레이 형태
- 모노크롬 모드, 4그레이 레벨, 16그레이 레벨, 256컬러와 4096컬러의 STN LCD 지원
- 멀티스크린 크기를 지원
  - 실제 스크린 크기 : 640×480, 320×240, 160×160 등
  - 최대 가상 스크린 크기는 4MB
  - 256컬러 모드에서의 최대 가상 스크린 크기 : 4096×1024, 2048×2048, 1024×4096 등

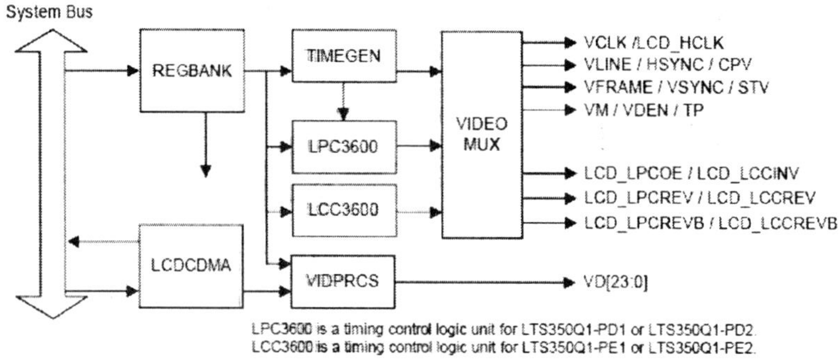

[그림 3-7] LCD 컨트롤러 블록도

3.1.14. TFT 컬러 디스플레이

- 1, 2, 4, 8 bpp(bit-per-pixel)의 팔레트 컬러 디스플레이 지원
- 16bpp의 논-팔레트 트루 컬러 디스플레이 지원
- 24bpp 모드에서 최대 16M 컬러 지원
- 멀티스크린 크기를 지원
  - 실제 스크린 크기 : 640×480, 320×240, 160×160 등
  - 최대 가상 스크린 크기는 4MB
  - 64K 컬러 모드시의 최대의 가상 스크린 크기 : 2048×1024 등

3.1.15. 워치도그 타이머

- 16비트의 워치도그 타이머
- 타임아웃시 인터럽트 요구 혹은 시스템 리셋

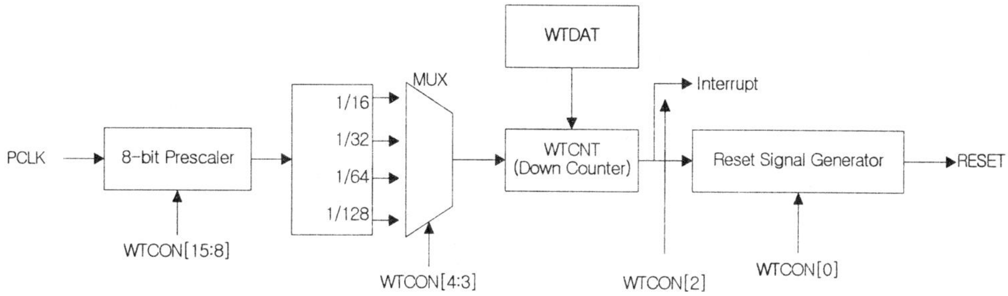

[그림 3-8] 워치도그 타이머 블록도

3.1.16. IIC 버스 인터페이스

- 1채널의 멀티-마스터 IIC 버스
- 시리얼 8비트의 양방향 데이터 전송은 표준 모드에서 100KBit/s이며, 빠른 모드에서는 400KBit/s까지 업이 가능

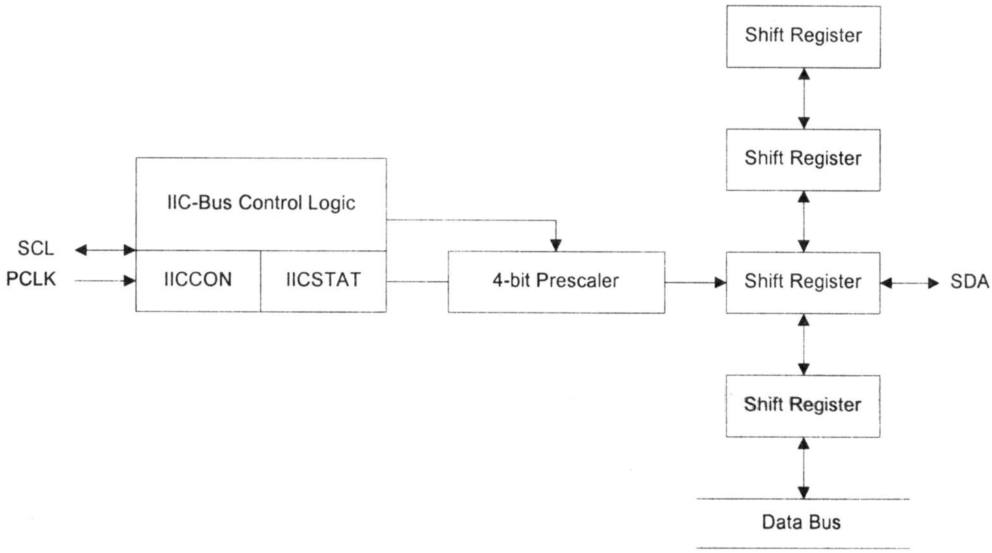

[그림 3-9] IIC 버스 인터페이스 블록도

3.1.17. IIS 버스 인터페이스

- DMA 기반 동작을 위한 오디오 인터페이스에 1채널의 IIS버스가 사용됨.
- 채널당 시리얼, 8/16비트 데이터 전송
- Tx/Rx에 128바이트(64바이트+64바이트) FIFO
- IIS 포맷과 MSB-Justified 데이터 포맷을 지원

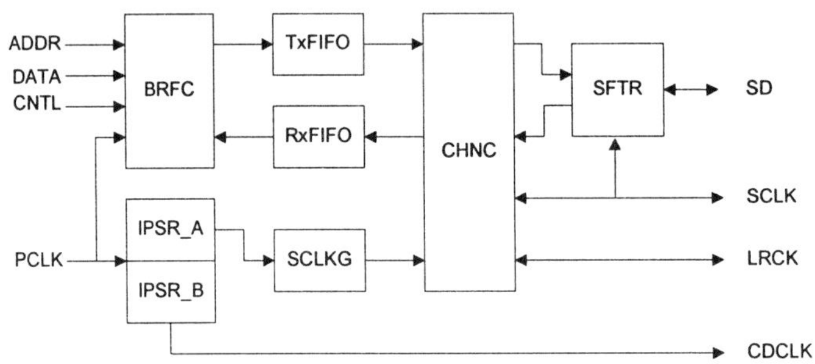

[그림 3-10] IIS 버스 인터페이스 블록도

3.1.18. USB 호스트

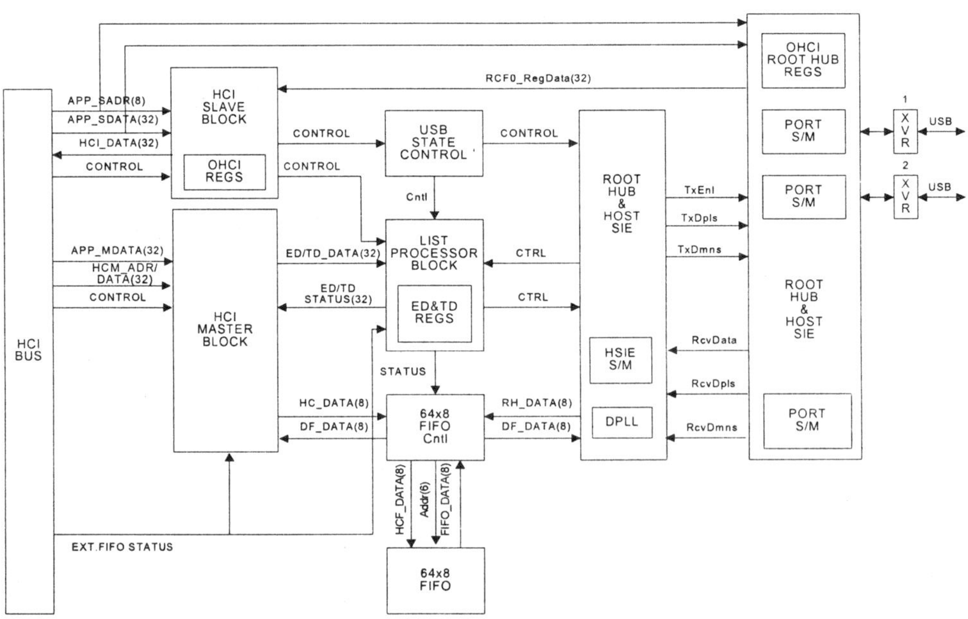

[그림 3-11] USB 호스트 컨트롤러 블록도

- 2-포트의 USB 호스트
- OHCI Rev. 1.0으로 컴파일
- USB 스택 버전 1.1과 호환

3.1.19. USB 디바이스

- 1-포트의 USB 디바이스
- USB 디바이스에 5개의 엔드포인트
- USB 스택 버전 1.1과 호환

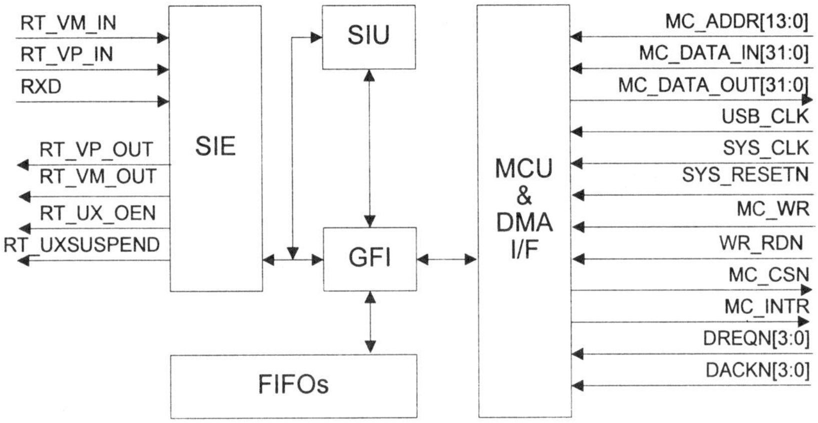

[그림 3-12] USB 디바이스 컨트롤러 블록도

3.1.20. SD 호스트 인터페이스

- SD 메모리 카드 프로토콜 버전 1.0과 호환
- SDIO 카드 프로토콜 버전 1.0과 호환
- Tx/Rx시에 바이트 FIFO
- DMA 기반 혹은 인터럽트 기반 동작
- 멀티미디어 카드 프로토콜 버전 2.11과 호환

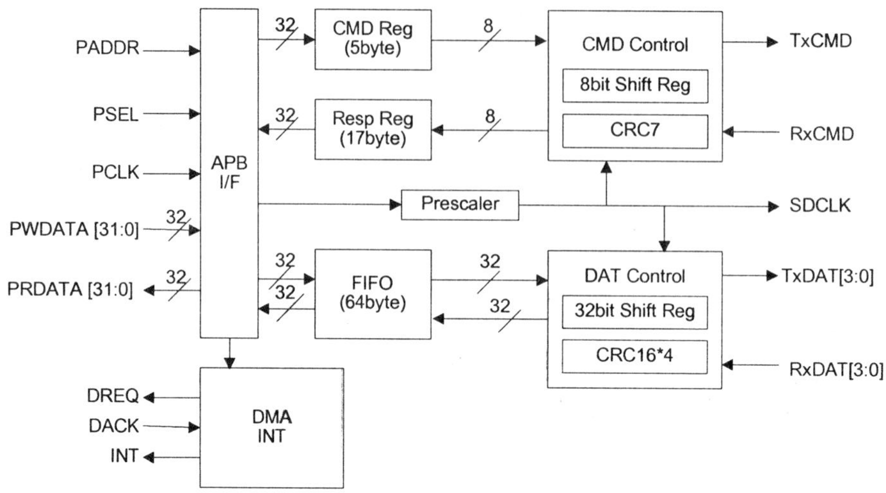

[그림 3-13] MMC, DS, SDIO 호스트 인터페이스 블록도

3.1.21. SPI 인터페이스

- 2채널의 시리얼 주변장치 인터페이스 프로토콜 버전 2.11과 호환
- Tx/Rx시에 2×8 비트의 시프트 레지스터
- DMA 기반 혹은 인터럽트 기반 동작

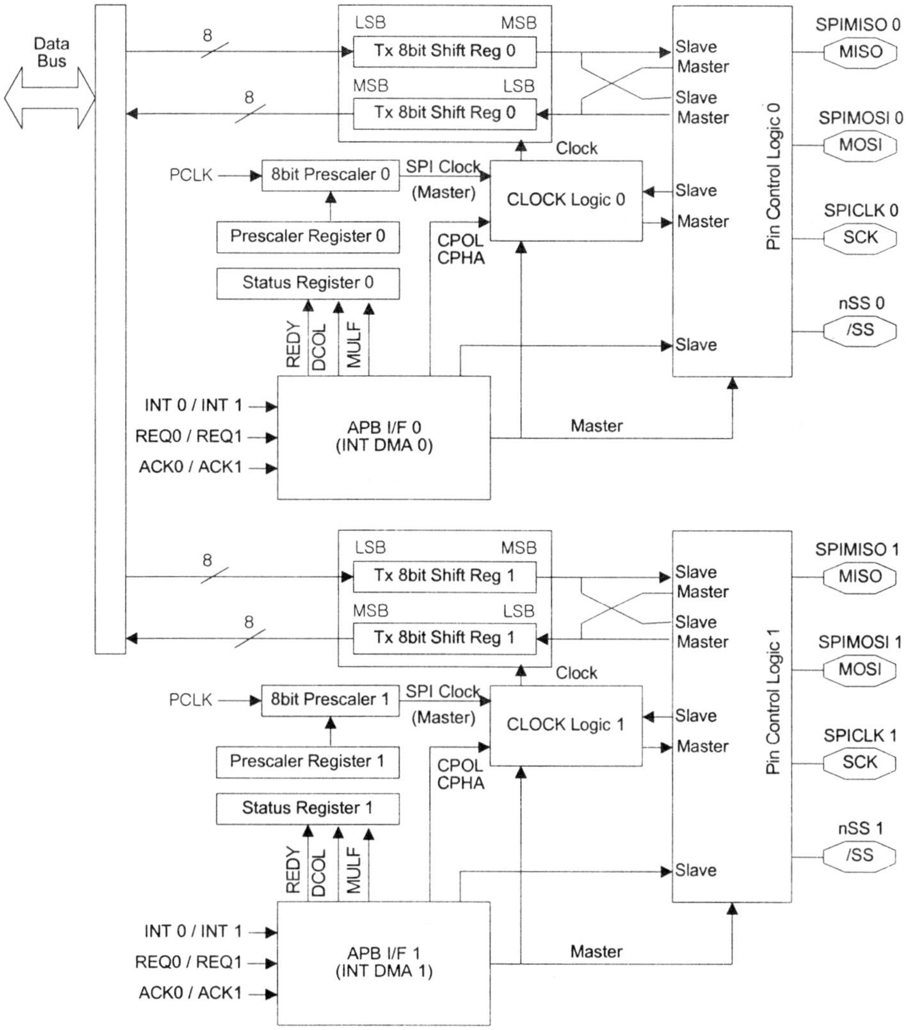

[그림 3-14] SPI 인터페이스 블록도

3.1.22. 전압의 동작 범위

- 코어 : 1.2V for 300MHz
  1.3V for 400MHz
  1.35V for 566MHz
- 메모리 : 1.8V/2.5V/3.0V/3.3V
- I/O : 3.3V

3.1.23. 주파수의 동작 범위

- FCLK up to 533MHz
- HCLK up to 136MHz
- PCLK up to 68MHz

3.1.24. 패키지

- 289핀의 FBGA 타입

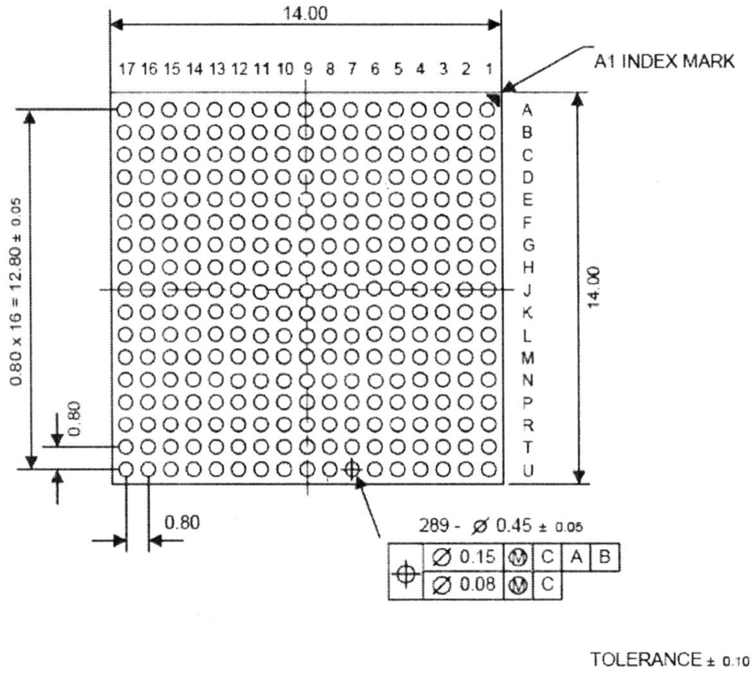

[그림 3-15] S3C2440×289핀 FPGA 패키지 사양

3.2. ARM9 프로그래밍 모델

3.2.1. 프로세서 동작 상태

ARM의 명령어 체계는 2가지로 구분된다.

- 32비트, Word 단위의 ARM 명령어를 실행할 수 있는 ARM 명령
- 16비트, Half-Word 단위의 THUMB 명령어를 실행할 수 있는 THUMB 명령

ARM은 기본적으로 32비트 체계를 가지고 있는 프로세서이다. 하지만 사용하는 명령어 중 3주소 체계의 RISC 명령 구조를 사용하지 않아도 동작하는 명령들이 있으며, 그러한 명령을 모아서 만든 것이 THUMB명령어이다.

현재 사용하고 있는 어셈블리 명령어가 ARM 명령어인지 THUMB 명령어인지의 구분은 PSR(Program Status Register)의 T비트 및 PC의 0번 비트로 구분한다.

주의할 점은 이러한 2가지 상태로 변경하여도 프로세서의 모드나 레지스터의 내용에 영향을 미치지는 않는다. 왜냐하면, 명령어 컴파일시 ARM과 THUMB는 동일한 형태의 기계어로 재해석되기 때문에 프로세서의 동작상의 다른 점이 발생하지 않기 때문이다.

3.2.2. 상태의 변환

명령어 사용시 기본적으로 사용하는 코드체계를 지정하도록 되어 있다.
명령어의 사용도중 코드체계의 변경이 가능하다.

1. THUMB 상태로의 진입

THUMB 상태로의 진입은 오퍼랜드 레지스터 안의 상태 비트(비트 0)를 세트하는 BX 명령어를 실행하면 된다. 프로세서가 THUMB 상태에 있을 때 예외처리(Exception)가 발생하면, 예외처리(IRQ, FIQ, UNDEF, ABORT, SWI 등)에서 복귀할 때 THUMB 상태로의 변경이 자동적으로 이루어진다.

2. ARM 상태로의 진입

아래와 같은 상황을 통해서 ARM 상태로의 진입이 발생한다.

- 오퍼랜드 레지스터의 상태비트를 클리어하는 BX 명령어를 실행
- 프로세서가 예외처리(IRQ, FIQ, RESET, UNDEF, ABORT, SWI 등)를 취함. 이러한 경우에 PC는 예외처리 모드를 갖는 링크 레지스터에 놓이게 되며, 예외처리의 벡터 어드레스에서 실행이 시작된다.

3.2.3. 메모리 포맷

ARM920T는 메모리를 0바이트에서 상위 바이트의 선형 배열 모음으로 간주한다. 바이트 0에서 바이트 3까지는 첫번째 워드에 저장되고, 바이트 4에서 바이트 7까지는 두 번째 워드에 저장된다. 이러한 형식을 Little-Endian이라 칭하며, 프로세서의 해석속도를 증가시키기 위해 사용하는 메모리 포맷이다. 이와 반대되는 메모리 포맷을 Big-Endian이라 하며 프로그램시 가독성을 높일 수 있는 장점이 있다.

1. Big-Endian 형식

Big-Endian 형식에서 워드의 MSB는 하위 바이트에 저장되고, LSB는 상위 바이트에 저장된다. 이러한 이유로 메모리의 바이트 0은 24에서 31라인까지를 가리킨다.

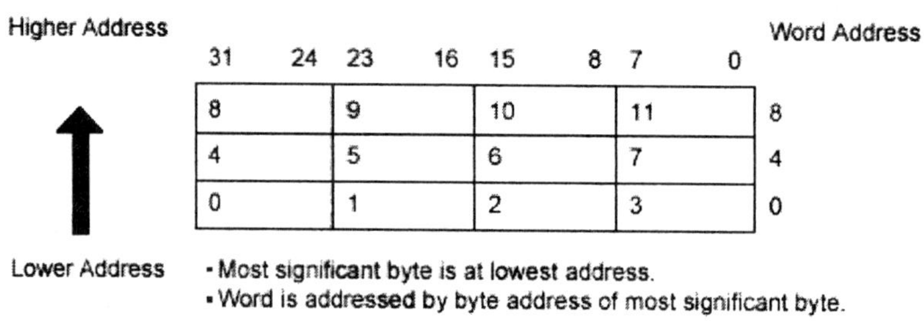

[그림 3-16]

2. Little-Endian 형식

Little-Endian 형식에서 워드의 하위 바이트는 워드의 LSB가 되고, 상위 바이트는 워드의 MSB가 된다. 이리하여, 메모리의 바이트 0은 데이터 라인 0에서 7까지이다.

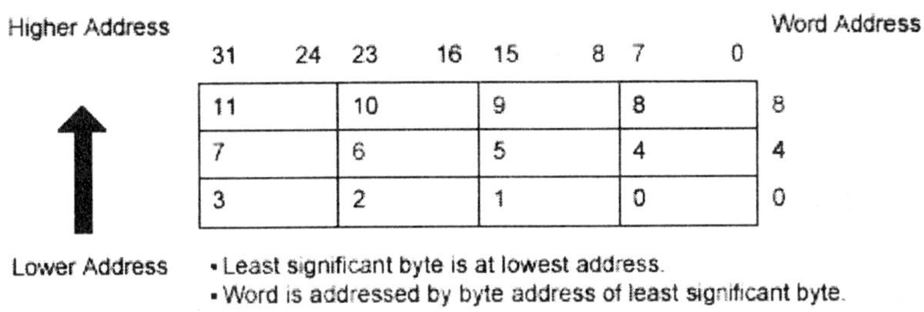

[그림 3-17]

3. 명령어 길이

명령어의 길이는 ARM 상태에서 32비트, THUMB 상태에서 16비트이다.

4. 데이터의 형식

ARM920T는 Byte(8 Bit), Half-Word(16 Bit), Word(32 Bit)의 데이터 형식을 지원한다. Word는 4Byte씩, Half-Word는 2Byte씩 나뉘어 배열된다.

3.2.4. 동작 모드

ARM920T는 아래와 같이 7가지의 동작 모드를 지원한다.

- User (user) 모드 : 일반적인 ARM 프로그램 수행 상태
- FIQ (fiq) 모드 : 데이터 전송 혹은 채널 처리를 지원
- IRQ (irq) 모드 : 범용의 인터럽트를 핸들링하는데 사용
- Supervisor (svc) 모드 : OS 보호 모드
- Abort (abt) 모드 : 데이터 혹은 명령어의 prefetch abort 후에 진입하는 모드

- System (sys) 모드 : OS를 위한 특권 사용자 모드
- Undefined (und) 모드 : 정의되지 않은 명령어가 수행될 때 진입하는 모드

위의 모드 간의 전환은 소프트웨어 제어로 할 수도 있고, 외부 인터럽트나 예외처리 수행을 통해서도 이루어질 수 있다. 대부분의 응용 프로그램은 User 모드에서 수행된다. 특권 모드로 알려진 비-사용자 모드는 인터럽트 서비스나 예외처리, 혹은 보호 자원에 접근하기 위해서 진입하는 모드이다.

3.2.5. 레지스터

ARM920T는 31개의 범용 32비트 레지스터와 6개의 상태 레지스터(PSR : Program Status Register)를 합한 37개의 레지스터를 갖는데, 한번에 37개 모두를 사용할 수는 없다. 프로세서의 상태와 동작 모드는 프로그래머에게 어느 레지스터가 유용한지에 대한 정보를 제공한다.

1. ARM 상태의 레지스터 세트

ARM 상태에서는 한번에 16개의 범용 레지스터와 1개 혹은 2개의 상태 레지스터 사용이 가능하다. 특권모드(비-사용자 모드)에서는 특수 뱅크 레지스터로 변환된다. [그림 3-18]은 각 모드에서 어느 레지스터가 사용이 가능한지를 나타내고 있다. 뱅크 레지스트는 음영의 삼각형으로 표시하였다.

ARM 상태 레지스터는 직접 접근이 가능한 16개의 레지스터를 가지고 있다. R0에서 R15까지이다. R15를 제외한 모든 레지스터는 범용이며, 데이터나 어드레스의 값을 홀딩하는 데 사용될 수도 있다. 이외에 추가로 상태정보를 저장하는 데 사용되는 17번째 레지스터가 존재한다.

■ 레지스터 14

서브루틴 링크 레지스터로 사용된다. Branch & Link(BL) 명령어를 사용하여 서브루틴으로 분기할 때에 R15의 내용을 복사한다. 이 경우를 제외하고는 항상 범용 레지스터로 사용된다. 인터럽트나 예외처리가 발생할 때, 혹은 Branch & Link 명령어가 인터럽트 혹은 예외처리 루틴 안에서 실행될 때, 링크 레지스터 R14_svc,

R14__irq, R14__fiq, R14__abt와 R14__und에 R15의 리턴값을 홀딩하는 데 사용된다.

■ 레지스터 15

프로그램 카운터(PC)를 홀딩한다. ARM 상태에서 R15의 비트[1:0]은 0이고 비트[32:2]는 PC를 포함한다. THUMB 상태에서는 비트[0]은 0이며, 비트[31:1]은 PC를 포함한다.

■ 레지스터 16

CPSR(현재의 프로그램 상태 레지스터)이다. 이 레지스터는 상태 코드 플래그와 현재의 모드 비트를 포함한다.

ARM State General Registers and Program Counter

System & User	FIQ	Supervisor	Abort	IRQ	Undefined
R0	R0	R0	R0	R0	R0
R1	R1	R1	R1	R1	R1
R2	R2	R2	R2	R2	R2
R3	R3	R3	R3	R3	R3
R4	R4	R4	R4	R4	R4
R5	R5	R5	R5	R5	R5
R6	R6	R6	R6	R6	R6
R7	R7	R7	R7	R7	R7
R8	R8_fiq	R8	R8	R8	R8
R9	R9_fiq	R9	R9	R9	R9
R10	R10_fiq	R10	R10	R10	R10
R11	R11_fiq	R11	R11	R11	R11
R12	R12_fiq	R12	R12	R12	R12
R13	R13_fiq	R13_svc	R13_abt	R13_irq	R13_und
R14	R14_fiq	R14_svc	R14_abt	R14_irq	R14_und
R15 (PC)	R15 (PC)	R15 (PC)	R15 (PC)	R15 (PC)	R15 (PC)

ARM State Program Status Registers

CPSR	CPSR	CPSR	CPSR	CPSR	CPSR
	SPSR_fiq	SPSR_svc	SPSR_abt	SPSR_irq	SPSR_und

= banked register

[그림 3-18] ARM 상태의 레지스터 구조

FIQ 모드는 R8~R14(R8_fiq~R14_fiq)로 매핑되는 7개의 뱅크 레지스터를 갖는다. ARM 상태에서 많은 FIQ 핸들러는 어떤 레지스터도 저장할 필요가 없다. User, IRQ, Supervisor, Abort와 Undefined는 각각 R13과 R14에 매핑되는 2개의 뱅크 레지스터를 가지며, 이러한 모드는 각각 개별적인 스택 포인터와 링크 레지스터를 갖는다.

2. THUMB 상태의 레지스터 세트

THUMB 상태의 레지스터 세트는 ARM 상태 세트의 부분집합이다. 프로그래머는 8개의 범용 레지스터인 R0~R7, 프로그램 카운터(PC), 스택 포인터 레지스터(SP), 링크 레지스터(LR), CPSR에 직접 접근이 가능하다. 각 특권 모드에는 뱅크 스택 포인터, 링크 레지스터, 저장된 프로세서 상태 레지스터(SPSR)가 있다. [그림 3-19]를 참조하여라.

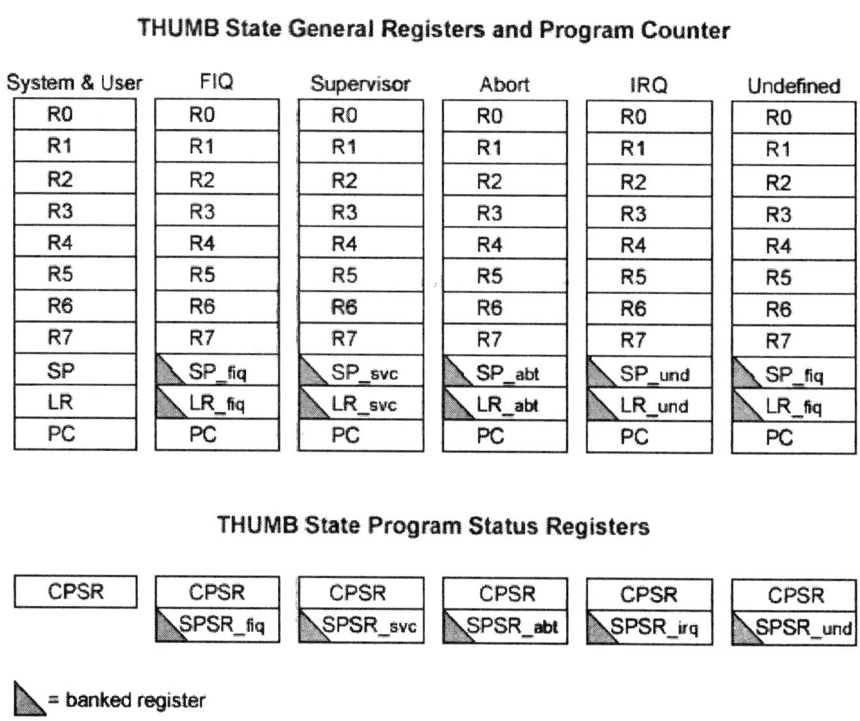

[그림 3-19] THUMB 상태의 레지스터 구조

3. ARM 상태 레지스터와 THUMB 상태 레지스터 사이의 관계

THUMB 상태 레지스터는 아래와 같이 ARM 상태 레지스터와 관련이 있다.

- THUMB 상태의 R0~R7 레지스터와 ARM 상태의 R0~R7 레지스터는 같음.
- THUMB 상태의 CPSR, SPSR과 ARM 상태의 CPSR, SPSR은 같음.
- THUMB 상태의 SP는 ARM 상태의 R13 레지스터로 매핑됨.
- THUMB 상태의 LR은 ARM 상태의 R14 레지스터로 매핑됨.
- THUMB 상태의 프로그램 카운터는 ARM 상태의 프로그램 카운터 (R15)로 매핑됨.

위의 관계는 [그림 3-20]에 나타나 있다.

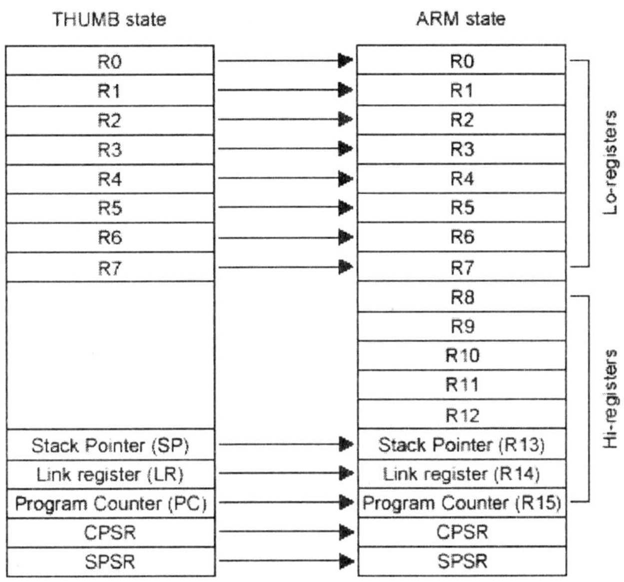

[그림 3-20] THUMB 상태에서 ARM 상태로의 레지스터 매핑

4. THUMB 상태의 상위 레지스터에 접근

THUMB 상태에서 R8~R15 레지스터(상위 레지스터)는 표준 레지스터에 속하지 않는다. 어쨌든 어셈블리 언어 프로그래머는 이 레지스터들에 접근시 제한이 있으며, Fast Temporary Storage에서 사용할 수는 있다.

MOV 명령어의 특수 변수를 이용하면 R0~R7 레지스터(하위 레지스터)에서 상위 레지스터로, 혹은 상위 레지스터에서 하위 레지스터로 값을 전송할 수 있다. 상위 레지스터의 값은 CMP와 ADD 명령어를 이용해서 하위 레지스터 값에 더하거나 2개의 값을 비교할 수도 있다. [그림 3-20]에 자세한 내용이 나와 있다.

5. 프로그램 상태 레지스터

ARM920T는 현재의 프로그램 상태 레지스터(CPSR)와 예외처리 핸들러가 사용하는 5개의 프로그램 저장 상태 레지스터(SPSR)를 가지고 있다. 이 레지스터의 기능은 다음과 같다.

- 가장 최근에 수행된 ALU 동작에 관한 정보를 가지고 있음.
- 인터럽트의 인에이블/디스에이블 컨트롤
- 프로세서의 동작 모드를 설정

비트의 배열이 [그림 3-21]에 나타나 있다.

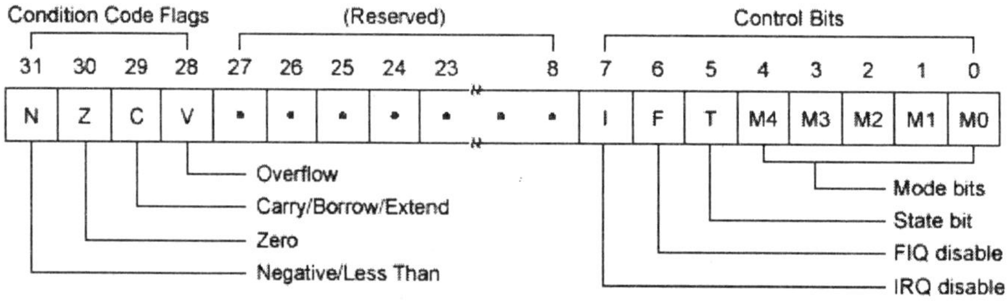

[그림 3-21] 프로그램 상태 레지스터 포맷

6. 상태 코드 플래그

N, Z, C, V 비트는 상태 코드 플래그이다. 이 플래그들은 연산이나 로직 동작으로 인해서 바뀔 수 있으며, 명령어가 수행될지를 결정하는데 테스트용으로 사용될 수도 있다.

ARM 상태에서 모든 명령어는 상태에 따라서 수행된다. THUMB 상태에서는 오직 Branch 명령어만이 상태에 따른 명령어 수행이 가능하다.

7. 컨트롤 비트

PSR(I, F, T, M[4:0])의 하위 8비트는 각 모드를 컨트롤하는 비트이다. 이러한 값들은 예외처리가 발생할 때 변경될 수 있다. 프로세서가 특권모드에서 동작하고 있으면, 이들은 소프트웨어적으로 조작이 가능하다.

- T 비트 : 이 비트는 동작 상태를 나타낸다. 이 비트가 1로 설정되어 있을 때 프로세서는 THUMB 상태에서 실행되지만, 그 외에는 ARM 상태에서 실행된다. 이러한 상태는 외부 신호 T 비트에 영향을 준다. 소프트웨어적으로는 CPSR의 T bit 상태를 변경할 수 없다는 것에 주의하여라. 만약 소프트웨어적으로 변경하려고 하면, 프로세서는 예측할 수 없는 상태로 진입하게 된다.
- 인터럽트 디스에이블 비트 : I 비트와 F 비트는 인터럽트 디스에이블 비트이다. 1로 설정될 때, I 비트와 F 비트는 IRQ와 FIQ 인터럽트를 디스에이블한다.
- 모드 비트 : M4, M3, M2, M1, M0 비트(M[4:0])는 모드를 나타내는 비트이다. 프로세서의 동작 모드를 결정하며, 〈표 3-1〉에 나타나 있다. 32가지의 경우 중 7가지만을 이용한다. M[4:0]에 앞의 7가지 경우를 제외한 나머지 경우의 값들이 설정되면, 프로세서는 원상복귀가 불가능한 상태로 된다는 것을 주의해야 한다. 이러한 경우에는 리셋을 시켜서 원상복귀를 해야 한다.

〈표 3-1〉 PSR 모드의 비트값

M[4:0]	Mode	Visible THUMB state registers	Visible ARM state registers
10000	User	R7..R0, LR, SP PC, CPSR	R14..R0, PC, CPSR
10001	FIQ	R7..R0, LR_fiq, SP_fiq PC, CPSR, SPSR_fiq	R7..R0, R14_fiq..R8_fiq, PC, CPSR, SPSR_fiq
10010	IRQ	R7..R0, LR_irq, SP_irq PC, CPSR, SPSR_irq	R12..R0, R14_irq, R13_irq, PC, CPSR, SPSR_irq
10011	Supervisor	R7..R0, LR_svc, SP_svc, PC, CPSR, SPSR_svc	R12..R0, R14_svc, R13_svc, PC, CPSR, SPSR_svc
10111	Abort	R7..R0, LR_abt, SP_abt, PC, CPSR, SPSR_abt	R12..R0, R14_abt, R13_abt, PC, CPSR, SPSR_abt
11011	Undefined	R7..R0 LR_und, SP_und, PC, CPSR, SPSR_und	R12..R0, R14_und, R13_und, PC CPSR
11111	System	R7..R0, LR, SP PC, CPSR	R14..R0, PC, CPSR

- 예약된 비트 : PSR의 나머지 비트들은 예약되어 있다. PSR의 플래그나 컨트롤 비트를 변경할 때는 사용되지 않는 비트의 값은 그대로 두어야 한다. 또한 프로세서가 1 혹은 0만 읽을 수 있기 때문에 이 비트들에 특수한 값을 기록해서도 안된다.

3.2.6. 예외처리

프로그램의 실행이 일시적으로 정지될 때 예외처리(Exception)가 발생한다. 예외처리는 소프트웨어적 혹은 하드웨어적으로 발생할 수 있으며, 거의 모든 소프트웨어적 혹은 하드웨어적인 상황을 처리하기 위한 방식이기도 하다. 예외처리가 발생되었을 때 현재의 프로세서 상태를 핸들러 루틴이 끝났을 때 원래의 프로그램이 다시 실행되도록 보관되어야 한다.

동시에 몇 가지의 예외처리 발생이 가능하다. 이렇게 되면 발생된 예외처리는 우선순위에 따라서 다루어진다.

1. 예외처리 모드로의 진입

예외처리를 핸들링할 때 ARM920T의 동작은 다음과 같다.

- 링크 레지스터에 다음에 실행될 명령어 주소를 보관한다. 예외처리가 ARM 상태에서 발생되면, 다음 명령어의 어드레스는 링크 레지스터(즉, 현재의 PC+4 혹은 PC+8값은 예외처리에 따라서 결정된다. 〈표 3-2〉 참조)에 복사된다. 예외처리가 THUMB 상태에서 발생되면, 링크 레지스터에 기록된 값은 프로그램이 예외처리에서 복귀한 후에 원래의 장소에서 다시 시작되는 값으로 현재의 PC 오프셋이 된다. 이것은 예외처리가 어떤 상태에서 발생했는지를 예외처리 핸들러가 결정할 필요가 없다는 것을 의미한다. 예를 들면, SWI의 경우에 MOVS PC, R14_svc 명령어는 SWI가 ARM 상태에서 발생되었는지, THUMB 상태에서 발생되었는지에 상관없이 항상 다음에 실행될 명령어로 복귀한다.
- CPSR을 SPSR에 복사한다.
- CPSR 모드의 비트를 예외처리와 관련된 값으로 변경한다.
- 관련된 예외처리 벡터의 다음 명령어를 PC에 패치한다.

제어할 수 없는 예외처리 발생을 막기 위해서 인터럽트 디스에이블 플래그를 설정할 수도 있다.

예외처리가 발생할 때 프로세서가 THUMB 상태에 있으면, PC가 예외처리 벡터 어드레스와 함께 호출될 때 자동적으로 ARM 상태로 변경된다.

2. 예외처리 모드에서 탈출

동작이 완료되었을 때 예외처리 핸들러의 동작은 다음과 같다.

- Link 레지스터에서 적정한 오프셋 1개를 뺀 후에 PC로 옮긴다(오프셋의 값은 예외처리의 형태에 따라서 변한다).
- SPSR을 CPSR로 복사한다.
- Entry가 설정되면 인터럽트 디스에이블 플래그를 클리어한다.

㈜ 주의할 점 : SPSR에서 CPSR로 복귀하면서 예외처리에 이전의 값을 T 비트에 자동적으로 설정하기 때문에 THUMB 상태로의 변환은 필요하지 않다.

3. 예외처리 진입 · 탈출에 대한 요약

〈표 3-2〉는 예외처리 진입시에 R14에 보전되는 PC값과 예외처리 핸들러에서 빠져나가는 데 필요한 명령어를 나타내고 있다. PC값에 상수값(4 또는 8)을 더하는 이유는 ARM 프로세서는 명령어 처리시 속도 향상을 위해 Pipe-Line방식을 사용하고 있기 때문이다.

〈표 3-2〉 예외처리 진입/탈출

	Return Instruction	Previous State		Notes
		ARM R14_x	THUMB R14_x	
BL	MOV PC, R14	PC + 4	PC + 2	1
SWI	MOVS PC, R14_svc	PC + 4	PC + 2	1
UDEF	MOVS PC, R14_und	PC + 4	PC + 2	1
FIQ	SUBS PC, R14_fiq, #4	PC + 4	PC + 4	2
IRQ	SUBS PC, R14_irq, #4	PC + 4	PC + 4	2
PABT	SUBS PC, R14_abt, #4	PC + 4	PC + 4	1
DABT	SUBS PC, R14_abt, #8	PC + 8	PC + 8	3
RESET	NA	–	–	4

㈜ 주의할 점 : ① PC는 Profetch abort를 갖는 BL/SWI/Undefined Instruction Fetch의 어드레스이다.
② PC는 FIQ나 IRQ가 우선순위를 갖기 때문에 수행되지 않았던 명령어의 어드레스이다.
③ PC는 데이터 Abort를 발생시키는 호출/저장 명령어의 어드레스이다.
④ 리셋 시에 R14__svc에 저장된 값은 예측할 수 없다.

4. FIQ

FIQ(빠른 인터럽트 요구) 예외처리는 데이터 전송, 채널 처리를 위해서 설계되었으며, ARM 상태에서는 충분한 개별 레지스터를 가진다.

FIQ는 외부의 nFIQ 입력단에 신호 low가 입력되면 발생한다. 이 입력은 동기 혹은 비동기에 상관없이 ISYNC 입력 신호의 상태에 따라서 결정된다. ISYNC 신호가 low이면 nFIQ와 nIRQsm sql동기로 간주되며, 인터럽트가 프로세서의 동작에 영향을 미치기 전에 동기화를 위해서 1사이클의 지연을 발생한다.

예외처리가 ARM 상태에서 발생되는지, THUMB 상태에서 발생되는지에 상관없이 FIQ 핸들러는 아래의 명령어를 수행해서 인터럽트에서 벗어나야 한다.

```
SUBS PC, R14_fiq, #4
```

FIQ는 CPSR의 F 플래크를 세팅(사용자 모드에서는 불가능함)해서 디스에이블한다. 만약 F 플래그가 클리어되면, ARM920T는 각 명령어의 끝에 FIQ 동기 장치의 출력이 low인지를 체크한다.

5. IRQ

IRQ(인터럽트 요청) 예외처리는 nIRQ의 입력단에 low 레벨이 들어오면 발생되는 일반적인 인터럽트이다. IRQ는 FIQ보다 우선순위가 낮으며, FIQ 시퀀스로 진입하면 마스크된다. 이러한 상황은 오직 특권 모드(비사용자 모드)에서만 실행이 가능하지만, CPSR의 1비트 설정으로 언제든지 디스에이블이 가능하다.

예외처리가 ARM 상태 혹은 THUMB 상태에서 발생되는지에 상관없이 IRQ 핸들러는 아래의 명령어를 실행해서 인터럽트에서 빠져나올 수 있다.

```
SUB PC, R14_irq, #4
```

6. Abort

Abort는 현재의 메모리 액세스가 완료될 수 없음을 나타내며, 외부의 Abort 입력신호로 발생된다. ARM920T는 메모리 액세스 사이클 동안에 Abort 예외처리를 체크한다. 아래와 같이 2가지 형태의 Abort가 있다.

- Prefetch Abort : 명령어 prefetch 동안에 발생
- 데이터 Abort : 데이터 액세스 동안에 발생

Prefetch Abort가 발생하면 Prefetch 명령어는 유효하다고 표시되지만, 예외처리는 명령어가 파이프라인의 head에 도달할 때까지 실행될 수 없다. 만약 명령어가 실행되지 않으면, Abort도 발생하지 않는다.

데이터 Abort가 발생하면 명령어의 형태에 따라서 아래와 같은 상황이 발생한다.

- 단일 데이터 전송 명령어(LDR, STR)는 변경된 base 레지스터에 기록된다. Abort 핸들러는 이를 인식할 수 있어야 한다.
- 스왑 명령어(SWP)가 실행되지 않더라도 Abort가 된다.
- 블록 데이터 전송 명령어(LDM, STM)가 완료된다. write-back이 설정되면, base 레지스터는 업데이트된다. 명령어로 인해서 base 레지스터에 데이터가 덮어쓰기되더라도, 덮어쓰기가 방지된다. Abort가 표시된 후에 모든 레지스터로의 덮어쓰기가 방지되는데, 이는 R15가 Aborted LDM 명령어로 인해서 보전되는 특별한 경우를 의미한다.

Abort 메커니즘은 페이징 단위의 가상 메모리 시스템을 적용한다. 이러한 시스템에서 프로세서는 임의의 어드레스를 발생한다. 어드레스상의 데이터가 유용하지 않으면 MMU 신호는 Abort를 발생한다. Abort 핸들러는 Abort의 원인을 파악해야 하고 유용한 데이터를 요구하며 Abort명령어를 재시도한다. 응용 프로그램은 사용이 가능한 메모리 용량이다. Abort에 의해서 영향을 받는 상태에 대해서 알 필요가 없다. Abort에 대한 원인의 수정 후에 핸들러는 상태(ARM 혹은 THUMB)에 상관없이 아래의 명령어를 수행해야 한다.

```
SUB PC, R14_abt, #4 ; Prefetch abort
SUB PC, R14_abt, #8 ; 데이터 abort
```

위의 명령어는 PC와 CPSR을 원상복귀하고, abort된 명령어를 재시도한다.

7. 소프트웨어 인터럽트

소프트웨어 인터럽트 명령어(SWI)는 슈퍼바이저(Supervisor) 모드로 진입하는 데 사용되며, 일반적으로 특별한 슈퍼바이저의 기능을 요청하게 된다. SWI 핸들러는 ARM 혹은 THUMB 상태에 상관없이 아래의 명령어를 수행해서 복귀해야 한다.

```
MOV PC, R14_svc
```

이렇게 해서 PC와 CPSR을 원상복귀하고 나서 SWI를 통해서 명령어로 복귀한다.

㈜ 주의할 점 : nFIQ, nIRQ, ISYNC, LOCK, BIGEND, ABORT 핀은 ARM920T CPU 코어에만 있다.

8. Undefined 명령어

ARM920T가 핸들링이 불가능한 명령어를 받게 되면, undefined 명령어 trap에 빠지게 된다. 이러한 메커니즘은 소프트웨어 에뮬레이션에서 설정된 ARM 혹은 THUMB 명령어를 확장하는 데 사용된다.

fail된 명령어를 에뮬레이션한 후에 trap 핸들러는 ARM 혹은 THUMB상태에 상관없이 아래와 같은 명령어를 수행해야 한다.

```
MOVS PC, R14_und
```

이러한 명령어는 CPSR을 원상복귀하고, undefined 명령어를 수행하는 명령어로 복귀한다.

9. 예외처리 벡터

〈표 3-3〉은 예외처리 벡터 어드레스를 나타내고 있다. ARM상에서 정의된 내용으로서 하드웨어적인 상태 처리 또는 소프트웨어적인 상태 처리는 이 표를 기준으로 한다.

하나의 예로서 프로세서에 전원을 인가하면 전원에 관련된 예외처리인 Reset이 발생하며 프로세서는 벡터 어드레스를 참조하여 0x00000000번지의 값을 읽어와 실행하게 된다.

〈표 3-3〉 예외처리 벡터

Address	Exception	Mode in Entry
0x00000000	Reset	Supervisor
0x00000004	Undefined instruction	Undefined
0x00000008	Software Interrupt	Supervisor
0x0000000C	Abort (prefetch)	Abort
0x00000010	Abort (data)	Abort
0x00000014	Reserved	Reserved
0x00000018	IRQ	IRQ
0x0000001C	FIQ	FIQ

10. 예외처리의 우선순위

여러 개의 예외처리가 동시에 발생하면 정해진 우선순위 시스템은 핸들링되는 순서를 결정한다.

가장 우선순위가 높은 예외처리

① 리셋
② 데이터 abort
③ FIQ
④ IRQ
⑤ Prefetch abort

가장 우선 순위가 낮은 예외처리
⑥ Undefined 명령어, 소프트웨어 인터럽트

11. 모든 예외처리가 동시에 발생할 수는 없다

Undefined 명령어와 소프트웨어 인터럽트는 각각 현재의 명령어를 특별하게 디코딩하기 때문에 상호 배제된다.

데이터 abort가 FIQ와 동시에 발생하고, FIQ가 인에이블되어 있으면(즉, CPSR의 F플래그가 클리어되면) ARM920T는 데이터 Abort 핸들러로 진입하며 FIQ 벡터를 즉시 수행한다.

FIQ로부터 복귀하게 되면 데이터 Abort 핸들러로 하여금 재수행을 하게 한다.

데이터 Abort가 FIQ보다 높은 우선순위로 놓이게 되면 전송 에러가 나타나도록 할 필요가 있다. 이러한 예외처리 진입에 필요한 시간은 최악의 경우에 발생하는 FIQ 지연 계산에 더해져야 한다.

12. 인터럽트 지연

최악의 경우 FIQ가 인에이블되어 있는 경우에, FIQ의 지연시간은 동기장치(비동기이면, Tsyncmax)를 통과하는데 필요한 가장 긴 시간 + 가장 긴 명령어(Tldm, 가장 긴 명령어는 PC를 포함한 모든 레지스터를 호출하는 LDM) 수행 완료시간 + 데이터 Abort 진입(Texc)에 필요한 시간 + FIQ 진입에 필요한 시간(Tfiq)이다. 이러한 시간이 지나면 ARM920T는 0x1c에서 명령어를 수행한다.

Tsyncmax는 3개의 프로세서 사이클, Tldm은 20개의 사이클, Texc는 3개의 사이클, Tfip는 2개의 사이클 시간을 갖는다. 그리하여 전체 시간은 28개의 프로세서 사이클 시간이다. 20MHz의 클록을 연속적으로 이용하면, 1.4μs가 약간 넘는다. 최대의 IRQ 지연시간 계산은 비슷하나 FIQ가 가장 높은 우선순위를 갖는다는 사실과 임의의 시간 동안에 IRQ 핸들링 루틴으로의 진입 지연이 생길 수 있다.

FIQ나 IRQ에 대한 최소의 지연시간은 synchronizer(Tsyncmin) + Tfiq가 걸리는 최소의 요청시간으로 구성된다. 이것은 4개의 프로세서 사이클 시간이다.

3.2.7. 리 셋

nRESET 신호가 low로 되면 ARM920T는 명령어 수행을 멈추고, 증가되는 워드 주소에서 명령어를 패치하게 된다.

nRESET 신호가 high로 되면 ARM920T는 아래와 같은 실행을 하게 된다.

- PC와 CPSR의 현재 값을 복사해서 R14_svc와 SPSR_svc에 덮어쓰기를 한다. 저장된 PC와 SPSR의 값은 defined되지 않는다.
- M[4:0]을 10011(슈퍼바이저 모드)로 설정하고, CPSR의 I비트와 F 비트를 설정하고, CPSR의 T비트를 클리어한다.
- 어드레스 0x00에서 다음에 수행할 명령어를 PC로 패치한다.
- ARM 상태에서 다시 실행한다.

제4장

소프트웨어 개발 환경

이 장은 ARM 프로세서용 S/W 개발 환경을 소개하고 이를 사용하여 소스를 작성하고 최종 이미지 파일을 생성할 수 있도록 한다.

이 장에서 다룰 주요 내용은 아래와 같다.

- ARM용 S/W 개발 프로그램 SWARM에 대한 소개
- Embedded Workbench IDE 소개 및 기능 설명
- C-SPY에 대한 소개 및 기능 설명
- Spider 디버거에 대한 소개
- EWARM를 통한 프로젝트 생성 및 디버깅 방법

4.1. EWARM 소개

다른 프로세서와 마찬가지로 ARM 프로세서용 소프트웨어 또는 프로그램을 개발하기 위해서는 소스 편집기, 어셈블러/컴파일러/링커/라이브러리언 등의 프로그램이 필요하다. 최근의 윈도우 기반의 대부분의 개발용 프로그램들은 단일 프로그램에서 소스 편집에서 컴파일, 디버깅을 모두 할 수 있도록 통합 개발 환경(IDE : Integrated Development Environment)을 제공한다.

이 장에서는 이러한 ARM용 소프트웨어 개발 프로그램 중 하나인 IAR사의 EWARM프로그램 및 Spider(OPENice-A950 전용 디버거)를 소개하고자 한다.

EWARM(Embedded Workbech for ARM)는 ARM 프로세서에서 실행되는 프로그램을 개발하기 위한 통합 개발 환경으로서 소스 편집에서 디버깅까지, 단일 프로그램에서 디버깅까지 단일 윈도우에서 모두 수행할 수 있도록 구성되어 있다. 내부적으로는 편집 환경인 Embedded Workbench와 C-SPY 로 구성되어 있지만 두 개의 프로그램으로 나눠져 있는 것은 아니다.

■ Embedded Workbench

Embedded Workbench는 프로그래머가 프로그램을 개발하기 위하여 사용하는 툴로서 프로젝트의 생성 및 관리, 소스 파일의 생성/편집/컴파일/링킹 등의 기능을 제공하며 최종 실행 또는 디버그 이미지 파일을 생성한다.

■ C-SPY

C-SPY는 디버깅 전용 프로그램으로서 Embedded Workbench를 통하여 만들어진 실행 파일을 OPENice-A950과 같은 에뮬레이터를 통해서 디버깅하고자 하는 타깃 시스템에 다운로드하여 이의 수행을 디버깅하는 프로그램이다.

시뮬레이션(simulation) 기능을 제공하여 타깃 시스템에 이미지를 다운로드하지 않고 PC상에서 명령어 수준으로 프로그램을 디버깅할 수 있다.

■ Spider

Spider는 아이지시스템의 OPENice-A950 전용 디버거로서 해당 에뮬레이터를 위한 최적의 디버깅환경을 제공한다. 단, 시뮬레이터 기능은 제공하지 않는다.

[그림 4-1]은 EWARM 3.40를 처음 실행한 화면이다.

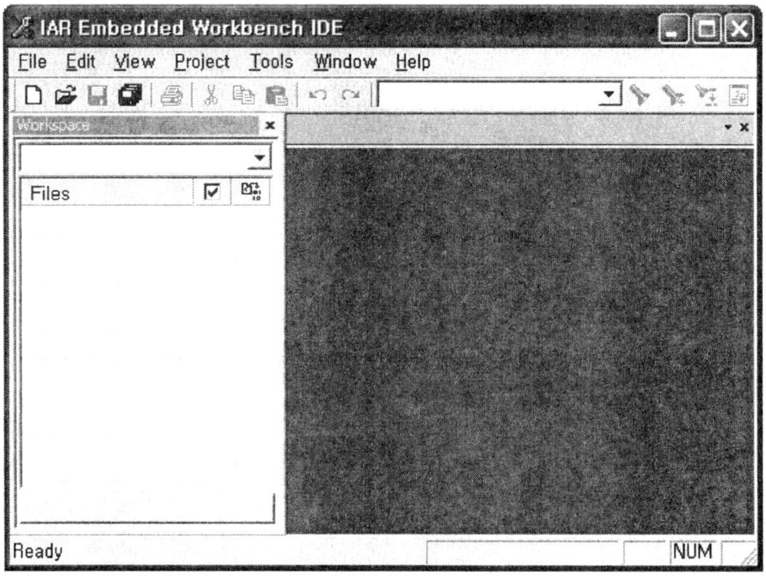

[그림 4-1] EWARM 실행 화면

4.1.1. 파일 메뉴(File Menu)

■ New 메뉴

소스 또는 Workspace 파일을 생성한다. 여기서 Workspace란 여러 개의 작업 또는 프로젝트 관리 파일이라고 할 수 있으며 하나 이상의 프로젝트를 Workspace에 추가할 수 있다.

■ Open 메뉴

Open 메뉴는 소스 파일(*.c, *s79)을 열 때 사용한다.

■ Open Workspace…메뉴

Open Workspace…은 기존의 만들어진 Workspace 파일을 열 때 사용한다.

■ Recent Files

Recent Files는 최근에 열었던 Source 파일을 나열하여 열 수 있게 하는 메뉴이다.

■ Recent Workspace

Recent Workspace는 최근에 열었던 Workspace를 나열하여 열 수 있게 하는 메뉴이다.

4.1.2. 새 파일 창(New File Window)

[그림 4-2]는 [File]-[New]메뉴를 선택하면 나오는 화면으로서 이 창은 새로운 Workspace 또는 소스 파일의 생성을 위한 창이다.

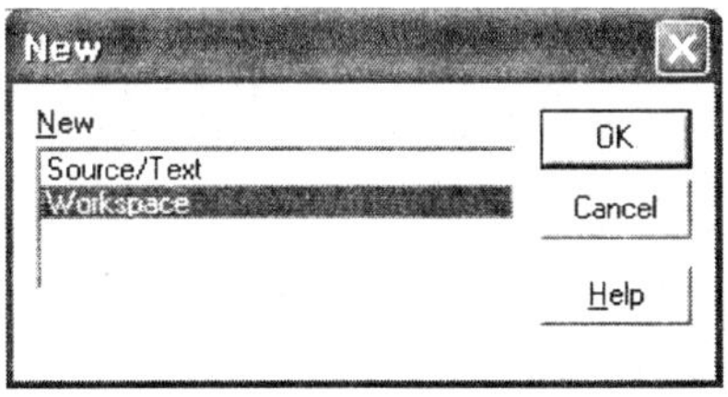

[그림 4-2] Workspace /소스 파일 생성 창

■ Workspace를 생성할 경우

새로운 Workspace를 생성할 경우에는 프로젝트 탭에서 Wokrspace 타입을 선택하고 확인 버튼을 선택한다. Workspace는 나중에 프로젝트를 추가한 후 저장한다.

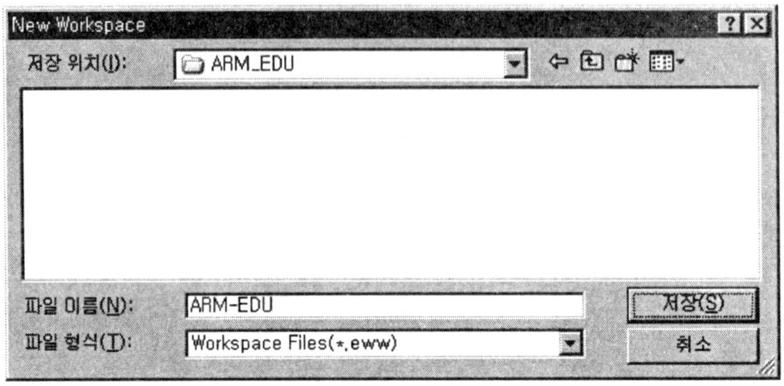

[그림 4-3] Workspace 이름 및 저장 경로

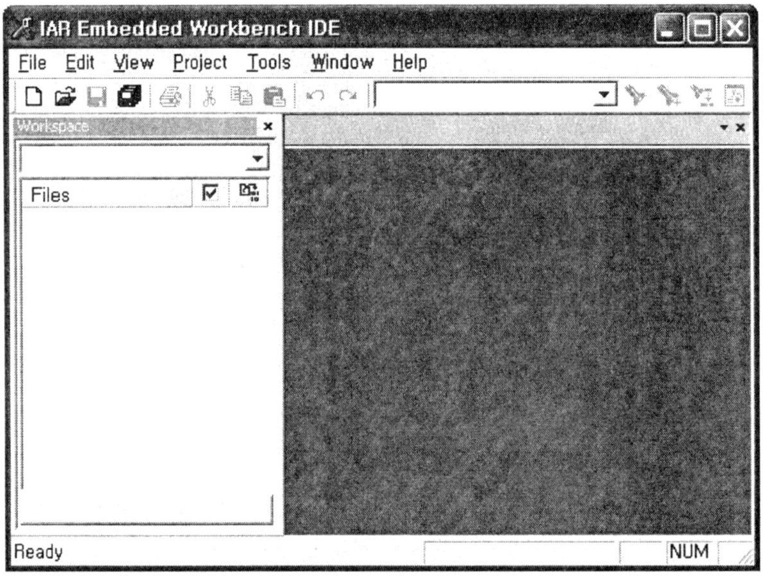

[그림 4-4] Workspace 지정 후

4.1.3. Workspace 윈도우

Workspace에 새 프로젝트를 생성하여 추가하거나 이미 만들어진 파일을 열어서 추가할 수 있다. 이를 위해서는 [Project]-[Create New Project] 또는 [Project]-[Add Existing Project]를 선택한다.

[그림 4-5]는 기존의 프로젝트(u2440.ewp)를 추가한 후 Workspace 윈도우의

모습이다.

창 상단에 있는 목록은 프로젝트 내의 타깃을 나타낸다. 타깃은 빌드 규칙(옵션)을 여러가지로 만들어 프로젝트를 용도에 따라 달리 관리하기 위한 것이다.

예를 들면, 디버그 용도는 Debug, 릴리즈 용도는 Release를 타깃으로 하여 작업한다. 기본적으로 Debug, Release 두 가지가 제공된다. 향후 실습에서는 항상 Debug를 사용한다. 타깃 목록 창에서 타깃을 선택한 후 팝업 메뉴에서 툴 옵션 설정 메뉴(Options…)를 선택하면 프로젝트의 옵션을 설정할 수 있다. 그 외에 프로젝트를 빌드하기 위한 메뉴들과 파일 목록을 관리하기 위한 파일추가/삭제 등의 기능이 있다.

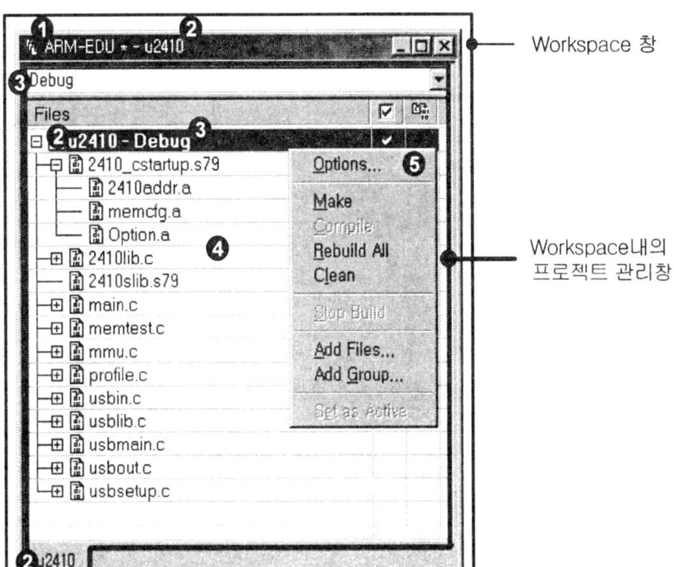

❶ Workspace 이름 (ARM-EDU)

❷ 프로젝트 이름 (u2410)

❸ Target: 일련의 이미지 생성 옵션의 묶음

❹ 프로젝트에 포함된 소스

❺ 팝업 메뉴
- Options..: 프로젝트 옵션 설정
- Make: 프로젝트 컴파일/링킹
- Rebuild All: 프로젝트 재컴파일/링킹
- Clean: Make로 생성한 파일들 삭제
- Add Files..: 프로젝트에 파일 추가

[그림 4-5] Workspace창

Workspace창의 프로젝트 내에 파일을 추가하기 위해서는 마우스 오른쪽 버튼을 클릭한 후 Add Files..을 선택하면 된다. 또는 [Project]-[Add Files..]버튼을 클릭하여도 같은 동작을 수행한다. 각 파일들의 삭제는 파일을 마우스로 선택한 후 Delete 버튼을 눌러서 삭제할 수 있다.

■ Workspace/프로젝트/소스의 관계

이들간의 관계를 그림으로 나타내면 [그림 4-6]과 같다.

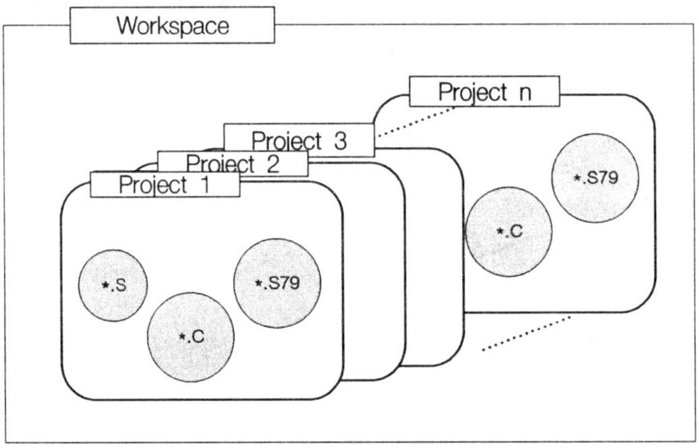

[그림 4-6] Workspace/프로젝트/소스의 관계

정리하면,

- Workspace는 하나 또는 그 이상의 프로젝트로 구성된다.
- 프로젝트는 하나 또는 그 이상의 소스 파일로 구성된다.

따라서 EWARM의 UI에서 이미지를 생성하기 위해서는 적어도 Workspace, 프로젝트, 소스를 각각 하나씩 생성하고 소스는 프로젝트에, 프로젝트는 Workspace에 추가해야 한다.

4.1.4. 프로젝트의 타깃 옵션 윈도우

해당 타깃의 설정값을 정하기 위해 사용하는 창이다. 현재 창은 Debug타깃의 ARM Linker 옵션에 대한 예를 보여주고 있다([Project]-[Options…]).

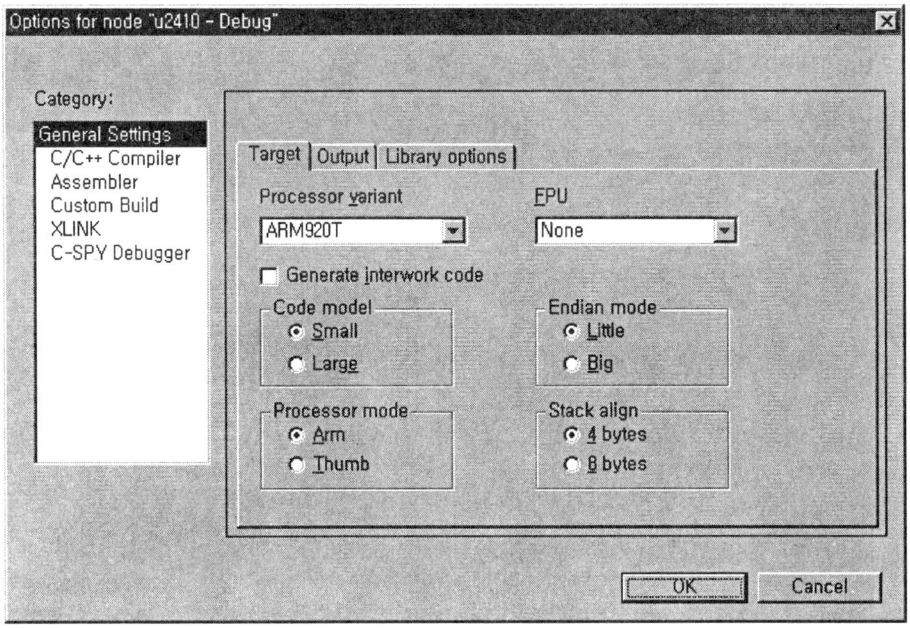

[그림 4-7] 타깃 옵션 설정 창

1. General Options

■ Target

보통 타깃 프로세서, Endian 및 명령어 모드를 설정하고 그외에는 기본값을 사용한다.

2. C/C++ Compiler

C/C++ 컴파일러 관련 옵션을 설정하는 부분으로 기본값을 사용한다.

3. Assembler

Assembler 관련 옵션을 설정하는 부분으로 기본값을 사용한다.

4. XLINK

Output format를 따로 여기서 설정할 수 있다. C-SPY상에서 사용되는

Format(UBROF)과 일반적인 ELF 이미지 생성 관련 부분을 여기서 설정할 수 있다. 링커(Linker)가 링킹시 참조하는 XCL 파일도 여기서 지정할 수 있다.

5. C-SPY Debugger

Driver에서 Simulator를 선택하면 이미지를 타깃 시스템에 다운로드하지 않고 PC상에서 명령어 수준에서 디버깅할 수 있다.

RDI를 선택한 후 OPENice-A950.dll를 선택하면 OPENice-A950을 통해 타깃 시스템으로 이미지를 다운로드하여 사용할 수 있다.

4.2. C-SPY

IAR Embedded Workbench 컴파일러가 생성한 디버깅 정보가 포함된 이미지 파일(UBROF)을 디버깅하기 위한 프로그램으로서 이미지를 타깃 시스템에 다운로딩하며 각종 디버깅 메뉴를 사용해 프로그램을 디버깅한다. Compile상에서 Debug 아이콘을 클릭하면 자동적으로 C-SPY Debug mode로 진입한다(C-SPY 실행시 C-SPY가 자동적으로 Image를 Target Board에 Download함).

4.2.1. 디버깅

다음 그림은 특정 이미지가 다운로드된 후의 화면이다. C-SPY의 break point, watch point, register/variable/memory view기능을 통해 디버깅을 수행한다.

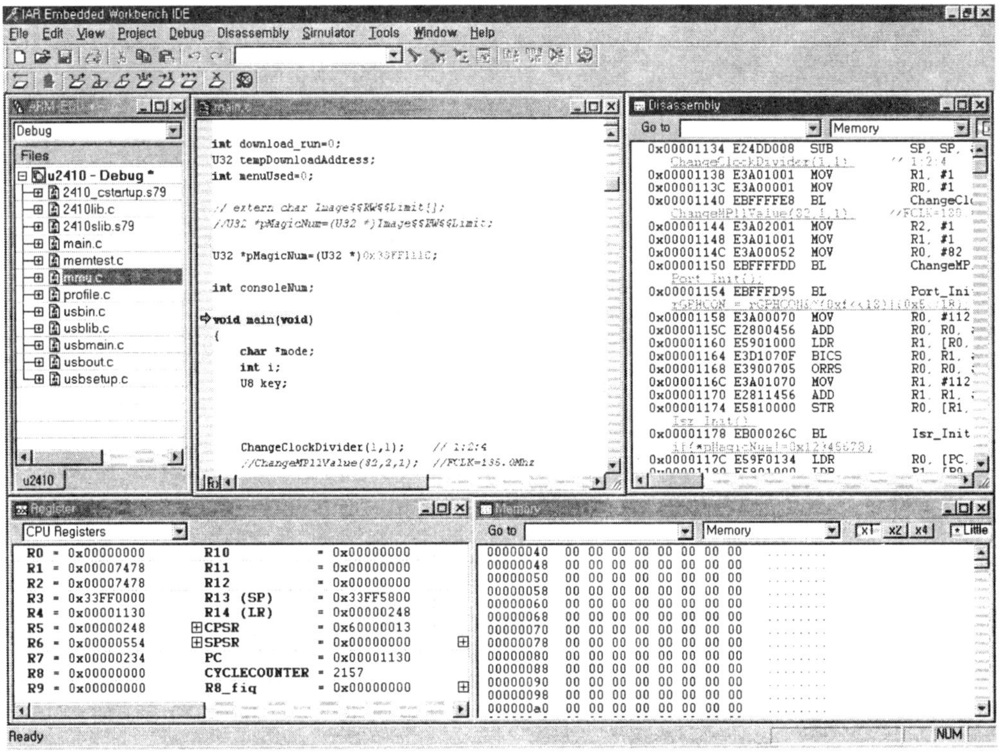

[그림 4-8] 특정 이미지가 다운로드된 후

디버거를 통해서 프로그램이 자동적으로 다운로드된 후 프로그램 소스 창이 뜨고 녹색 커서가 프로그램의 시작을 지시하며 디버깅 상태로 초기화된다. 이 상태에서 프로그램의 실행과 관련된 아이콘은 다음과 같다.

- Step Into

다음 한 라인 실행(함수일 경우에는 함수 내부로 이동)

- Step Over

현재 함수의 끝까지 실행(함수 실행 후 다음 라인 위치)

- Step Out

현재 디버깅 중인 함수를 빠져 나옴(함수 실행 후 다음 실행 라인 위치)

■ Run to Cursor

커서 위치까지 실행

■ Go

프로그램 실행(Breakpoint, Watchpoint를 만나면 정지)

■ Stop

프로그램 실행 멈춤

디버깅을 수행하기 위해서는 내부의 레지스터값, 메모리값, 변수값 등을 관찰해야 하는데 이는 C-SPY의 View 메뉴에서 해당 윈도우를 선택하여 관찰한다.

또한 프로그램을 특정 위치에서 멈추게 하기 위해서 설정하는 breakpoint의 설정과 해제는 프로그램의 해당 라인에서 F9키를 눌러서 설정할 수 있다.

이와 같이 디버깅을 위한 모든 동작은 대부분 아이콘, 메뉴, 핫키의 세 가지 형태로 구성되기 때문에 자신에게 익숙하고 편안한 방법으로 디버깅할 수 있다.

4.3. Spider

Spider는 실습에서 사용할 OPENice-A950전용 디버로서 EWARM에 포함된 C-SPY와 마찬가지고 컴파일러가 생성한 디버깅 정보가 포함된 이미지 파일 (Axf 또는 ELF)을 디버깅하기 위한 프로그램이다.

차이점은 Spider는 C-SPY에서 제공하는 simulation 기능이 없는 대신에 OPENice-A950을 위해서 최적화되어 있고 보다 다양한 기능을 제공한다는 점이다. 따라서 타깃시스템과 직접 연결하여 디버깅할 필요가 없는 어셈블러 실습을 제외한 나머지 실습은 Spider 프로그램을 사용할 것을 권장한다.

각 메뉴는 C-SPY와 거의 유사하게 구성되어 있으므로 여기서는 별도로 다루지 않는다.

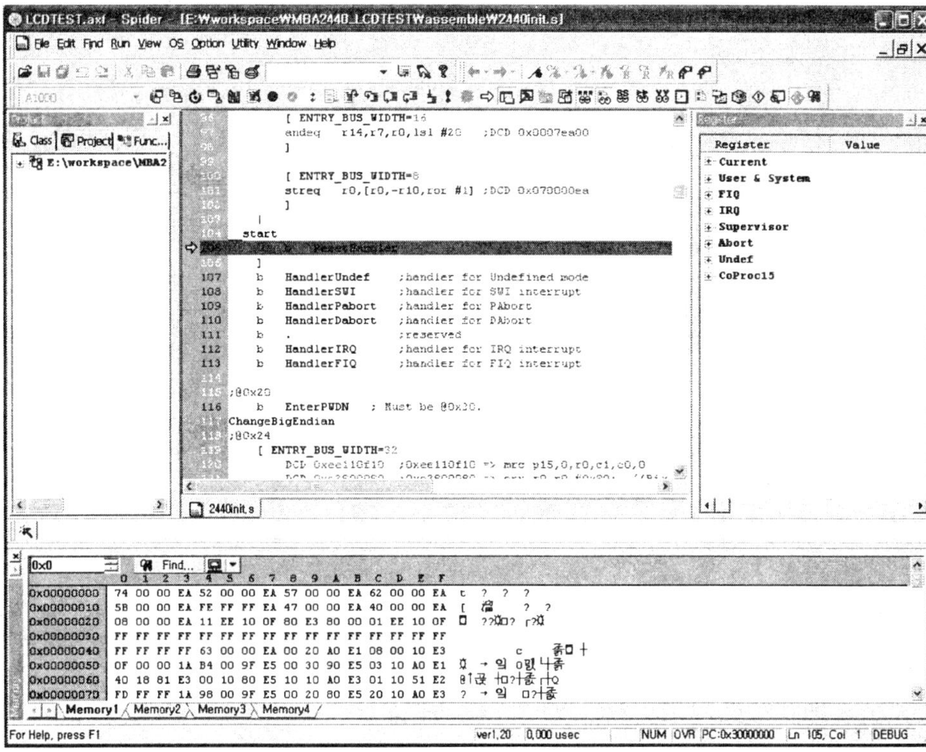

[그림 4-9] Spider 실행화면

4.4. Simulator를 이용한 EWARM 실습

4.4.1. 프로그램 작성, 빌드

1. 새 Workspace 만들기

IAR Embedded Workbench 실행하여 [File]-[New] 메뉴를 선택한다. 여기서 Workspace를 선택한 후 확인 버튼을 누른다.

[File]-[Workspace Save] 메뉴를 선택하고, 저장 경로 및 Workspace 이름을 입력한 후 저장 버튼을 누른다.

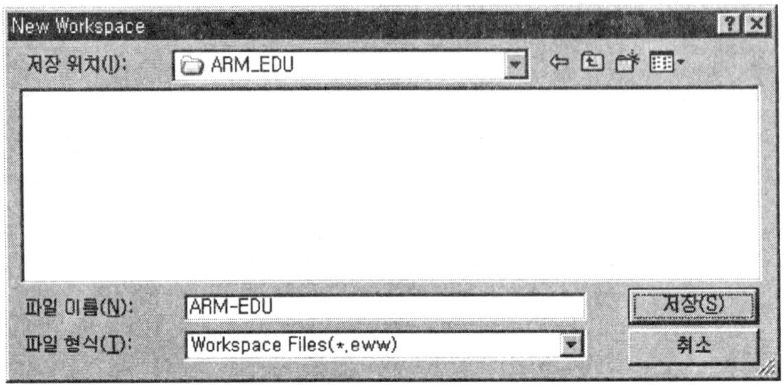

[그림 4-10] Workspace 만들기

2. 새 프로젝트 만들기

IAR Embedded Workbench 실행하여 [Project]-[Create New Project..] 메뉴를 선택한다. 여기서 저장경로와 프로젝트 이름을 입력하고 생성(create) 버튼을 누른다.

프로젝트 이름 (파일 이름) : logic1
경로(Path) : C:\ARM__EDU

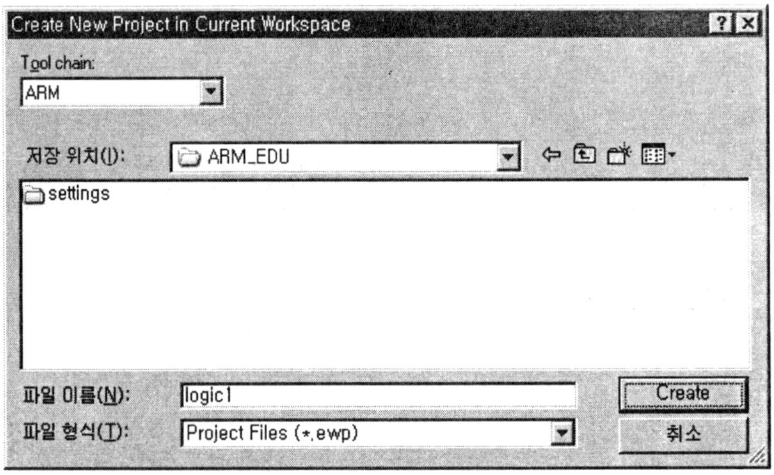

[그림 4-11] 새 프로젝트 만들기

3. 프로젝트의 타깃 옵션 설정

Workspace 창의 타깃 목록에서 Debug를 선택한 후 [Project]-[Options…] 메뉴를 선택하여 프로젝트 옵션을 설정한다.

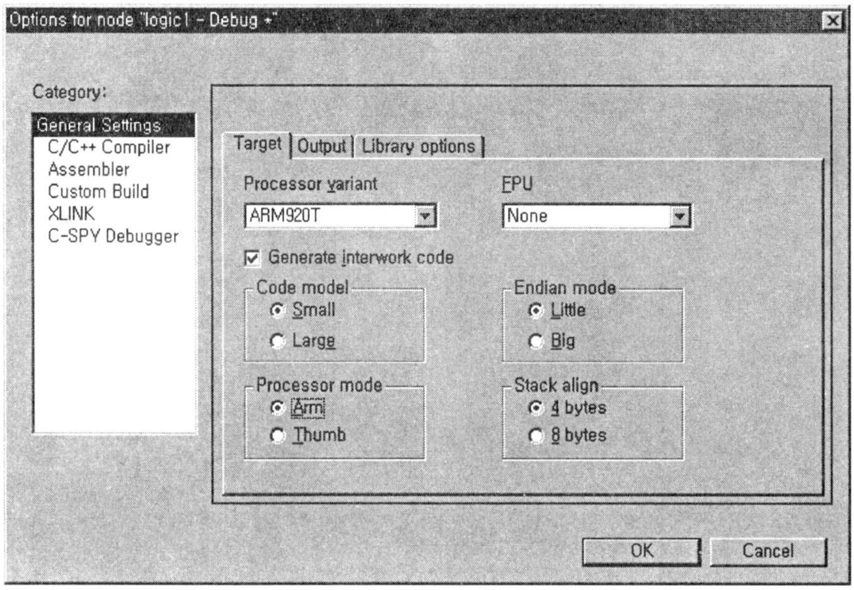

[그림 4-12] 프로젝트 타깃 옵션 설정

- General Setting

  - Endian: Little
  - Processor Mode: ARM

- C/C++ Compiler/Assembler

  - 기본값 사용

- XLINK

책과 함께 있는 CD에서 'Inks3c2440__ROM.xcl'파일을 EWARM이 설치된 디렉토리내의 ../XCL 디렉토리에 복사한다.

LINKER 페이지에서 Linker command file에 있는 overrider default를 체크 후 복사한 'Inks3c2440__ROM.xcl' 파일을 선택한다.

■ Debugger

이 예제에서는 Simulator를 사용할 것이므로 Debugger에서는 Driver를 Simulator로 선택한다.

－Driver: Simulator

4. 프로그램 소스 코드 작성

[File]-[New] 메뉴 선택 후 Source/Text를 선택하여 다음과 같이 소스를 작성한 후 test1.s라는 이름으로 저장한다.

소스 – test1.s

```
              PROGRAM       RESET                    ; Module
              COMMON        INTVEC:CODE:ROOT(2)      ; Segment
              PUBLIC   __program_start
              CODE32                                 ; Code Type

              org        0x0                         ; Program Counter
__program_start:                                     ; Label
              B   cstartup
              org     0x20                           ; Program Counter
cstartup:                                            ; Label
              MOV r0, #10
              MOV r1, #3
Main:                                                ; Label
              ADD    r0, r0, r1
              B Main
              ENDMOD                                 ; End of Module
              END                                    ; End of File
```

이 프로그램은 ARM 레지스터 r0과 r1에 각각 10과 3를 넣은 후 두 레지스터의 더한 값을 다시 r0에 넣는다.

5. 프로젝트에 파일 추가

앞에서 작성한 파일에 [Project]-[Add Files...] 메뉴를 프로젝트에 추가한다.

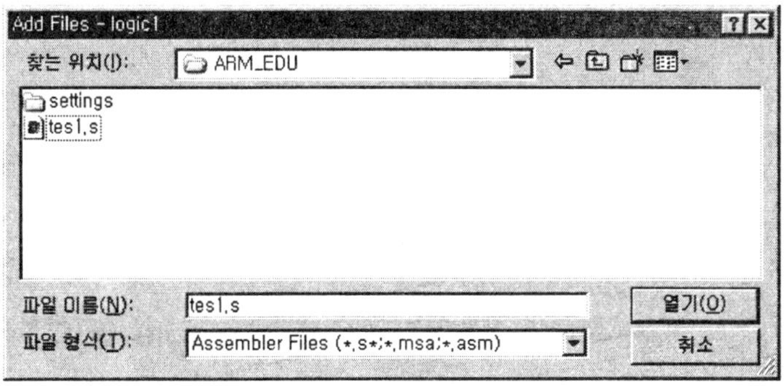

[그림 4-13] 프로젝트에 파일 추가

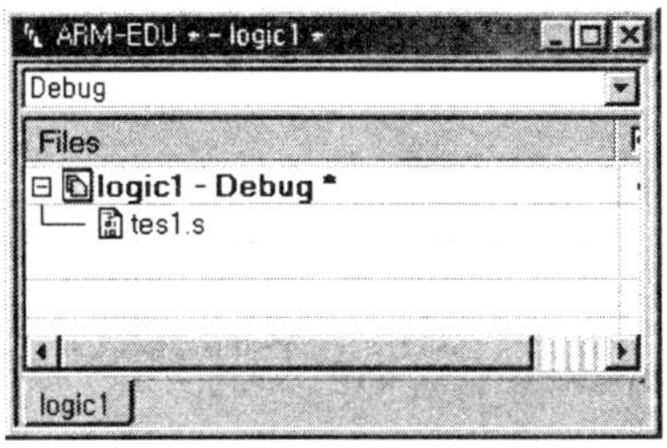

[그림 4-14] test1.s 파일 추가

6. 빌 드

프로그램의 작성이 끝나면 [Project]-[Make] 메뉴를 선택하여 프로그램을 빌드한다.

빌드가 성공하면 다음과 같은 창이 뜬다. 오류나 경고가 있으면 메시지가 나오며 오류의 경우에는 해결하여야 한다. 창에는 최종적으로 프로그램의 각종 크기가 표시된다.

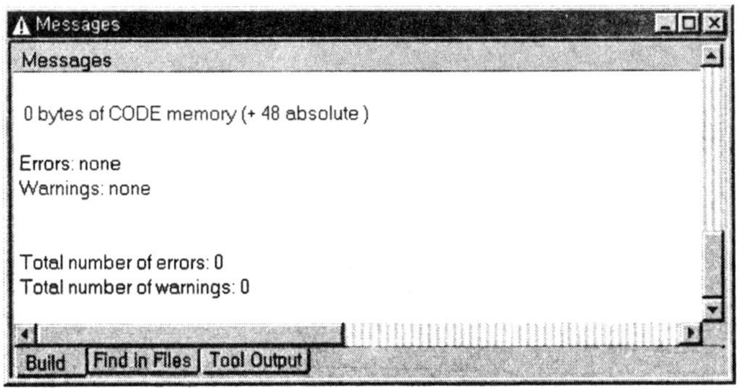

[그림 4-15] 프로그램 빌드 시 메시지 화면

4.4.2. 실행/디버깅

1. 이미지 다운로딩

[Project]-[Debug] 메뉴를 선택하여 디버그 모드로 진입한다. 현재 Simulator로 설정하였으므로 이미지가 타깃 시스템으로 다운로드되지 않고 디버거가 자체내에서 이미지를 관련 정보를 읽어온다.

만일 Simulator가 아닌 RDI 등의 다른 드라이버로 설정했다면 이미지가 타깃 시스템의 메모리로 다운로딩된다.

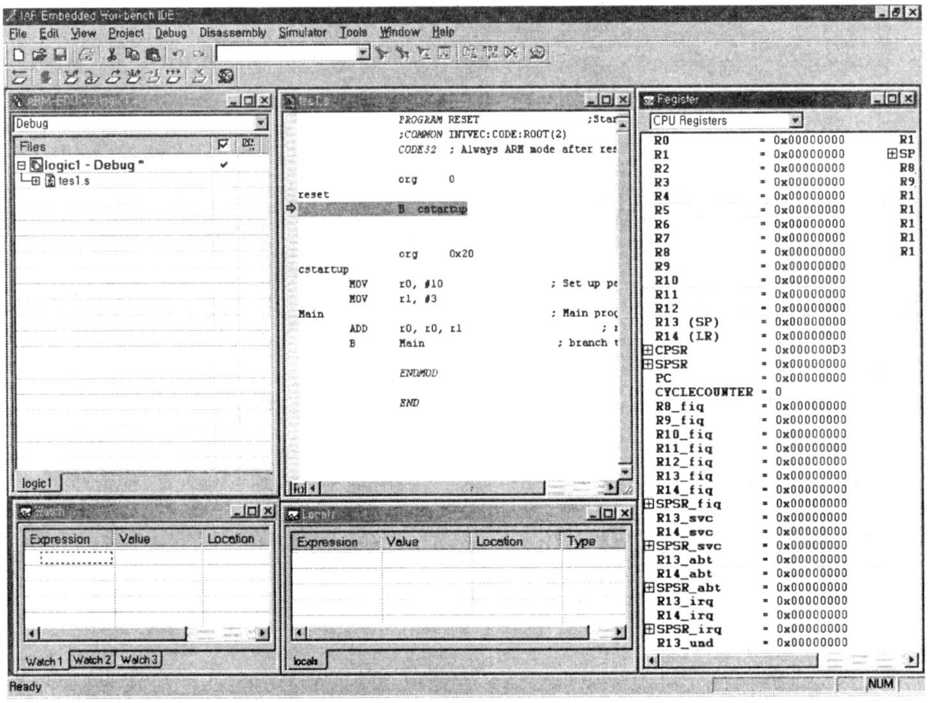

[그림 4-16] 이미지 다운로딩

2. 실행/디버깅

View 아래의 메뉴를 사용하여 현재 타깃내의 레지스터, 변수, 메모리값을 확인할 수 있다.

각 창들에서 값을 더블 클릭하여 임의의 값으로 설정을 바꿀 수도 있다.

예를 들어 프로그램을 스텝으로 진행하다가 다시 처음부터 진행하면서 r0의 내용을 바꾸고 싶으면 레지스터 창의 r0의 값을 클릭하여 바꾸고, PC(Program Counter)의 값을 변경하고 싶으면 R15(PC) 값을 클릭하여 다른 값을 입력하면 된다.

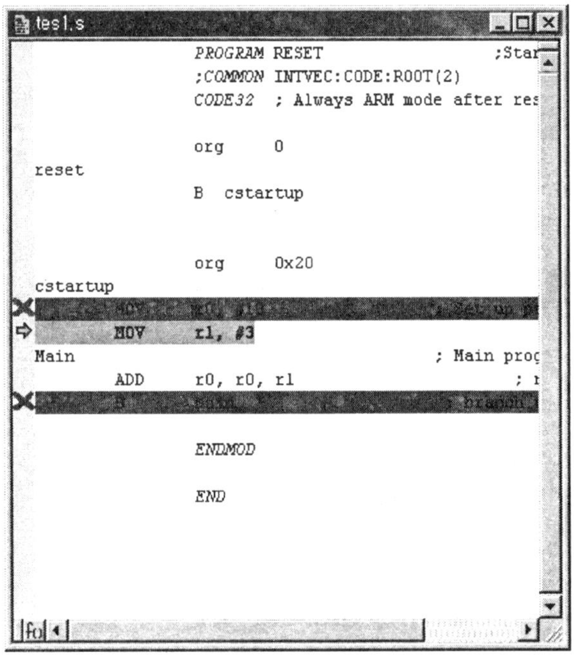

[그림 4-17] 실행/디버깅 중의 break point 설정

프로그램의 진행을 확인하기 위하여 스텝 명령을 사용하여 한 라인씩 실행시킨다. Break point를 설정하기 위하여 F9키를 누르면 적색 X 표시와 함께 해당 라인의 배경이 적색으로 설정된다. 이 상태에서 [Go] 아이콘을 누르면 break point가 설정된 지점까지 프로그램이 진행한 후 중지된다.

3. 기타 실습

디버거(C-SPY)의 여러 메뉴를 클릭하며 동작을 확인한다. 이를 통해 개발 환경에 빨리 익숙해지도록 한다.

4.4.3. 제출물

■ prereport

실습 1은 사전 리포트가 중요하며 실습에 필요한 IAR EWARM의 주요 기능을 정리하여 제출한다.

■ Post-Report

- 프로젝트 타깃 세팅을 위한 메뉴를 정리한다(Compiler, Assember, Linker).
- 디버깅을 위한 메뉴를 정리한다(Register/Memory 창, 실행 메뉴, 중단점 설정).

4.4.4. 추가 실습

EWARM에서 제공하는 PDF문서내의 Tutorial 부분을 읽고 실습한 내용에 대한 이해를 깊게 한다.

4.5. EWARM 어셈블러의 모듈 명령어와 세그먼트

4.5.1. 모듈 명령어

모듈 명령어(Module Directive)에 관한 내용 또한 많은 양의 설명을 필요로 하므로, 여기에서는 프로그램 흐름의 이해에 필요한 설명만을 한다.

■ 프로그램 모듈의 시작 및 종료

모듈의 시작 : NAME 또는 PROGRAM
현재 모듈의 끝 : ENDMOD

특별히 지정하지 않는 한 C 소스의 각 파일은 하나의 모듈로 설정된다.

4.5.2. 세그먼트

세그먼트(segment)는 메모리의 물리적인 특정 위치에 매핑되어야 하는 데이터나 코드를 담고 있는 논리적인 엔티티이다.

XCL파일에 구성되어진 Memory Map에 맞추어 프로그램을 위치시키기는 내용을 담고 있다.

아래는 코드에서 사용하는 공통 세그먼트의 구성이다.

■ **공통 세그먼트(COMMON segment)**

COMMON segment [:type] [(align)]

4.5.3. test1.s 파일의 진행

test1.s 파일의 최초 진행은 [Project]-[Options…] 메뉴의 Linker 페이지에 있는 override default program entry 탭에 있는 Entry Label에 정의된 ____program__start 레이블을 따라 진행한다.

따라서, 최초 진행 레이블의 변경을 원하면 Entry Label을 활성화시키고 텍스트 박스에 다른 레이블을 정의하면 변경할 수 있다.

코드를 보면

```
PROGRAM  RESET                  ; Module
```

이라는 모듈의 시작을 나타내는 코드가 위치하며

```
COMMON   INTVEC:CODE:ROOT(2)          ; Segment
```

이라는 XCL파일에 대응된 Segment가 위치한다.

```
PUBLIC   __program_start
```

시작 레이블에 접근하기 위해 레이블의 전역선언을 하며,

```
CODE32                          ; Code Type
```

ARM 코드인 32Bit 코드를 나타내는 모듈 명령어가 위치한다.

```
org          0x0                 ; Program Counter
```

프로그램의 시작 주소를 나타내는 Program Counter로서 XCL파일의 Memory Map의 시작 위치에 대응하여 상대적 시작 주소를 만든다.

```
__program_start:                 ; Label
```

전체 코드의 최초 시작 레이블로서 사실상 코드의 최초 진행은 이 부분부터 이루어진다.

test1.s 파일의 나머지 부분은 어셈블러 규칙에 준하여 진행되는 내용이므로 어셈블러를 참조하기 바란다.

제5장

ARM 어셈블리어 실습 (I)

이 장은 ARM 어셈블리어 프로그래밍을 위한 ARM 레지스터, 프로세서 모드 및 ARM 명령어의 특징들에 대해서 살펴본 뒤 명령어 중 데이터 처리 명령어에 대해 알아보고 이를 실습을 통하여 습득하도록 한다.

- ARM 모드
- ARM 레지스터에 대한 소개
- ARM 명령어의 특징
- 데이터 처리 명령어에 대한 설명
- 데이터 처리 명령어 실습

5.1. ARM 어셈블리어 소개

ARM 프로세서는 코어 아키텍처에 따라 ARM, Thumb, Java, DSP 어셈블리어를 수행할 수 있다. 실습 보드에 있는 S3C2440칩은 ARM920T 코어를 사용하고 있기 때문에 ARM 명령어와 Thumb 명령어를 수행할 수 있다. 실습시에는 ARM 명령어만 사용하여 실습한다. ARM 어셈블리어 실습을 하기 위해서는 먼저 ARM 프로세서의 프로그래밍 모델에 대하여 사전 지식을 가지고 있어야 한다. 따라서, 먼저 ARM 프로세서의 동작과 레지스터에 대한 기초 지식에 대해 설명한다.

5.1.1. ARM 동작 모드

ARM 프로세서는 아래와 같은 7가지 동작 모드가 있다. 이 모드는 유저 모드(User Mode)와 나머지 특권 모드(Privilege Mode)로 나누어지고, 특권 모드는 다시 시스템 모드(System Mode)와 나머지 예외 모드(Exception Mode)로 구분된다. 예외 모드는 예외 상황이 발생할 경우에 진입하는 모드이며, 시스템 모드는 소프트웨어에 의하여 진입하며 보통 운영체제의 태스크를 실행할 때의 모드이다. 이렇게 다양한 동작 모드를 가지고 있는 이유는 단순한 프로그램 환경에서부터 다중 프로세스가 동작하는 운영체제를 탑재한 시스템까지 지원하기 위함이다.

〈표 5-1〉 ARM 동작 모드

모드	설명	ID	비고
User	일반 사용자 모드	usr	명령어 사용 제한
System	운영체제를 위한 특권 모드	sys	커널 타스크
FIQ	빠른 인터럽트 모드	fiq	긴급한 입출력 처리
IRQ	일반적 인터럽트 모드	irq	일반 입출력 처리
Supervisor	운영체제를 위한 예외 모드	svc	Reset, SWI
Abort	메모리 시스템 거부 모드	abt	가상메모리
Undef	미정의 명령어 모드	und	명령어 에뮬레이션

특권 모드 사이에서는 소프트웨어적으로 자유롭게 모드가 바뀔 수 있지만 유저 모드에서는 이것이 불가능하다. 시스템이 리셋이 되면 Supervisor 모드로 동작하기 때문에 실습은 Supervisor 모드에서 수행하며 인터럽트 관련된 실습일 경우에는 인터럽트 모드도 사용하여 실습을 한다.

5.1.2. ARM 레지스터

[그림 5-1]은 각 동작 모드별 사용되는 레지스터를 나타낸 그림이다.

User & System	FIQ	IRQ	Supervisor	Abort	Undef
R0	R0	R0	R0	R0	R0
R1	R1	R1	R1	R1	R1
R2	R2	R2	R2	R2	R2
R3	R3	R3	R3	R3	R3
R4	R4	R4	R4	R4	R4
R5	R5	R5	R5	R5	R5
R6	R6	R6	R6	R6	R6
R7	R7	R7	R7	R7	R7
R8	R8_fiq	R8	R8	R8	R8
R9	R9_fiq	R9	R9	R9	R9
R10	R10_fiq	R10	R10	R10	R10
R11	R11_fiq	R11	R11	R11	R11
R12	R12_fiq	R12	R12	R12	R12
R13	R13_fiq	R13_irq	R13_svc	R13_abt	R13_und
R14	R14_fiq	R14_irq	R14_svc	R14_abt	R14_und
Program Counter					
PC(R15)	PC(R15)	PC(R15)	PC(R15)	PC(R15)	PC(R15)
Program Status Register					
CPSR	CPSR	CPSR	CPSR	CPSR	CPSR
	SPSR_fiq	SPSR_irq	SPSR_svc	SPSR_abt	SPSR_und

[그림 5-1] 동작 모드별로 사용되는 레지스터

ARM에는 32비트의 31개의 범용 레지스터와 6개의 상태 레지스터를 합하여 총 37개의 레지스터가 존재한다. [그림 5-1]은 각 모드에서 접근 가능한 레지스터를 나타낸다. [그림 5-1]에서 레지스터의 37개보다 많아 보이지만 R0에서 R12, R15(PC)까지는 모든 모드에서 공유되는 레지스터이다(단 FIQ 모드는 R8부터 R12까지는 별도의 레지스터가 할당되어 있다).

R13, R14는 6개의 그룹이 있으며 R15 또한 모든 모드에서 공유된다. 따라서, 14 (R0~R12, R15) + 5 (R8__fiq~R12__fiq) + 2x6 (R13,R14) = 31개의 일반용도 레지스터가 있다.

현재 프로세서의 상태 정보를 가지고 있는 CPSR도 모든 모드에서 공유하며 User 및 System 모드를 제외한 모드에서는 각각 SPSR이 존재한다. 따라서, 상태 레지스터의 개수는 6개이다. 특정 모드에서 사용할 수 있는 범용 레지스터는 R0부터 R15까지 16개이다.

이들 레지스터들은 범용 레지스터이기 때문에 모든 데이터 처리 명령어의 입력(Source)레지스터 또는 출력(Destination)레지스터로 사용될 수 있다.

1. 특수 용도 레지스터(R13, R14, R15)

레지스터 중에 특별한 용도로 사용되는 레지스터가 있는데 R13, R14, R15가 있다. 이들 세 레지스터는 어셈블리어 상에서 원래 이름 대신에 SP, LR, PC란 이름을 사용해도 된다.

■ R13 → Stack Pointer

R13은 Stack Pointer(SP)로 사용된다.

■ R14 → Link Register

R14는 LR (Link Register)로 사용된다. 링크 레지스터란 함수 호출을 위한 BL (Branch and Link)란 명령을 수행할 경우에 리턴 주소를 가지는 레지스터이다. 함수에서 리턴하기 위해서는 이 레지스터의 값을 프로그램 카운터(PC)로 사용되는 R15에 넣어 주면 된다.

■ R15 → Program Counter

프로그램 카운터(PC : Program Counter)로 사용된다. 즉 다음 수행할 명령어의 주소를 갖고 있다.

2. 특수 용도 레지스터

ARM 상태 레지스터는 PSR(Program Status Register)라고 한다. CPSR은 현재의 프로그램 상태를 저장하기 위한 레지스터이며 SPSR은 예외가 발생하였을 경우에 모드가 전환되면서 전환되기 전의 CPSR 값을 보관하기 위한 레지스터이다.

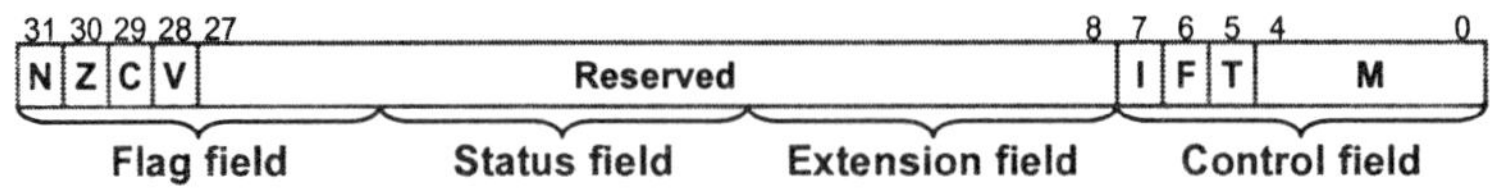

Condition Code Flags	
N	Negative result from ALU
Z	Zero result from ALU
C	ALU operation caused Carry
V	ALU operation oVerflowed

Control bits	
I	1: disables IRQ
F	1: disables FIQ
T	1: Thumb, 0: ARM

Mode bits	
M[4:0]	Mode
0b10000	User
0b11111	System
0b10001	FIQ
0b10010	IRQ
0b10011	Supervisor
0b10111	Abort
0b11011	Undefined

[그림 5-2] 특수용도 레지스터

PSR은 4개의 필드로 나뉘지만 사용되고 있는 것은 플래그 필드와 제어 필드이다.

■ 플래그 필드

플래그 필드(Flag Field)는 어떤 명령어의 결과를 나타내는 N, Z, C, V의 4가지 비트가 있다.

N은 연산의 결과가 음수일 경우에 1로 설정된다.

Z는 연산의 결과가 0일 경우에 1로 설정된다.

C는 덧셈에서 캐리가 발생하면 1로 설정되며 빼기에서는 빌림이 발생하면 0으로 설정된다. 또한 시프트 연산에서 사용되어 레지스터에서 마지막 빠져나온 비트 값이 저장된다. V는 연산 결과가 오버플로우되었을 경우에 1로 설정된다.

■ 제어 필드

제어 필드(Control Field)는 현재의 동작 모드를 표시하는 5비트의 모드 비트가 있고 FIQ/IRQ의 사용을 금지시키는 F, I 비트가 있다. 또한 현재의 상태가 ARM 명령어를 사용하는 모드인지 Thumb 명령어를 수행하는 모드인지를 나타내는 T 비트가 있다. PSR의 접근은 MRS, MSR이라는 명령어를 사용하여 읽거나 또는 쓸 수 있다.

5.1.3. ARM 명령어의 특징

ARM 명령어는 RISC의 특징을 가지고 있기 때문에 모든 명령어가 32비트 크기를 가지고 있으며 모든 메모리 접근은 Load/Store 명령이 처리하는 구조로 되어 있다.

ARM 고유의 특징으로 모든 명령어가 조건부로 동작한다. 이것은 다른 프로세서에서는 볼 수 없는 형태이다. 또한 시프팅 연산과 ALU 연산이 하나의 명령어로 처리되는 것도 ARM만의 고유한 특징이라 하겠다.

다음은 모든 명령어가 조건부로 수행하기 위하여 명령어의 4비트가 조건을 나타내기 위하여 할당된 것을 보여준다.

31 28	27 0
Cond	**Reserved**

〈표 5-2〉는 Cond 필드에 각 명령어의 조건에 따라 표시되는 것을 보여주고 있다.

〈표 5-2〉 Cond 필드의 각 명령어의 조건

Cond	Mnemonic	의미	플래그 상태
0000	EQ	Equal	Z = 1
0001	NE	Not Equal	Z = 0
0010	CS/HS	Carry set/unsigned >=	C = 1
0011	CC/LO	Carry clear/unsigned <	C = 0
0100	MI	Minus/Negative	N = 1
0101	PL	Plus/Positive or Zero	N = 0
0110	VS	Overflow	O = 1
0111	VC	No overflow	O = 0
1000	HI	Unsigned higher	C=1 & Z=0
1001	LS	Unsigned lower or same	C=0 | Z=1
1010	GE	Signed >=	N==V
1011	LT	Signed <	N!=V
1100	GT	Signed >	Z==0, N==V
1101	LE	Signed <=	Z==1 or N!=V
1110	AL	Always	
1111	(NV)	Unpredictable	

각 명령어는 명령어 뒤에 〈표 5-2〉의 EQ, NE, GT와 같은 조건을 붙일 수 있고 이 경우 명령어의 수행은 플래그 상태를 확인하여 조건에 맞을 경우에만 수행한다. 보통 기존의 프로세서의 경우에는 분기 명령만이 이러한 조건을 가지고 조건부로 수행하였다.

ARM 명령어는 다음과 같은 명령이 가능해진다.

```
ADDEQ R2, R0, R1 ; 만약 Z 플래그가 1이면 R2 = R0 + R1
SUBGT R5, R3, R4 ; 만약 Z == 0이고 N == V 이면 R5 = R3 - R4
```

5.1.4. ARM 명령어 분류

ARM 명령어는 크게 5가지 그룹으로 나누어진다.

- 데이터 처리 명령어
- 메모리 접근 명령어
- 흐름 제어 명령어
- 운영체제 지원 명령어
- 보조프로세서 명령어

5.1.5. ARM 데이터 처리 명령어

1. 덧셈, 뺄셈 연산 명령어

ARM은 다음의 6개의 덧셈, 뺄셈 명령어를 제공한다.

■ 형 식

```
ADD Rd, Rn, second_operand    // Rd = Rn + second_operand
ADC Rd, Rn, second_operand    // Rd = Rn + second_operand + C
SUB Rd, Rn, second_operand    // Rd = Rn - second_operand
SBC Rd, Rn, second_operand    // Rd = Rn - second_operand + C
RSB Rd, Rn, second_operand    // Rd = second_operand - Rn
RSC Rd, Rn, second_operand    // Rd = second_operand - Rn + C
```

■ Rd

연산의 결과를 저장하는 레지스터로 R0부터 R15까지 임의의 레지스터이다.

■ Rn

임의의 레지스터(R0~R15)이다.

■ Second_operand

Second__operand는 임의의 레지스터, 임의의 레지스터가 시프트 한 값, 12비트로 표현되는 즉치 값이 올 수 있다. Second__operand의 형태는 다음과 같다.

```
#immd
Rs
Rs, LSL|LSR|ASR|ROR  Rr|#sh_immd
Rs, RRX
```

#immd는 상수 값으로 8비트로 표현된 값이 2의 배수로 rotate right(ROR)할 수 있는 값만 올 수 있다. 0xFF, 0xFF000000, 0x1F00, 0xFC000003 등이 가능하며 0x1FF, 0x1FE와 같은 수는 안된다.

Rs는 임의의 레지스터이면 된다.

LSL은 logical shift left, LSR은 logical shift right, ASR은 arithmetic shift right를 의미한다.

RRX는 carry를 포함하여 1비트 ROR하는 것을 의미한다.

2. 논리 연산 명령어

ARM이 지원하는 비트 논리 연산 명령어는 다음과 같다.

■ 형식

```
AND Rd, Rn, second_operand     // Rd = Rn AND second_operand
ORR Rd, Rn, second_operand     // Rd = Rn ORR second_operand
XOR Rd, Rn, second_operand     // Rd = Rn XOR second_operand
BIC Rd, Rn, second_operand     // Rd = Rn AND NOT(second_operand)
```

BIC는 bit clear로 second__operand의 1로 설정된 비트에 해당하는 Rn 레지스터 비트들을 0으로 만들어 Rd에 저장하는 명령어이다.

3. 데이터 이동 명령어

다음 명령어는 데이터 이동과 비트 반전 명령어이다.

■ 형식

```
MOV Rd, second_operand          // Rd = second_operand
MVN Rd, second_operand          // Rd = NOT(second_operand)
```

4. 상태 저장 명령어

다음 명령어들은 계산된 결과보다는 결과의 상태를 저장하는 명령어이다. 이들 명령어들은 결과를 범용 레지스터에 저장하는 것이 아니라 계산된 결과의 상태를 CPSR의 N, Z, C, V 플래그에 저장한다.

■ 형 식

```
CMN Rn, second_operand  // Rn + second_operand
CMP Rn, second_operand  // Rn  -  second_operand
TEQ Rn, second_operand  // Rn EOR second_operand
TST Rn, second_operand  // Rn AND second_operand
```

위의 4개 명령어 외의 명령어들이 결과 상태를 플래그에 저장하기 위해서는 명령어 뒤에 S를 추가하여야 한다.

5.2. 실습 프로그램

5.2.1. 비트 필드 조작 실습

ARM의 시프트 기능과 논리 연산 명령어를 사용하여 비트 필드를 조작하는 프로그램 예제이다.

; R2의 MSByte 8비트를 추출하여 R3의 데이터를 왼쪽으로 시프팅하며 LSByte에 넣는다.
; R0는 임시값을 갖는다.

```
MOV     R0, R2, LSR #24          ; R2의 MSByte를 R0에 옮긴다.
ORR     R3, R0, R3, LSL #8       ; R3를 시프트하며 R0를 넣는다.
```

5.2.2. 상수 곱셈 실습

시프트 기능과 산술 연산을 이용한 상수 곱셈 프로그램 예제이다.

; R0를 2^n 으로 곱한다.

```
MOV  R0, R0, LSL #n             ; R0 = R0 << n
```

; R0를 2^n + 1 으로 곱한다.

```
ADD  R0, R0, R0, LSL #n        ; R0 = R0 + (R0 << n)
```

; R0를 2^n - 1 으로 곱한다.

```
RSB  R0, R0, R0, LSL #n        ; R0 = (R0 << n) - R0
```

5.2.3. 64비트 연산 수행 실습

64비트 덧셈과 뺄셈 프로그램 예제이다.

```
; On entry  : R0와 R1은 64비트 수를 가지며 R0가 아래 비트이다.
;           : R2와 R3도 두번째 64비트 수를 가지며 R2가 아래 비트이다.
; On exit   : R0와 R1가 두 수의 64비트 합계 또는 차를 갖는다.

add64  ADDS  R0, R0, R2  ; 아래 워드를 더하고 Carry 플래그를 갱신한다.
ADC    R1, R1, R3        ; 위 워드를 Carry와 함께 더한다.

sub64  SUBS  R0, R0, R2  ; 아래 워드를 빼고 Carry 플래그를 갱신한다.
SBC    R1, R1, R3        ; 위 워드를 Carry와 함께 뺀다.
```

5.3. 실 습

5.3.1. 실습의 목적

ARM 명령어의 산술 논리 연산 명령어를 이용하여 실습 프로그램의 예제를 실습한다.

5.3.2. 방법 및 절차

■ **단계 1**

어셈블리어 실습 환경을 세팅한다.

■ **단계 2**

EWARM를 기동하고 새로운 Workspace 및 프로젝트를 만든다.

■ 단계 3

다음과 같은 구조의 어셈블리 코드를 작성하고 파일로 저장한 후 프로젝트에 추가한다.

```
            PROGRAM      RESET          ; Start of Module, named RESET
            COMMON       INTVEC:CODE:ROOT(2)
            PUBLIC  __program_start
            EXTERN main
            CODE32                      ; Always ARM mode after reset
            org      0

__program_start
            B  start                    ; branch to start
            ENDMOD                      ; End of Module

            PROGRAM START               ; Start of Module, named START
            EXPORT start
            CODE32

            org   0x20                  ; Always ARM mode after reset
main
                                        ; 코드 작성

stop
            MOV       r0, r0            ; r0=r0
            B         stop              ; branch to stop
            ENDMOD                      ; End of Module
            END                         ; End of File
```

■ 단계 4

실습 프로그램을 start 라벨과 stop 라벨 사이에 입력한다.

(주의 : 데이터 부분은 END 전에 넣어서 Undefined예외가 발생하지 않도록 한다.)

■ 단계 5

각 예제 프로그램별로 프로그램을 완성한다.

■ 단계 6

레지스터 관찰 창을 열고 프로그램을 스텝으로 수행하며 연산의 진행과 결과들을 레지스터 관찰 창을 통해 확인하며 동시에 플래그의 변화를 관찰한다.

5.3.3. 결과물 제출

- 완성한 프로그램
- 프로그램 설명: 프로그램의 수행 시의 입력 값과 진행 시의 레지스터와 플래그의 변화를 기술하며 결과 값을 기술한다.

5.3.4. 추가 실습 과제

1. R0=R0×100 + R1의 연산을 수행하기 위한 어셈블리어를 작성하고 실습한다.
2. 64비트 CMP 명령을 위한 코드를 작성하고 실습한다.

제6장

ARM 어셈블리어 실습 (II)

이 장에서는 ARM 어셈블리어 프로그래밍을 위한 메모리 접근 명령어들에 대하여 살펴보고 실습을 통하여 이를 능숙히 사용할 수 있도록 한다.

- ARM 메모리 접근 명령어 소개
- 단일 레지스터 접근 명령어
- 다중 레지스터 접근 명령어
- ARM 메모리 접근 명령어를 통한 실습

6.1. ARM 메모리 접근 명령어

메모리 접근 명령어는 ARM 레지스터의 데이터를 메모리에 저장하거나 메모리의 데이터를 읽어 ARM 레지스터에 적재하는 명령어들이다. 메모리의 내용에 접근하기 위한 주소를 만들어 내는 방식을 주소지정 방식이라고 하는데, ARM 명령어는 기본적으로 레지스터 간접 주소지정 방식을 사용한다.

이 방식은 메모리 접근의 주소가 레지스터에 저장되어 있는 방식이며 추가하여 이 레지스터를 베이스 레지스터로 하여 즉치 오프셋(Immediate Offset) 또는 레지스터 오프셋(Register Offset)을 더하여 실제 메모리 주소를 구하도록 되어 있다.

또한 메모리 접근에 사용된 베이스 레지스터의 값이 자동으로 증가 또는 감소하는 방식을 지원하며 하나의 명령어가 여러 개의 메모리 데이터에 접근하는 다중 접근 방식도 지원한다.

데이터 이동 명령어는 메모리와 레지스터 사이에 데이터를 이동시키며 단일 레지스터 적재와 저장 명령어(Single Load & Store), 다중 레지스터 적재와 저장 명령어 (Multiple Load & Store), 그리고 교환 명령어(Exchage Instruction)로 나누어진다.

■ 단일 레지스터 명령어

단일 레지스터 명령어는 Byte, Half Word(16비트), Word(32비트) 크기의 데이터를 이동시킨다. 또한 적재 명령어일 경우에 메모리 바이트와 반워드 접근시에는 부호 정수 또는 비부호 정수로 인식하여 적재할 수 있도록 영-확장, 부호-확장을 지원한다.

■ 다중 레지스터 명령어

다중 레지스터 명령어는 최대 16워드의 데이터를 메모리에 저장하거나 레지스터에 적재할 수 있어서 대규모 데이터의 복사와 스택 연산에 유용하게 사용된다.

■ 교환 명령어

교환 명령어는 적재와 저장을 하나의 명령어로 수행할 수 있어서 다중 프로세스 환경의 프로세스 동기화를 위한 명령어로 사용한다.

본 실습에서는 단일 레지스터 명령어와 다중 레지스터 명령어에 대하여 진행한다.

6.1.1. 단일 레지스터 적재/저장 명령어

단일 레지스터 적재(load)/저장(store) 명령어는 세부적인 사양 차이로 다음과 같이 나눈다.

LDR/STR, LDRB/STRB 명령어
LDRSB, LDRH/STRH, LDRSH 명령어

이렇게 나누어진 이유는 첫번째 그룹의 명령어들이 있는 상황에서 두번째 그룹의 명령어들이 추가되었기 때문이다. 두번째 그룹의 명령어들은 첫번째 명령어 그룹에 비하여 주소지정에서 제약이 있다.

1. LDR/STR

단일 레지스터 명령어의 첫번째 형태의 명령어의 문법은 다음과 같다.
LDR|STR{<cond>}{B}{T} <Rd>, <Offset_mode>

■ LDR/STR 명령어

LDR 명령어는 메모리로부터 워드 데이터를 읽어 목적 레지스터에 저장하는 명령어이다. STR 명령어는 역으로 레지스터의 워드 내용을 메모리에 저장을 한다. ARM 시스템은 정렬된 메모리 접근을 권장하고 있으나 비정렬된 워드 데이터를 읽어 올 경우에는 읽어 온 워드 데이터를 주소에서 지정된 바이트가 LSB가 되도록 회전시킨 뒤에 레지스터에 저장하는 기능이 있다.

■ LDRB/STRB 명령어

LDRB 명령어는 메모리에서 바이트를 읽은 뒤에 이 바이트를 32비트 워드로 영

-확장한 뒤에 레지스터에 저장한다. 즉, 메모리 바이트를 비부호 정수로 인식하고 적재하는 것이다. STRB는 레지스터의 LSB를 지정된 메모리 바이트에 쓰는 명령어이다.

이들 명령어는 명령어 뒤에 T를 붙이는 변형된 형태가 있는데 이러한 명령어들은 특권 모드에서 주로 사용하며 사용시에 USR 모드에서 사용하는 것처럼 동작한다. 명령어가 수행될 경우에 프로세서의 신호 중에 현재의 모드를 외부로 알려 주는 신호가 있다. 만약 특권 모드에서 동작하고 있다면 메모리 시스템에 특권 모드임을 알려 줄 것이며, 메모리 보호 기능이 사용되고 있었다면 메모리 접근을 특권 모드에서 동작하기 때문에 메모리 접근의 제약이 적을 것이다. 그러나 USR 모드라는 것을 메모리 시스템에 알려 주면 메모리 접근의 제약이 많아질 것이며 메모리 보호 기능 설정에 따라 동작이 달라질 것이다.

■ 〈offset_mode〉

〈offset__mode〉는 메모리의 위치를 지정하며 또한 자동 증가/감소 기능을 표시한다.

다음은 〈offset__mode〉의 기본적인 4가지 형태에 대한 설명이다.

• #(+/-)〈offset_12〉 오프셋

주소 : 베이스 레지스터에 12비트의 오프셋을 더하거나 뺀다.

```
Ex) LDR r0, [r1, #-4]    ; (r1-4)의 주소로 메모리 접근
    LDR r0, [r1]         ; = LDR r0, [r1, #0]
```

• (+/-)Rm

주소 : 베이스 레지스터에 인덱스 레지스터 Rm을 더하거나 뺀다.

```
Ex) LDR r0, [r1, -r2]    ; (r1-r2)의 주소로 메모리 접근
```

• (+/-)Rm, (LSL, LSR, ASR, ROR) #〈shift_5〉

주소 : Rn에 Rm을 5비트 시프트한 값으로 시프트한 값을 더하거나 뺀다.

```
Ex) LDR r0, [r1, -r2, LSL #4] ; (r1-(r2<<4))의 주소로 메모리 접근
```

• (+/-)Rm, RRX

주소 : Rn에 Rm의 RRX한 값을 더하거나 뺀다.

Ex) LDR r0, [r1, r2, RRX] ; (r1+(r2의 RRX))의 주소로 메모리 접근

이 방식은 메모리의 주소를 대괄호 안의 레지스터와 오프셋을 더하여 구한다. 주소를 계산하는 하드웨어는 ALU 연산 명령어에서 사용하는 하드웨어를 그대로 사용하기 때문에 베이스 레지스터는 첫번째 오퍼런드 형태이며 오프셋은 두번째 오퍼런드 형식과 유사하다.

이 오프셋은 베이스 레지스터에 더해지거나 빼지는데 더할 경우에는 ALU의 덧셈 기능이, 빼질 경우에는 뺄셈 기능이 이용된다.

오프셋은 12비트 상수가 가능하며 레지스터일 수도 있다. 또한 레지스터 값이 5비트 상수값으로 시프트한 값일 수 있다. 시프트는 RRX 형태를 포함한다. 데이터 처리 명령의 경우의 두번째 오퍼런드와 비교하여 차이점은 상수의 정의가 다르며, 레지스터 값으로 시프트하는 형태가 없다는 것이다.

■ 증감 모드

그 다음 자동 증가/감소 기능을 표시하는 주소지정 방식을 위한 Pre-index와 Post-index 2가지 형태가 있다.

```
Pre-index: 〈offset_mode〉 := [Rn], 〈offset_value〉!
Post-index: 〈offset_mode〉 := [Rn], 〈offset_value〉
```

Pre-index와 Post-index 방식은 주소의 자동 증가/감소에 쓰이는 방식이다. Pre-index 방식은 일반 방식과 동일하게 주소를 계산하여 메모리에 접근하고 난 뒤에 베이스 레지스터의 값을 메모리 접근 값으로 변경한다.

Post-index 방식은 대괄호 안의 베이스 레지스터 값을 주소로 하여 메모리에 접근하고 접근 후에 오프셋을 베이스 레지스터에 더하여 베이스 레지스터의 값을 변경한다. 다음은 일반 형태의 명령어 사용과 자동 증가/감소 명령어 사용의 예를 보여준다.

```
LDR  R1, [R0]            ; R1 → MEM[R0]
LDR  R8, [R3, #4]        ; R8 → MEM[R3+4]
STR  R12, [R13, #-4]     ; R12 → MEM[R13 - 4]
```

```
STRB R4, [R10, #0x20]      ; byte(R4) → MEM[R10+0x20]
STRB R7, [R6, -R4]         ; byte(R7) → MEM[R6 - R4]
LDR  R11, [R3, R5, LSL #2]; R11 ← MEM[R3+R5<<2]
STR  R7, [R6, #-4]!        ; R7 → MEM[R6-4], R6 ← R6-4
LDR  R0, [R1], R2          ; R0 → MEM[R1], R1 ← R1+R2
```

2. LDRSB, LDRH/STRH, LDRSH

단일 레지스터 명령어의 두번째 형태의 명령어의 문법은 다음과 같다.

```
LDR{<cond>}H|SH|SB <Rd>, <ad_mode>
STR{<cond>} <Rd>, <ad_mode>

<ad_mode> := [<Rn>, #+/-<offset_8>|+/-<Rm>]{!} |
             [<Rn>], #+/-<offset_8>|+/-<Rm>
```

다음은 명령어들에 대한 설명이다.

LDRH : Rd ⇐ 영-확장(MEM[지정주소]의 반워드)
메모리에서 부호 없는 반워드를 읽어 32비트로 영-확장 후 레지스터에 저장

STRH : Rd[15:0] ⇐ MEM[지정주소]의 반워드
레지스터의 두 바이트를 메모리 반워드에 저장

LDRSB : Rd ⇐ 부호-확장(MEM[지정주소]의 바이트)
메모리에서 부호 있는 바이트를 읽어 32비트로 부호-확장 후 레지스터에 저장

LDRSH : Rd ⇐ 부호-확장(MEM[지정주소]의 반워드)
메모리에서 부호 있는 반워드를 읽어 32비트로 부호-확장 후 레지스터에 저장

주소지정 방식은 일반 방식, Pre-index 방식, Post-index 방식을 지원하고 있으나 상수 오프셋의 경우 8비트 크기이며 레지스터는 시프트된 형태를 지원하지 않는다.

6.1.2. 다중 레지스터 적재/저장 명령어

다중 레지스터 명령어는 하나의 명령어로 16개의 레지스터의 부분집합을 메모리에 저장하거나 메모리로부터 적재할 수 있도록 한다. 이러한 명령어는 대량의 데이터를 복사하거나 스택에 프로세스의 컨텍스트를 push하거나 pop하는 데 적절하게 사용될 수 있다. 문법은 다음과 같다.

1. LDM/STM

LDM|STM{〈cond〉}〈addr_mode〉 〈Rn〉{!}, 〈registers〉{^}

〈addr_mode〉 := IA|IB|DA|DB|FD|FA|ED|EA

다중 레지스터 load/store 명령어의 형태는 명령어와 주소지정 방식, 메모리의 주소지정 레지스터, 그리고 전송에 관여되는 레지스터 리스트로 표현이 된다.

메모리의 주소지정 레지스터가 하나이기 때문에 이들 명령어는 메모리 상의 연속해 있는 워드들을 접근하도록 되어 있다. 연속되어 있는 메모리의 형태를 규정하고 있는 것이 주소지정 방식이다.

여러 개의 레지스터를 메모리에 저장하거나 읽어 올 때 메모리의 낮은 주소 쪽의 데이터가 레지스터 번호가 낮은 쪽에 상응하도록 동작한다.

만약 특권 모드에서 이 명령어들을 수행하면서 레지스터 리스트 중에 R14가 없고 명령어 끝에 ^를 붙이면 이는 사용자 모드의 레지스터를 활용하여 명령어를 수행하도록 한다. 따라서, 특권 모드에서도 사용자 모드의 모든 레지스터들을 접근할 수 있다. 만약 LDM 명령어가 특권 모드에서 사용되며 레지스터 리스트에 R15가 있다면 이는 특권 모드의 복귀 명령어로 사용되어 CPSR을 복원하면서 분기를 하게 된다.

LDM/STM 명령어는 다중 레지스터 적재/저장 명령으로 16개의 레지스터를 이용하여 최대 16워드의 데이터를 메모리에 저장하거나 메모리에서 읽을 수 있다. 이러한 명령어는 단일 명령어를 사용할 때보다 메모리 접근은 줄지 않지만 명령어 패치가 줄어 든다. 예를 들어, r0부터 r9까지 메모리에 저장하고자 할 때, 단일 명령어를 사용하면 STR 명령어 10을 수행하여야 한다. 이 경우 10개의 명령어가 패치되고 10번 저장이 발생하기 때문에 총 메모리 접근은 20번이 된다. 반면에 STM 명령어를 사용하면 1개의 명령어 패치와 10번의 저장으로 11번의 메모리 접근이 발생한다. 또한 명령어의 크기도 10워드에서 1워드로 줄어들 수 있기 때문에 성능을 향상시키고 코드 밀도를 향상시키고자 도입된 명령어이다. 그러나 정해진 주소 지정 방식으로만 메모리에 접근하기 때문에 제약이 있으며 오로지 워드 단위로만 메모리에 접근한다.

주소지정 형태는 메모리 접근 형태에 기반한 블록 복사 주소지정 방식과 메모리에서 스택을 운용할 경우의 스택 형태에 기반한 스택 주소지정 방식이 있다.

[그림 6-1]은 블록 복사 주소지정 방식의 동작 형태를 보여준다.

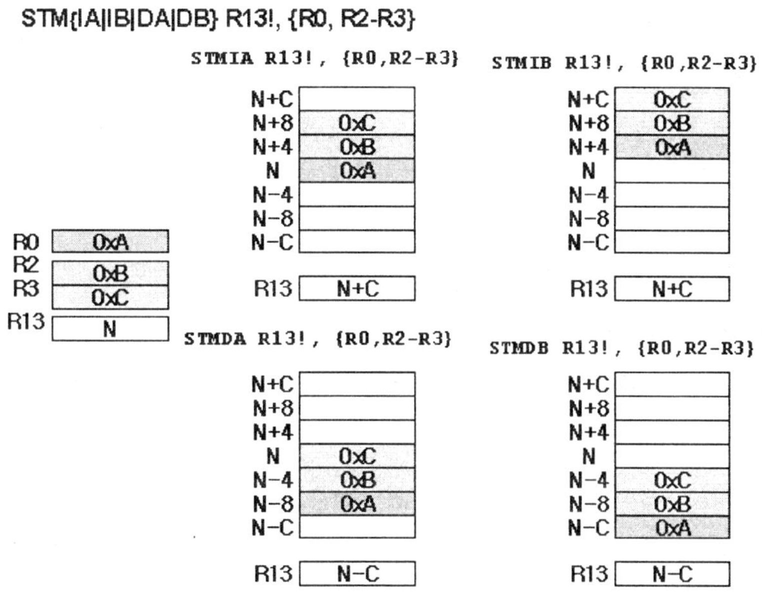

[그림 6-1] 블록 복사 주소지정 방식의 동작 형태

블록 복사 주소지정 방식은 많은 데이터를 한 곳에서 다른 곳으로 옮길 때 사용한다. 4가지의 주소 방식이 있는데 I(Increment)/D(Decrement)와 A(After)/B(Before)의 조합에 의하여

IA : Increment After (증가 후)
IB : Increment Before (증가 전)
DA : Decrement After (감소 후)
DB : Decrement Before (감소 전)

가 만들어진다.

[그림 6-1]에서 STMIA R13!, {R0, R2-R3}는 R13이 가리키고 있는 메모리 위치에 3개의 레지스터 값을 저장하라는 명령어이다. 이때 3개의 메모리 주소는 먼저 한 개의 레지스터 값을 메모리에 저장하고 난 뒤(After)에 메모리 주소를 증가(Increment)시키는 형태로 저장을 하라는 것이다. 따라서, 먼저 N번지에 R0가 저장되고 그 다음 N+4번지에 R1, N+8번지에 R2가 저장된다.

STMIB의 경우는 메모리 접근 전(Before)에 주소를 먼저 증가(Increment)시키면서 저장하라는 의미이다. 따라서 R13이 가지고 있던 N번지에는 값이 저장되지 않는다.

유사하게 STMDA는 먼저 쓰고 주소를 감소시키는 형태로, STMDB는 쓰기 전에 먼저 감소시키면서 메모리에 접근한다. R13뒤에 느낌표가 있으면 이는 R13의 값을 메모리 접근 후에 변경하라는 것을 의미하며 이것이 없으면 R13의 값은 변하지 않는다. [그림 6-2]는 스택 주소지정 방식을 표시한다.

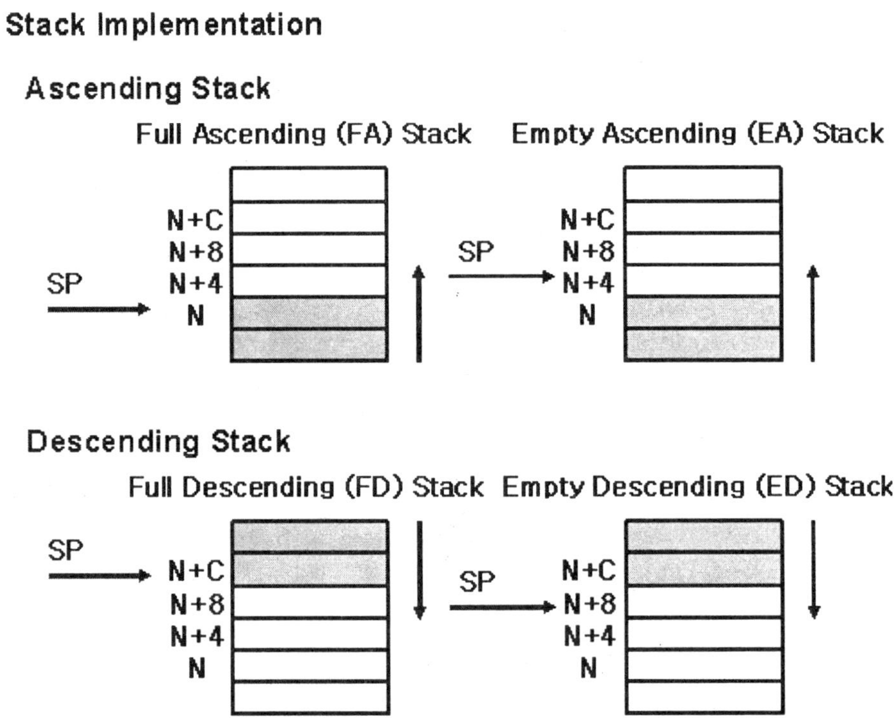

[그림 6-2] 스택 주소지정 방식

메모리 상에서 구현되는 스택은 FILO(First-In Last-Out) 형태로 동작시키기 위해 스택 포인터를 운영한다. ARM에서는 R13을 스택 포인터(SP)로 사용한다. 스택은 주소가 증가하면서 커지는 스택과 주소가 감소하면서 커지는 스택으로 구분할 수 있으며, 또한 SP가 최상위(Full) 데이터를 지정하느냐 스택의 다음 빈(Empty) 곳을 지정하느냐에 따라 구현이 달라진다. 이 두 가지에 의하여 구현된 스택은

FA : Full Ascending (채워진 곳으로 올라가는)
EA : Empty Ascending (빈 곳으로 올라가는)
FD : Full Descending (채워진 곳으로 내려가는)
ED : Empty Descending (빈 곳으로 내려가는)

으로 구분된다.

보통 FD 형태로 스택을 구현한다. FD 형태에서 스택에 데이터를 저장하는 PUSH 동작은 먼저 SP를 감소시키고 데이터를 저장하며, (DB) POP 동작은 메모리를 읽고 그 다음 스택을 증가 (IA) 형태로 동작한다.

이러한 동작을 블록 주소지정 방식의 주소지정 대신에 스택 형태에 따른 스택 주소지정 방식을 사용하면 프로그래머가 좀더 쉽고 이해하기 편한 형태로 프로그램할 수 있다. 즉, FD 스택의 경우 PUSH와 POP을 위해 STMDB R13!, {…} 와 LDMIA R13!, {…} 보다는 STMFD R13! {…}와 LDMFD R13!, {…}을 사용하는 것이 편한다.

이를 위해 중복되는 동작이지만 두 가지 형태의 주소지정 방식을 정의한 것이다. 다음은 명령어 사용 예를 보여준다.

```
STMFD  R13!, {R0-R12, LR}       ; PUSH to Stack
LDMFD  R13!, {R0-R12, PC}       ; POP from Stack and jump
LDMIA  R0, {R5-R8               ; Load R' s starting from R0
LDMDA  R1!, {R2, R5, R7-R14}^   ; Transfer user mode register in a
                                  privileged mode
LDMFD  R0, {R1-R15}^            ; CPSR ( SPSR after transfer )
```

6.2. 실습 프로그램

6.2.1. 단일 레지스터 메모리 접근 명령어 실습

단일 레지스터 메모리 접근 명령어의 동작과 주소지정 방식을 위한 프로그램 예제이다.

```
; 단순 방식 주소지정과 상수 오프셋 방식
        ADR      R0, table1       ; R0에 table1 data의 주소를 넣는다.
        LDR      R1, [R0]         ; R1  ; ← MEM[R0]
        LDRB     R2, [R0]         ; R2  ; ← 영-확장(MEM[R0]의 바이트)
        LDRSB    R3, [R0]         ; R3  ; ← 부호-확장(MEM[R0]의 바이트)
        LDRH     R4, [R0]         ; R4  ; ← 영-확장(MEM[R0]의 반워드)
        LDRSH    R5, [R0]         ; R5  ; ← 부호-확장(MEM[R0]의 반워드)
        STR      R1, [R0, #4]     ; R1 → MEM[R0+4]
        STRB     R1, [R0, #8]     ; R1의 바이트 → MEM[R0+8]
        STRH     R1, [R0, #12]    ; R1의 반워드 → MEM[R0+12]
table1
        DCD 0x1234, 0x0, 0x0, 0x0       ; 메모리에 4개의 워드 값을 넣는다.

; 다양한 주소 지정 방식
        ADR      R0, table1              ; R0에 table1 data의 주소를 넣는다.
        MOV      R11, #4                 ; R11 ← 4
        MOV      R12, #1                 ; R12 ← 1
        LDR      R1, [R0, R11]!          ; R1 ← MEM[R0+R11], R0(R0+4
        LDRB     R2, [R0, R12, LSL #2]; R2 ← 영-확장(MEM[R0+4]의 바이트)
        LDRSB    R3, [R0], R11           ; R3 ← 부호-확장(MEM[R0]의 바이트)
                                         ; R0 ← R0 + R11
        LDRH     R4, [R0], #-2           ; R4 ← 영-확장(MEM[R0]의 반워드)
        LDRSH    R5, [R0]                ; R5 ← 부호-확장(MEM[R0]의 반워드)
table1
        DCD 0x0, 0x12345678, 0x87654321, 0x0; 메모리에 4개의 워드 값을 넣는다.
```

6.2.2. 다중 레지스터 메모리 접근 명령어 실습

블록 복사와 스택 동작을 위한 프로그램 예제이다.

```
; 10개 워드 블록 복사 프로그램
; R11: 소스 블록의 시작 주소
; R12: 목적 블록의 시작 주소
    LDR      R11, =bsource
    LDR      R12, =bdestination
    LDMIA    R11, {R0-R9}    ; load 40 bytes
    STMIA    R12, {R0-R9}    ; store 40 bytes
bsource
    DCD 0,1,2,3,4,5,6,7,8,9
bdestination
    DCD 0,0,0,0,0,0,0,0,0,0

; 20개 워드 블록 복사 프로그램
; R11: 소스 블록의 시작 주소
; R12: 목적 블록의 시작 주소
    LDR      R11, =bsource
    LDR      R12, =bdestination
    LDMIA    R11!, {R0-R9}   ; load 40 bytes, R11 ← R11+40
    STMIA    R12!, {R0-R9}   ; store 40 bytes, R12 ← R12+40
    LDMIA    R11, {R0-R9}    ; load 40 bytes
    STMIA    R12, {R0-R9}    ; store 40 bytes
bsource
    DCD 0,1,2,3,4,5,6,7,8,9,10,11,12,13,14,15,16,17,18,19
bdestination
    DCD 0,0,0,0,0,0,0,0,0,0, 0,0,0,0,0,0,0,0,0,0

; FD 스택 동작 프로그램
; R13: 스택 포인터
; R12: 목적 블록의 시작 주소
    LDR      R13, =freespace          ; set SP for FD stack
    MOV      R0, #10
    MOV      R2, #11
    MOV      R4, #12
    MOV      R6, #13
    STMFD    R13!, {R0, R2, R4, R6} ; PUSH R0, R2, R4, R6
    LDMFD    R13!, {R1, R3, R5, R7} ; POP  R1, R3, R5, R7
```

```
tstack
      DS8         256    ; reserve 256 byte for stack
      freespace
```

6.3. 실 습

6.3.1. 실습의 목적

ARM 메모리 접근 명령어를 이용하여 실습 프로그램의 예제를 실습한다.

6.3.2. 방법 및 절차

■ 단계 1

어셈블리어 실습 환경을 세팅한다.

■ 단계 2

EWARM를 기동하고 새로운 Workspace 및 프로젝트를 만든다.

■ 단계 3

다음과 같은 구조의 어셈블리 코드를 작성하고 파일로 저장한 후 프로젝트에 추가한다.

```
    PROGRAM  RESET                  ; Start of Module, named RESET
    COMMON   INTVEC:CODE:ROOT(2)
    PUBLIC   __program_start
    EXTERN main
    CODE32                          ; Always ARM mode after reset
    org      0

__program_start
```

```
     B  start                        ; branch to start
     ENDMOD                          ; End of Module

     PROGRAM START                   ; Start of Module, named START
     EXPORT start
     CODE32

     org    0x20                     ; Always ARM mode after reset
main
     ; 코드 작성

stop
     MOV      r0, r0                 ; r0=r0
     B        stop                   ; branch to stop
     ENDMOD                          ; End of Module
     END                             ; End of File
```

■ 단계 4

실습 프로그램을 start 라벨과 stop 라벨 사이에 입력한다.
(주의 : 데이터 부분은 END 전에 넣어서 Undefined예외가 발생하지 않도록 한다.)

■ 단계 5

각 예제 프로그램별로 프로그램을 완성한다.

■ 단계 6

레지스터 관찰 창을 열고 프로그램을 스텝으로 수행하며 연산의 진행과 결과들을 레지스터 관찰 창을 통해 확인함과 동시에 플래그의 변화를 관찰한다.

6.3.3. 결과물 제출

- 완성한 프로그램
- 프로그램 설명 : 프로그램의 수행시의 입력 값과 진행시의 레지스터와 변화를 기술한다.

6.3.4. 추가 실습 과제

다중 레지스터 메모리 접근 명령어의 블록 복사 주소지정 방식을 이용하여 4가지 스택의 PUSH와 POP의 동작을 위한 명령어를 확인하고 마지막 스택 예제를 기반으로 각 스택 동작 프로그램을 작성하고 동작을 확인한다.

6.4. 실습 프로그램

6.4.1. 단일 레지스터 메모리 접근 명령어 실습

단일 레지스터 메모리 접근 명령어의 동작과 주소지정 방식을 위한 프로그램 예제이다.

```
; 단순 방식 주소지정과 상수 오프셋 방식
        ADR      R0, table1      ; R0에 table1 data의 주소를 넣는다.
        LDR      R1, [R0]        ; R1 ← MEM[R0]
        LDRB     R2, [R0]        ; R2 ← 영-확장(MEM[R0]의 바이트)
        LDRSB    R3, [R0]        ; R3 ← 부호-확장(MEM[R0]의 바이트)
        LDRH     R4, [R0]        ; R4 ← 영-확장(MEM[R0]의 반워드)
        LDRSH    R5, [R0]        ; R5 ← 부호-확장(MEM[R0]의 반워드)
        STR      R1, [R0, #4]    ; R1 ← MEM[R0+4]
        STRB     R1, [R0, #8]    ; R1의 바이트 → MEM[R0+8]
        STRH     R1, [R0, #12]   ; R1의 반워드 → MEM[R0+12]
table1
        DCD 0x1234, 0x0, 0x0, 0x0 ; 메모리에 4개의 워드 값을 넣는다.

; 다양한 주소지정 방식
        ADR      R0, table1      ; R0에 table1 data의 주소를 넣는다.
        MOV      R11, #4         ; R11 ← 4
        MOV      R12, #1         ; R12 ← 1
        LDR      R1, [R0, R11]!  ; R1 ← MEM[R0+R11], R0 ← R0+4
```

```
    LDRB     R2, [R0, R12, LSL #2] ; R2 ← 영-확장(MEM[R0+4]의 바이트)
    LDRSB    R3, [R0], R11         ; R3 ← 부호-확장(MEM[R0]의 바이트)
                                   ; R0 ← R0 + R11
    LDRH     R4, [R0], #-2         ; R4 ← 영-확장(MEM[R0]의 반워드)
    LDRSH    R5, [R0] ; R5         ; ← 부호-확장(MEM[R0]의 반워드)
table1
    DCD 0x0, 0x12345678, 0x87654321, 0x0 ; 메모리에 4개의 워드 값을 넣는다.
```

6.4.2. 다중 레지스터 메모리 접근 명령어

블록 복사와 스택 동작을 위한 프로그램 예제이다.

```
; 10개 워드 블록 복사 프로그램
; R11: 소스 블록의 시작 주소
; R12: 목적 블록의 시작 주소
    LDR      R11, =bsource
    LDR      R12, =bdestination
    LDMIA  R11, {R0-R9}     ; load 40 bytes
    STMIA  R12, {R0-R9}     ; store 40 bytes
bsource
    DCD 0,1,2,3,4,5,6,7,8,9
bdestination
    DCD 0,0,0,0,0,0,0,0,0,0

; 20개 워드 블록 복사 프로그램
; R11: 소스 블록의 시작 주소
; R12: 목적 블록의 시작 주소
    LDR      R11, =bsource
    LDR      R12, =bdestination
    LDMIA    R11!, {R0-R9}  ; load 40 bytes, R11 ← R11+40
    STMIA    R12!, {R0-R9}  ; store 40 bytes, R12 ← R12+40
    LDMIA    R11, {R0-R9}   ; load 40 bytes
    STMIA    R12, {R0-R9}   ; store 40 bytes

bsource
    DCD 0,1,2,3,4,5,6,7,8,9,10,11,12,13,14,15,16,17,18,19
bdestination
    DCD 0,0,0,0,0,0,0,0,0,0,0,0,0,0,0,0,0,0,0,0

; FD 스택 동작 프로그램
```

```
; R13: 스택 포인터
; R12: 목적 블록의 시작 주소
    LDR      R13, =freespace       ; set SP for FD stack
    MOV      R0, #10
    MOV      R2, #11
    MOV      R4, #12
    MOV      R6, #13
    STMFD    R13!, {R0, R2, R4, R6} ; PUSH R0, R2, R4, R6
    LDMFD    R13!, {R1, R3, R5, R7} ; POP  R1, R3, R5, R7
tstack       DS8  256              ; reserve 256 byte for stack
freespace
```

6.4.3. 결과물 제출

- 완성한 프로그램
- 프로그램 설명: 프로그램 수행시의 입력 값과 진행시의 레지스터와 변화를 기술한다.

6.4.4. 추가 실습 과제

다중 레지스터 메모리 접근 명령어의 블록 복사 주소지정 방식을 이용하여 4가지 스택의 PUSH와 POP의 동작을 위한 명령어를 확인하고 마지막 스택 예제를 기반으로 각 스택 동작 프로그램을 작성하고 동작을 확인한다.

제7장

ARM 어셈블리어 실습 (III)

본 실습에서는 ARM 어셈블리어 프로그래밍을 위한 흐름 제어 명령어들에 대하여 알아보고 이의 동작을 실습을 통해 확인한다.

- ARM 흐름 제어 명령어 소개
- 상대 분기 명령어
- 절대 분기 명령어
- 흐름 제어 명령어를 이용한 실습

7.1. ARM 흐름 제어 명령어 소개

프로세서는 순차적인 명령어의 수행을 기본으로 한다. 이러한 순차적인 수행의 흐름을 바꾸는 명령어들이 흐름 제어 명령어들이다. C 프로그램 상에서 if문 또는 loop문 등은 순차적인 흐름을 바꾸는 고급 문장이며 이러한 문장을 지원하기 위해 어셈블리어에서 흐름 제어 명령어들이 있다.

ARM 명령어에는 PC 상대적인 분기, 절대 분기, 하드웨어 분기의 3가지 형태의 분기가 있다. PC 상대적인 분기는 현재 PC 값에 오프셋을 더하여 새로운 PC 값으로 분기하는 방식이며 B, BL 명령어가 취하는 방식이다.

절대 분기란 PC에 32비트 절대 주소를 넣어 분기하는 방식으로 BX의 명령어가 사용한다. 또한 ARM의 PC는 특정 용도 일반 레지스터이기 때문에 ALU 연산 또는 메모리 접근 명령어의 목적 레지스터로도 사용될 수 있기 때문에 이러한 명령어의 결과 PC의 값이 절대적으로 바뀌면 절대 분기를 하게 된다.

예외가 발생하면 예외의 종류에 따라 하드웨어적으로 정해진 특정 번지로 절대 분기를 한다. SWI 명령어는 프로그래머의 의도 하에 명령어 수행의 흐름을 바꾼다.

BL 명령어는 함수 호출을 할 때 사용하는 명령어이며 호출된 함수에서의 복귀는 보통 절대 분기를 통해 이루어진다.

BX, BLX 명령어는 분기와 함께 ARM 프로세서의 상태를 바꾸는 명령어이다.

여기서는 상대 분기와 절대 분기 명령어에 대해서만 다루며 BLX는 다루지 않는다.

7.1.1. PC 상대 분기

PC 상대 분기를 하는 명령어는 B와 BL이 있으며 문법은 다음과 같다.

1. B

```
B{L}{<cond>} <target_addr>

<target_addr> := PC + 8 + SignExtend(signed_immed_24)<<2
```

B 명령어(Branch Instruction)는 간단히 설명하면 해당 주소로 PC 값을 변경하여 프로그램이 해당 주소로 분기하여 실행할 수 있도록 하는 명령어이다.

보통 4/8bit프로세서의 어셈블리어에서 쓰는 JP(Jump) 명령어와 비슷하다고 보면 된다. 차이점이 있다면 명령어 뒤에 조건을 붙여서 분기할지 안할지를 결정할 수 있다는 것이다.

코드 작성시 분기할 주소에 보통 라벨(Label)을 사용하고 명령어에서 참조할 수 있도록 한다. 그러면 어셈블러에서 어셈블할 때 자동으로 주소로 변환하여 코드를 생성한다.

이 명령어의 자세한 동작은 다음과 같다.

PC 상대적 분기를 위하여 PC에 더해질 오프셋 값은 부호있는 24비트로 표시되며 ARM 상태에서 동작할 경우에 모든 명령어들이 워드 형태이며 정렬되어 있기 때문에 24비트는 코딩의 효율성을 위하여 명령어의 개수로 코딩된다. 따라서 24비트를 32비트로 부호-확장하고 이를 LSL #2를 하여 오프셋을 구하고 이 값이 프로그램 카운터에 더해져서 분기를 하게 된다. LSB 쪽의 두 비트가 0인 부호 정수 26비트는 −225∼+225−4의 범위를 가지고 분기 명령어가 PC에 오프셋 값을 더할 때는 명령어 수행의 파이프라이닝에 의하여 PC가 (분기 명령어의 주소+8)의 값을 갖는다. 따라서, 분기할 정확한 범위는 (분기 명령어의 주소+8−225)∼(분기 명령어의 주소+225+4)가 된다. 따라서, 분기 명령어를 사용할 경우에는 이 범위를 초과하여 분기하지 않도록 해야 하며 만약 초과할 경우에는 절대 분기 형태의 분기를 수행해야 한다.

B 명령어는 무조건적인 분기이며 보통 분기 명령어는 수행 조건을 붙여 조건부로 동작을 하도록 사용된다(전통적으로 ARM 외의 다른 프로세서들은 분기 명령어만이 조건부로 수행하도록 되어 있다). C 프로그램에서 goto와 같은 문장은 B 명령어로 컴파일되며 if문 또는 loop문은 조건이 붙은 B 명령어로 컴파일된다. 이러한 조건부 B 명령어를 사용하기 위해서는 그 전에 조건을 검사하는 비교 명령어를 사용하여 플래그 값들을 설정한다. 어셈블리어 상에서는 라벨을 사용하여 분기할 주소를 표시한다. BEQ label은 Z 플래그가 1이면 label 위치로 분기한다.

다음 프로그램은 조건 분기를 이용한 루프 제어 형태이다.

```
        MOV         R0, #0          ; counter 초기화
LOOP
        …
```

```
    ADD       R0, R0, #1    ; 루프 카운터 증가
    CMP       R0, #10       ; 카운터 검사
    BNE       LOOP          ; 같지 않으면 반복하고 그렇지 않으면 루프 정지
```

간단한 형태의 if 문은 분기 명령어를 사용하지 않고 ARM 명령어의 조건 명령 형태를 사용하여 다음과 같이 구현될 수 있다. 다음은 분기 명령어와 조건 명령어를 이용한 예를 보여 준다.

```
    ; if (R0 != 5) {
    ;           R1 = R1 + R0
    ; }
    CMP       R0, #5
    BEQ       BYPASS
    ADD       R1, R1, R0
BYPASS
    ...
    ; if (R0 != 5) {
    ;           R1 = R1 + R0
    ; }
    CMP       R0, #5
    ADDNE     R1, R1, R0
```

2. BL

```
B{L}{<cond>} <target_addr>

<target_addr> := PC + 8 + SignExtend(signed_immed_24)<<2
```

BL 명령어는 B 명령어의 동작에 함수 호출에 사용될 수 있도록 복귀 주소를 R14(LR)에 기록하는 동작을 추가한 명령어이다(CISC 형태의 프로세서들은 메모리의 스택을 사용하여 복귀 주소를 기록하였지만 RISC 형태의 프로세서들은 레지스터가 많기 때문에 보통 특정 레지스터에 복귀 주소를 기록한다).

4/8bit 프로세서에서의 Call 명령어라고 보면 된다.

간단하게 복귀할 경우에는 MOV PC, LR을 사용하면 BL의 다음 명령어로 복귀한다. 그러나 함수 내에서 다시 함수를 연속적으로 호출하는 경우에는 LR의 내용을 덮어 쓰게 되므로 LR의 값을 스택 또는 별도의 메모리 공간에 보관하여 차례대로 복귀할 수 있도록 한다.

다음은 BL을 사용한 함수 호출 예이다.

```
      BL        SUBR              ; SUBR 루틴 호출
      ...
SUBR                              ; SUBR 루틴
      ...
      MOV PC, LR                  ; 복귀
```

복귀 주소는 레지스터(R14, Link Register)에 저장되기 때문에 위와 같은 함수는 다른 함수를 호출하지 않는 말단 함수에서 사용해야 하며 만약 함수 내에서 다른 함수를 호출할 경우에는 다음과 같은 형태로 바뀌어야 한다.

```
      BL        SUBR                    ; SUBR 루틴 호출
      ...
SUBR                                    ; SUBR 루틴
      STMFD     R13!, {R0-R2, R14}      ; 사용 및 링크 레지스터 보관
      ...
      LDMFD R13!, {R0-R2, PC}           ; 복귀
```

위에서 MOV PC, LR 또는 LDMFD R13!, {R0-R2, PC} 명령어는 저장된 복귀 주소를 프로그램 카운터(PC)에 값을 직접 적재하기 때문에 분기가 발생하며 절대 분기 형태를 취하고 있다.

7.1.2. 절대 분기

다음은 절대 분기를 하는 상태 변환 분기 명령어인 BX의 문법과 동작이다.

1. BX

```
BX{<cond>} <Rm>
T flag = Rm[0], PC = Rm AND 0xFFFFFFFE
```

BX는 레지스터의 저장된 주소를 PC에 넣는 절대 분기를 하며 레지스터의 0번째 비트 값을 T 플래그에 저장하여 상태를 전환한다. ARM 명령어는 4배수의 주소를 가지며, Thumb 명령어는 2의 배수의 주소를 가지고 있기 때문에 주소의 0비트는 항상 0의 값을 갖는다. BX 명령어는 이 비트를 상태 전환에 사용한다.

ARM 상태에서 Thumb 상태로 전환하기 위해서는 레지스터에 분기할 주소에 1을 더한 값을 넣는다. 그다음 BX 명령어를 수행하면 프로그램은 0비트를 0으로

만들며 분기를 하면서 T 플래그에 0비트 1의 값을 넣어 Thumb 상태로 전환된다. 이때 분기할 곳의 명령어들은 Thumb 명령이어야 한다. 거꾸로 Thumb 상태에서 ARM 상태로 전환하기 위해서는 레지스터에 분기할 주소를 넣고 BX 명령을 수행하면 0비트의 0이 T 플래그에 저장되어 ARM 상태로 전환된다.

다음은 100번지로 분기하며 ARM에서 Thumb 상태로 가는 프로그램 예이다.

```
LDR        r0, =0x101       ; r0에 0x100을 저장한다.
BX         r0               ; 0x100으로 분기하며 Thumb 상태로 간다.
```

만약 ARM 프로세서가 ARM 상태에서만 사용되고 임의의 레지스터가 분기할 주소를 가지고 있다면 BX는 절대 분기 명령어로만 사용될 수 있다.

앞에서 언급한 바와 같이 PC는 특정 용도 일반 레지스터이기 때문에 데이터 처리 명령어 또는 load 명령어의 결과 레지스터로 사용할 수 있다. 이 경우 PC의 값이 바뀌게 되어 절대 분기가 된다. PC의 저장되는 값은 PC의 제약 조건(ARM 명령어의 주소는 4의 배수, Thumb 명령어의 주소는 2의 배수)에 따라 PC[1:0] = 0b00 또는 PC[0] = 0b0으로 저장될 수 있도록 낮은 비트들 값이 무시된다. 따라서, PC에 적재되는 값은 항상 정렬된 주소를 가지도록 주의하여야 한다.

예를 들어 아래의 예와 같이, MOV를 사용하여 상수 주소로 분기하거나 레지스터에 있는 값으로 분기하기도 하고 예외에서의 복귀와 같이 SUBS를 사용하여 분기하기도 한다. 또한 LDR을 사용하여 메모리에 저장되어 있는 값을 PC에 적재하여 분기하기도 한다. 명령어 사용의 마지막 예는 의사 명령어를 사용하여 PC에 주소를 넣는 명령어이다.

```
MOV  PC, #0               ; Branch to 0x0
MOV  PC, LR               ; return from function
SUBS PC, R0, #0x10        ; Branch to (R0-0x10)
LDR  PC, [r0]             ; Branch to MEM[r0]
LDR  PC, =0x30002010      ; Branch to 0x30002010
```

7.2. 실습 프로그램

7.2.1. 루프를 이용한 블록 복사 프로그램

다중 레지스터 메모리 접근 명령어와 루프를 이용한 블록 복사 프로그램

```
; 단순 워드 블록 복사 프로그램
; R11: 소스 블록의 시작 주소
; R12: 목적 블록의 시작 주소
; R13: 소스 블록의 끝 주소
     LDR         R11, =bsource
     LDR         R12, =bdestination
     LDR         R13, =bend
loop LDMIA       R11!, {R0-R9}          ; load 40 bytes
     STMIA       R12!, {R0-R9}          ; store 40 bytes
     CMP         R11, R13               ; 복사의 끝을 검사
     BLO         loop                   ; 끝이 아니면 계속 복사
bsource
     DCD 0,1,2,3,4,5,6,7,8,9
bend
     ...
bdestination
     DCD 0,0,0,0,0,0,0,0,0,0
```

위의 프로그램은 40워드를 단위로 대규모 블록을 복사하는 프로그램이다. CMP와 BLO를 사용하여 복사할 데이터의 끝을 검사하고 루프를 반복할지를 결정한다. LO 부호없는 수로서 비교하여 작은 경우에 참이 된다.

7.2.2. 스트링 비교 함수

두 개의 C 형태의 스트링을 비교하는 함수

```
; On entry    : R0는 첫번째 스트링의 시작 주소를 갖는다.
;             : R1은 두번째 스트링의 시작 주소를 갖는다.
;             : BL을 사용하여 호출된다.
```

```
; On exit       : 첫번째 스트링이 작으면 R0는 음수
;               : 두번째 스트링이 작으면 R0는 양수
;               : 같으면 R0는 0의 값을 가지고 복귀된다.
strcmp
     LDRB  R2,[R0],#1          ; 첫번째 스트링에서 1 바이트 적재
     LDRB  R3,[R1],#1          ; 두번째 스트링에서 1 바이트 적재
     CMP  R2,#1                ; R2를 1과 비교
     CMPCS R2,R3               ; R2 >= 1 이면 R2와 R3를 비교
     BEQ  strcmp               ; 같으면 다음 문자 비교
     SUB  R0,R2,R3
     MOV  PC,LR                ; 함수에서 복귀
```

위의 문자 비교에서 조건 비교 관련 명령어를 살펴보면 다음과 같다.

만약 R2가 0이면 CMPCS 명령어와 BEQ 명령어가 수행을 하지 않아 복귀하게 되고, R2가 0이 아니고 R3가 0이라면 CMPCS 명령이 수행되고 BEQ 명령이 수행되지 않아 복귀하게 된다. 이 이외의 경우에는 R2==R3인 경우에만 다시 루프를 돌게 된다.

위와 같은 함수를 호출하여 두 개의 스트링을 비교하기 위해서는 C 언어 형태의 스트링을 선언하는데 다음과 같이 DCB를 사용하여 기술하면 된다.

```
str1     DCB "sksksksksks", 0
str2     DCB "eieieieiieieiei", 0
```

7.3. 실 습

7.3.1. 실습의 목적

ARM 분기 명령어를 이용하여 실습 프로그램의 예제를 실습한다.

7.3.2. 방법 및 절차

■ 단계 1

어셈블리어 실습 환경을 세팅한다.

■ 단계 2

EWARM를 기동하고 새로운 Workspace 및 프로젝트를 만든다.

■ 단계 3

다음과 같은 구조의 어셈블리 코드를 작성하고 파일로 저장한 후 프로젝트에 추가한다.

```
        PROGRAM   RESET                  ; Start of Module, named RESET
        COMMON    INTVEC:CODE:ROOT(2)
        PUBLIC  __program_start
        EXTERN main
        CODE32                           ; Always ARM mode after reset
        org          0

__program_start
        B  start                         ; branch to start
        ENDMOD                           ; End of Module

        PROGRAM START                    ; Start of Module, named START
        EXPORT start
        CODE32

        org    0x20                      ; Always ARM mode after reset
main
                                         ; 코드 작성


stop
        MOV       r0, r0                 ; r0=r0
        B         stop                   ; branch to stop
        ENDMOD                           ; End of Module
        END                              ; End of File
```

■ 단계 4

실습 프로그램을 start 라벨과 stop 라벨 사이에 입력한다.
(주의 : 데이터 부분은 END 전에 넣어서 Undefined예외가 발생하지 않도록 한다.)

■ 단계 5

각 예제 프로그램별로 프로그램을 완성한다.

■ 단계 6

레지스터 관찰 창을 열고 프로그램을 스텝으로 수행하며 연산의 진행과 결과들을 레지스터 관찰 창을 통해 확인하며 동시에 플래그의 변화를 관찰한다.

7.3.3. 결과물 제출

- 완성한 프로그램
- 프로그램 설명 : 프로그램의 수행 시의 입력 값과 진행시의 레지스터와 변화를 기술한다.

7.3.4. 추가 실습 과제

다음은 최대공약수를 구하는 함수이다. 이의 동작을 확인하는 프로그램을 작성하고 실습한다.

```
; On entry: R0과 R1이 두 수를 갖게 한다.
; On exit : R0가 입력된 수의 최대공약수를 갖는다.
gcd    CMP    R0, R1          ; compare 'a' and 'b'
       SUBGT  R0, R0, R1      ; if (a>b) a=a-b (if a==b do nothing)
       SUBLT  R1, R1, R0      ; if (b>a) b=b-a (if a==b do nothing)
       BNE  gcd               ; if (a!=b) then keep going
       MOV  PC, LR            ; 함수 복귀
```

제8장

ARM 어셈블리어 실습 (IV)

본 실습에서는 ARM 시스템 명령어에 대하여 살펴보고 시스템 명령어 중에 PSR(Program Status Register)에 접근하는 명령어와 프로세스 동기화를 위한 명령어에 대한 실습을 수행한다.

- 시스템 명령어 소개
- MRS, MSR 명령어 설명
- SWI 명령어 설명
- SWP 명령어 설명
- 시스템 명령어를 이용한 실습

8.1. ARM 시스템 명령어

프로세서의 시스템 명령어는 보통 운영체제를 위한 명령어들이다. ARM 아키텍처는 시스템 명령어로서 CPSR(Current PSR)과 SPSR(Saved PSR)을 접근하는 MRS와 MSR 명령어, 커널 모드 진입을 위한 SWI 명령어, 프로세스 동기화를 위한 SWP 명령어를 제공한다.

8.1.1. MRS와 MSR 명령어

MRS와 MSR은 특정 용도 레지스터인 CPSR과 SPSR을 접근하기 위한 명령어이다. 특히, 특권 모드에서는 CPSR의 I, F 비트와 모드 비트들의 내용을 바꾸어 인터럽트의 허용을 관리하며 모드 전환을 수행한다.

1. MRS 명령어

다음은 MRS 명령어의 문법이다.

```
MRS{<cond>} Rd, CPSR|SPSR
```

MRS 명령어는 CPSR 또는 SPSR의 내용을 ARM 레지스터로 옮기는 명령어이다. USR 모드와 SYS 모드에서는 SPSR이 정의되어 있지 않기 때문에 MSR Rd, SPSR 명령은 사용할 수 없다.

2. MSR 명령어

다음은 MSR 명령어의 문법이다.

```
MSR{<cond>} CPSR_<fields>|SPSR_<fields>, #<immediate>|<Rm>
```

MSR 명령어는 CPSR 또는 SPSR에 특정 값을 적재할 때 사용한다. 적재하는 값은 즉치 상수 또는 일반 레지스터 값을 사용할 수 있다. 즉치 상수는 데이터 처리 명령어의 두번째 오퍼런드와 같은 방식으로 코딩된다.

PSR의 바꾸고자 하는 필드를 〈fields〉에 기록하며 f는 플래그, s는 status, x는 extension, c는 control 필드를 의미하나 현재 PSR의 상태 필드와 확장 필드는 예약만 되어 있고 사용하지 않기 때문에 명령어로 바꾸는 것이 의미가 없다.

USR/SYS 모드에서는 SPSR을 접근할 수 없으며 CPSR의 제어 필드는 USR 모드에서는 바꿀 수 없다. 특권 모드에서는 CPSR의 제어 필드를 바꾸어 인터럽트 마스크 설정 및 모드를 바꿀 수 있다. 그러나 T 플래그를 변화시키는 것은 금지되어 있기 때문에 필드 설정시에 유의하여야 한다.

```
MRS  R0, CPSR          ; CPSR를 읽어 R0에 적재한다.
BIC  R0, R0, #0x1F     ; 읽어 온 데이터에 대하여 모드 비트를 0으로 설정한다.
ORR  R0, R0, #0x13     ; 모드 비트의 내용을 SVC 모드 값으로 바꾼다.
MSR  CPSR_c, R0        ; 바꾼 값을 다시 CPSR의 제어 필드에 넣는다.
```

위의 사용 예는 특권 모드에서 SVC 모드로 바꾸기 위한 프로그램이다.

각 모드 별로 사용되는 스택을 초기화하기 위해서는 SVC 모드에서 출발하여 소프트웨어적으로 모드를 바꾸어가면서 각 모드에 고유한 SP를 초기화하여야 한다.

8.1.2. SWI 명령어

SWI(Software Interrupt) 명령어는 의도적으로 예외를 발생시켜 USR 모드에서 특권 모드인 SVC 모드로 진입하기 위하여 사용된다. 보통 운영체제가 있는 시스템에서는 일반 유저 프로세스가 시스템의 자원에 대한 접근을 하기 위해서는 운영체제의 서비스를 제공하는 시스템 함수를 호출하여 시스템 서비스를 받게 된다. 이때 커널 모드로 진입하기 위해서는 USR 모드에서 SVC 모드로 바뀌어야 한다. 이 명령어가 수행되면 USR 모드에서 SVC 모드로 전환되며 무조건적으로 0x8 번지로 분기를 한다.

다음은 SWI 명령어의 문법이다.

```
SWI{〈cond〉} 〈Immde_24〉
```

이 명령어에 즉치 값을 줄 수 있는데 ARM 명령어의 경우 24비트 값이며 명령어 내에 코딩되어 있다. 이 즉치 값은 하드웨어적으로 아무 의미가 없기 때문에 이 값을 이용하여 다양한 기능을 구현하기 위해서는 소프트웨어적으로 이 값을 구하여야 한다. SWI 예외가 발생하면 R14_svc에 SWI 명령어의 다음 주소 값이 하드웨어적으로 기록된다. 따라서, SWI 처리 루틴에서 R14 값을 읽은 뒤에 4를 빼면 SWI 명령어의 주소를 구할 수 있고 이 명령어를 읽어 LSB쪽의 24비트를 추출하면 SWI 번호를 구할 수 있다. 이 번호를 이용하여 의도한 기능을 하는 함수를 다시 호출하면 된다. ARM 디버깅 아키텍처에서는 SWI 함수를 사용하여 세미호스팅(Semi-hosting) 기능을 구현하고 있다. 세미호스팅 기능이란 개발하는 타깃 보드의 입출력 장치가 없어도 C 함수의 입출력 기능을 호스트 컴퓨터에서 대신할 수 있게 하는 기능을 포함하여 타깃 보드가 호스트 형태의 컴퓨터인 것처럼 동작시키는 기능들이다.

8.1.3. SWP 명령어

메모리 교환 명령어인 SWP는 프로세스 동기화를 위한 명령어이다. 다중 프로세스 운영체제는 여러 공유 자원에 대하여 한 프로세스가 배타적으로 사용하거나 프로세스 간의 동기화를 지원하여야 한다.

예를 들어 프린터 한 대를 여러 프로세스가 사용하고자 할 때 한 프로세스가 프린터 사용을 완전히 끝낸 뒤에 다른 프로세스가 사용해야 한다. 이를 위하여 간단하게 생각하면 변수 하나를 두고 초기에 0을 설정해 놓는다. 한 프로세스가 프린터를 사용하고자 한다면 변수를 읽어서 0이면 그 변수를 1로 설정하여 사용하고 사용이 끝나면 그 변수를 다시 0으로 설정하게 한다. 그러면 프린터가 사용 중일 때 다른 프로세스가 사용하고자 변수를 읽어 보면 1로 설정되어 있기 때문에 0이 될 때까지 기다리게 되어 프린터를 안전하게 한 프로세스만이 사용할 수 있게 된다. 그러나 이 경우에 헛점이 있다. 한 프로세스가 0인 변수 값을 읽자마자 프로세스의 quantum이 경과하여 멈추고 다른 프로세스가 수행되고 이 프로세스가 프린터를 사용하고자 하여 변수를 읽으면 0이기 때문에 1로 설정하고 프린터를 사용한다. 사용중에 다시 quantum이 경과하여 그 전의 프로세스가 깨어나면 그 프로세스는 읽은 변수의 값이 0이기 때문에 변수를 1로 설정하고 사용하게 되면 다른 프로세스가 프린터의 사용을 끝내지 않았는데 사용하게 된다.

SWP 명령어는 하나의 명령어가 메모리의 내용을 읽어 오고 연이어 메모리에 레지스터 값을 저장하는 명령어이다. 위의 경우에 SWP 명령어를 사용하여 변수 값을 읽어 오면서 1을 설정하게 하고 읽어 온 값이 0일 경우에만 사용하도록 하면 앞에서 발생한 문제를 해결할 수 있다. SWP 명령어는 메모리 접근 명령어이자 시스템 명령어이다.

다음은 SWP 명령어의 문법이다.

```
SWP{<cond>}{B} <Rd>, <Rm>, [<Rn>]
```

SWP Rd, Rm, [Rn]은 LDR Rd, [Rn]과 STR Rm, [Rn]를 한번에 수행하는 명령어이다. SWPB 명령어는 메모리의 바이트를 접근하는 명령어로 SWPB Rd, Rm, [Rn]은 LDRB Rd, [Rn]과 STRB Rm, [Rn] 명령어를 한번에 수행하는 명령어이다. 메모리의 주소지정에는 오로지 레지스터만이 단독으로 사용된다.

SWP 명령어는 운영체제에서 제공하는 세마포를 만들기 위하여 사용되기 때문에 세마포 명령어라고도 한다.

8.2. 실습 프로그램

8.2.1. 모드 전환 및 스택 초기화 프로그램

다음 프로그램은 프로세서의 모드를 변화시켜 가면서 모드 별로 할당되어 있는 스택 포인터의 값을 정하는 프로그램이다. (USR 모드의 스택 값을 정하기 위해서는 SYS 모드에서 이를 정할 수 있지만 이는 생략하였다.) 각 모드에서 사용할 스택의 크기는 미리 소프트웨어 설계 시에 정해지거나 워드의 배열로 정의하여 그 값을 넣게 되어 있다.

```
;Pre-defined constants
USRMODE         EQU     0x10
FIQMODE         EQU     0x11
IRQMODE         EQU     0x12
SVCMODE         EQU     0x13
ABTMODE         EQU     0x17
UNDMODE         EQU     0x1b
MODEMASK        EQU     0x1f

        mrs         r0, cpsr
```

```
        bic     r0, r0, #MODEMASK

        orr     r1, r0, #UNDMODE
        msr     cpsr_f, r1          ;UndefMode
        ldr     sp, =UndefStack

        orr     r1, r0, #ABTMODE
        msr     cpsr_f, r1          ;AbortMode
        ldr     sp, =AbortStack

        orr     r1, r0, #IRQMODE
        msr     cpsr_f, r1          ;IRQMode
        ldr     sp, =IRQStack

        orr     r1, r0, #FIQMODE
        msr     cpsr_f, r1          ;FIQMode
        ldr     sp, =FIQStack

        orr     r1, r0, #SVCMODE
        msr     cpsr_f, r1          ;SVCMode
        ldr     sp, =SVCStack
```

보통 시스템 초기화 시에 이와 같은 루틴을 통하여 각 모드에서 사용하는 스택을 정해진 값으로 정한다.

8.2.2. 메모리 교환 프로그램

다음 프로그램은 메모리의 내용을 교환하는 명령어 예이다.

```
        LDR     R0, =table
        MOV     R2, #0x9ABCDEF0
        MOV     R3, #Ox87654321
        MOV     R4, #0xFF
        SWP     R1, R2, [R0]    ; R1 ← MEM[R0], R2 → MEM[R0]
        SWP     R3, R3, [R0]    ; R3 ⟷ MEM[R0]
        SWPB    R4, R5, [R0]    ; R4 ← MEM[R0], R5 → MEM[R0]

table           DCD   0x12345678
```

8.3. 실 습

8.3.1. 실습의 목적

ARM 시스템 명령어를 사용하여 모드 변환과 SWP 명령어의 동작을 확인한다.

8.3.2. 방법 및 절차

■ 단계 1

어셈블리어 실습 환경을 세팅한다.

■ 단계 2

EWARM를 기동하고 새로운 Workspace 및 프로젝트를 만든다.

■ 단계 3

다음과 같은 구조의 어셈블리 코드를 작성하고 파일로 저장한 후 프로젝트에 추가한다.

```
    PROGRAM   RESET                 ; Start of Module, named RESET
    COMMON    INTVEC:CODE:ROOT(2)
    PUBLIC  __program_start
    EXTERN main
    CODE32                          ; Always ARM mode after reset
    org        0

__program_start
    B  start                        ; branch to start
    ENDMOD                          ; End of Module

    PROGRAM START                   ; Start of Module, named START
    EXPORT start
    CODE32
```

```
    org    0x20                    ; Always ARM mode after reset
main
                                   ; 코드 작성


stop
    MOV      r0, r0                ; r0=r0
    B        stop                  ; branch to stop
    ENDMOD                         ; End of Module
    END                            ; End of File
```

■ 단계 4

실습 프로그램을 start 라벨과 stop 라벨 사이에 입력한다.
(주의 : 데이터 부분은 END 전에 넣어서 Undefined예외가 발생하지 않도록 한다.)

■ 단계 5

골격 프로그램에 작성한 함수와 저장하고자 하는 SP의 데이터 값을 넣고 함수 호출을 사용하여 프로그램의 진행을 관찰한다. 이때, 모드의 변환되는 상태를 관찰하기 위하여 레지스터 관찰 창을 열고 CPSR의 모드 필드를 관찰하며 각 해당 모드에서 스택 값이 설정되는 것을 확인한다.

■ 단계 6

두번째 실습 프로그램에 대하여 골격 프로그램을 기반으로 완성하고 명령어를 단계별로 실행시키며 메모리와 레지스터의 변화를 관찰한다.

8.3.3. 결과물 제출

- 완성한 프로그램
- 프로그램 설명 : 프로그램의 수행시의 입력 값과 진행시의 레지스터와 플래그의 변화, 그리고 메모리 값의 변화를 기술한다.

제9장

실습 시스템 소개

실습에 사용되는 MBA2440 보드에 대한 소개를 하며 타깃 보드를 이용한 소프트웨어 개발 환경 설정에 대하여 알아본다. 개발 환경 구성 이후에 간단한 예제 프로그램을 사용하여 어셈블리어와 C 프로그램의 동작을 보드 상에서 확인해본다.

- ARM9 실습 시스템에 대한 소개
- 실습용 보드에 대한 소개
- 타깃 보드를 이용한 실습

9.1. 실습 시스템 구성

9.1.1. 실습 시스템 구성도

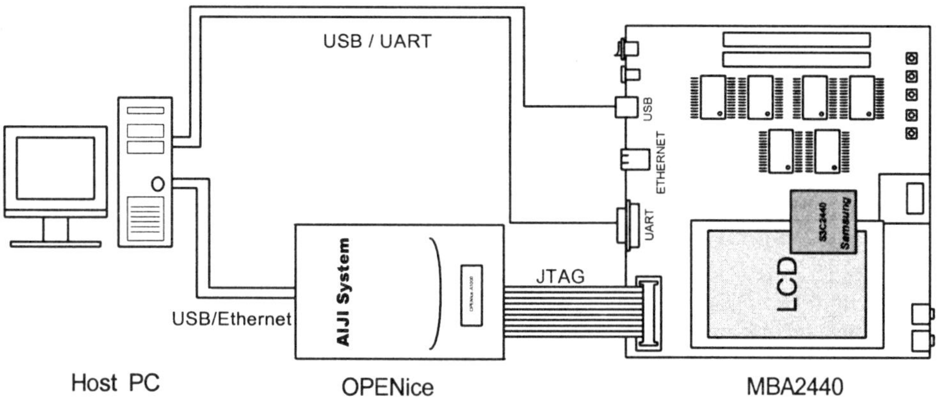

[그림 9-1] ARM9 실습 시스템 구성도

호스트 PC에는 IAR EWARM를 이용하여 프로그램을 작성하며 작성된 프로그램은 Spider나 EWARM을 이용하여 디버깅을 수행한다.

실습 보드(MBA2440)는 개발된 소프트웨어가 수행될 하드웨어이며 OPENice-A950는 타깃 보드와 디버거(Spider)를 연결하는 JTAG 에뮬레이터이다.

OPENice-A950는 PC와 직렬 포트, USB 포트, 랜 포트 등으로 연결될 수 있으나 통상 USB 케이블을 사용하여 연결한다. OPENice-A950와 타깃 보드는 JTAG 케이블로 연결한다. 타깃 보드의 JTAG 포트는 보드 상의 ARM 프로세서 내에 있는 EmbeddedICE 회로와 연결이 되어 최종적으로 디버거(Spider 또는 C-SPY)로 하여금 프로그램의 디버깅에 관련된 동작을 수행할 수 있도록 되어 있다.

[그림 9-1]에서는 타깃 보드는 PC와 RS232-C 케이블을 사용하여 직렬 연결이 되도록 구성되어 있다. 이러한 연결은 OPENice-A950와 같은 프로토콜 컨버터가 없는 시스템에서 소프트웨어 개발을 위하여 사용하던 연결 방식이다. 직렬 연결만 되어 있는 상태에서는 보통 타깃 보드에 모니터 프로그램을 부트롬 영역에 이식하

고 전원을 넣으면 모니터 프로그램이 구동하면서 하드웨어를 초기화한다.

UART 모듈을 초기화한 뒤에 직렬 케이블을 통해 개발 PC에서 구동한 터미널 프로그램에 보드의 상태를 출력하며 명령의 입력을 기다리며 터미널 프로그램에서는 프로그램 이미지의 다운로드 및 수행 등의 명령을 통하여 프로그램을 수행시킨다. 보통 디버깅 환경은 프로그램 진행 중의 직렬 케이블을 통해 보내는 디버깅 정보를 이용하여 디버깅을 수행한다.

반면에 OPENice-A950를 사용한 개발 환경에서는 ARM 프로세서 내에 있는 EmbeddedICE 하드웨어 모듈을 직접 제어하면서 실시간적인 디버깅이 가능해 지며, 모니터 프로그램이 없어도 OPENice-A950에서 지원하는 SoC 칩의 제어 레지스터 설정 기능을 이용하여 하드웨어 초기화를 수행할 수 있고 개발한 프로그램을 직접 다운로드하여 소스 프로그램 단계에서 디버깅을 수행할 수 있다.

■ 실습 환경 구축

OPENice-A950와 타깃 보드를 이용한 실습 환경을 구성하는 순서는 다음과 같다.

- 먼저 타깃 보드의 동작을 확인한다 : 타깃 보드는 플래시 메모리에 모니터 프로그램 및 하드웨어 검사 프로그램이 내장되어 있기 때문에 보드의 LED의 On/Off 또는 직렬 연결을 사용하여 보드의 다양한 기능을 확인해 볼 수 있다. 이를 위하여 보드의 전원을 끄고 타깃 보드의 왼쪽 상단의 직렬 포트와 개발 PC의 직렬 포트를 연결한다. 그리고 통신 에뮬레이터 프로그램(DNW 또는 하이퍼터미널)을 구동하고 직렬 연결을 설정한다. 설정시에 115,200bps의 속도와 하드웨어 흐름제어를 없음으로 설정하여야 한다. 이후 정확히 설정되어 있다면 Power-On 또는 Reset시에 하이퍼터미널 화면이 다음과 같이 나온다.

실제 실습에서는 OPENice-A950를 연결하여 사용하기 때문에 직렬 연결을 사용하지 않아도 된다(단, Uart로 데이터를 PC와 송수신할 경우에는 연결).

- 다음 OPENice-A950를 연결하기 위하여 보드의 전원을 끄고 개발 PC와 OPENice-A950를 USB 케이블로 연결한다.

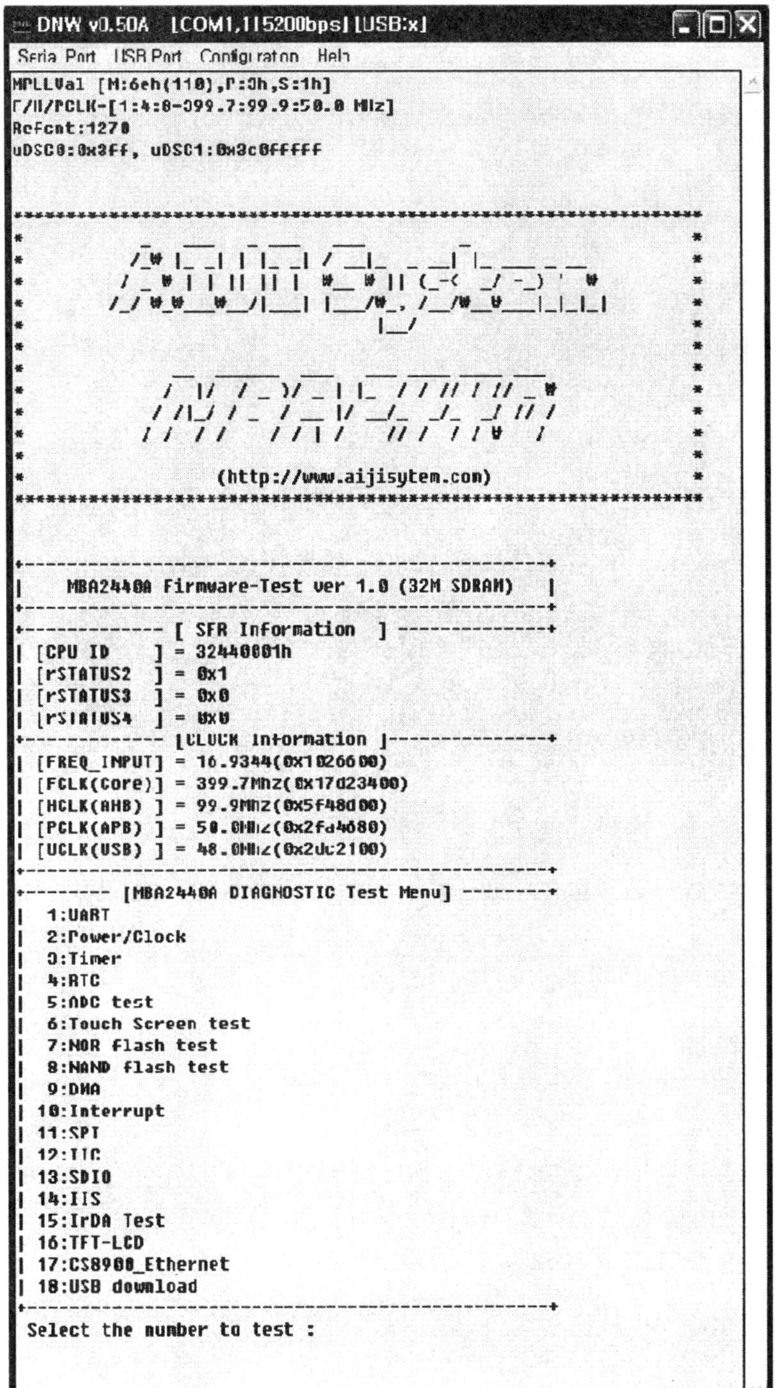

[그림 9-2] DNW 실행화면

- 그 다음 타깃 보드와 OPENice-A950를 JTAG 케이블을 사용하여 연결한다.
- 먼저 보드의 전원을 켜고 다음 OPENice-A950의 전원을 켠다. (만약 OPENice-A950를 최초로 PC와 연결할 경우에는 매뉴얼에 나와 있는대로 PC에 OPENice-A950 USB 드라이버를 설치하여야 하기 때문에 조교의 도움을 받도록 한다.)
- Spider와 OPENice-A950를 연결하기 위하여 Spider를 기동시킨다. Spider와 OPENice-A950를 최초로 연결할 경우에는 Spider의 Optioins 메뉴의 configure Interface를 클릭한 후 옵션을 설정한다.
- 이후 작성된 프로그램을 로드하여 프로그램을 수행하면서 디버깅하면 된다. (프로그램의 작성은 실습 1을 참조)

9.1.2. 실습용 보드(MBA2440) 소개

MBA2440은 ARM9 교육용 보드로서 삼성의 S3C2440 (ARM920T)칩을 장착하고 있다.

삼성 S3C2440칩은 고성능 PDA, 스마트 폰과 같은 휴대용 디지털 기기 개발에 적합한 칩이다.

이 보드는 기본적으로 S3C2440 마이크로컨트롤러가 갖고 있는 각 기능들을 테스트해 볼 수 있도록 구성되어 있으며 일반 8bit 마이크로컨트롤러를 이용한 교육에서 실시하기 힘든 USB, Ethernet, PCMCIA, SD 등 다양한 기능들에 대한 실습이 가능하다. 또한 Diagnostic, 예제 소스를 제공하여 교육에 활용할 수 있도록 되어 있고, TFT-LCD가 장착되어 있어서 그래픽환경에서 교육생들이 보다 흥미를 갖고 실습에 임할 수 있다.

그밖에 WinCE 및 Linux 포팅이 가능하여 일반 마이크로컨트롤러 교육뿐만 아니라 임베디드 OS 교육에도 활용이 가능하다.

■ 실습 보드(MBA2440)의 사양

```
Processor:      S3C2440 (ARM920T)
Boot ROM:       AMD 8M bit 1EA
                Intel StrataFlash 16MB x 2 (unloaded)
                NAND flash 64MB 1EA
```

SDRAM:	64MB (32MB x 2)
LCD:	Color TFT LCD(3.5" or 6.4")
	Touch panel Interface
UART:	3 channel (including IrDA)
USB:	2 channel (Host & Slave)
Ethernet:	1 channel

RTC
IIC
ADC Interface
SPI Interface
IIS Interface (Sound CODEC audio I/O)
PCMCIA Interface
SD host (MMC) Interface
Smart Media Card

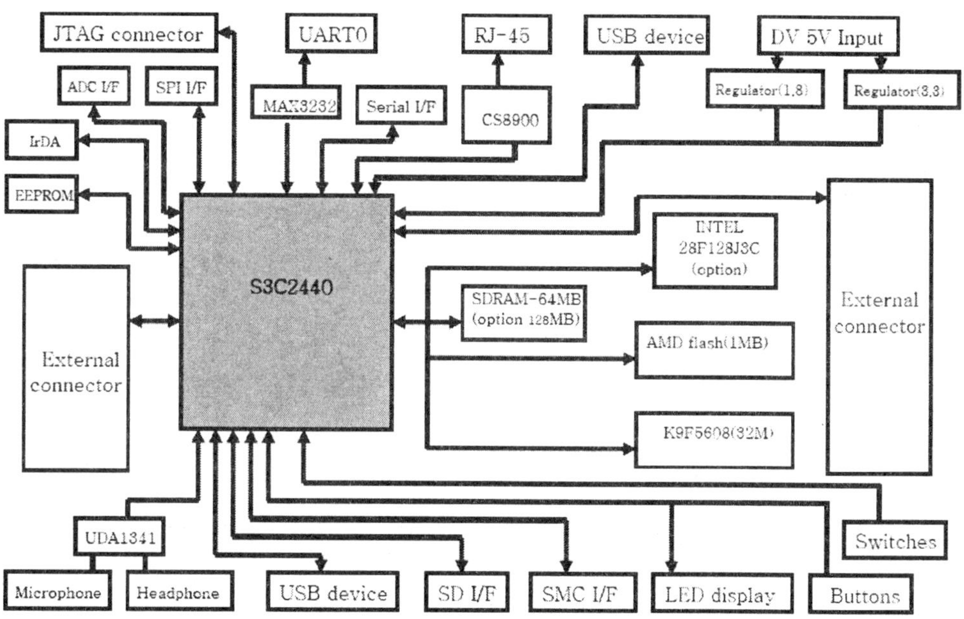

[그림 9-3] MBA2440 구성도

9.2. 타깃 보드를 이용한 실습

9.2.1. 프로그램 작성 및 이미지 생성

실습에서 사용할 예제는 실습 1에서 사용한 동일한 어셈블리어 프로그램을 사용하며 프로그램의 작성 및 빌드는 같은 방법으로 하면 된다. 단, EWARM에 포함된 링커(XLinker)는 링크 스크립트(*.XCL) 파일을 참조하여 링킹을 수행하므로 타깃 시스템에 맞게 XCL 파일을 수정하여 사용해야 한다. 향후 실습에서는 동일한 타깃 시스템(MBA2440)을 사용할 것이므로 제공되는 XCL을 그대로 사용하면 된다.

XCL파일을 보다 자세히 살펴보고자 한다면 해당 파일을 문서 편집기를 이용해 열어서 살펴보기 바란다.

1. XCL내의 주요 항목 설명

다음 내용은 MBA2440이 아닌 다른 타깃 보드에 맞게 수정할 수 있도록 간략한 XCL 파일에 대한 설명이므로 훑어만 보고 넘어가도 상관없다.

링커는 컴파일러/어셈블러/라이브러리언이 생성한 중간 코드(오브젝트, 라이브러리 파일)를 조합하여 최종 실행 가능한 코드 또는 디버깅 정보가 포함된 이미지 파일을 생성한다. 이때 각각의 모듈들을 메모리에 적절히 위치시킬 수 있도록 하는 것이 링커의 주요 기능이라고 할 수 있다. 이때 EWARM포함된 링커(Xlink)의 경우 XCL 파일을 참조하게 된다. 따라서 XCL 파일의 주된 내용은 메모리 주소 설정에 관련된 사항이다.

특별한 경우가 아니면 제공된 XCL파일에서 다음의 두 가지 항목, 즉 프로그램이 들어갈 ROM 영역과 프로그램 실행 또는 스택/변수가 저장되는 영역만 설정해 주면 무리 없이 다른 타깃에서도 사용할 수 있다.

XCL 파일은 처음 접하면 복잡해 보이지만 사실은 간단한 구조로 되어 있다. XCL 파일을 잘 활용하면 각각의 모듈이나 세그먼트를 보다 자유롭게 위치시킬 수 있다.

■ 프로그램 메모리 또는 ROM 영역 설정

－DROMSTART＝30000000
－DROMEND＝30FFFFFF
－Z(CODE)INTVEC＝ROMSTART-20
:

MBA2440에서 64MB의 SDRAM이 S3C2440의 bank 6에 연결이 되어 있고 이 뱅크의 시작 주소는 0x30000000이다.

향후 실습에서는 프로그램을 MBA2440의 RAM영역에 다운로드하여 실행할 것이므로 프로그램의 시작위치를 0x30000000번지로 지정한다.

크기는 64MB(0x30000000～0x33FFFFFF) 중 16MB(0x30000000～0x30FFFFFF)를 할당한다.

■ 데이터 메모리 또는 RAM 영역 설정

－DRAMSTART＝31000000
－DRAMEND＝33FFFFFF
:

프로그램 메모리를 제외한 나머지를 데이터 메모리로 설정한다.

■ 참 고

－D 옵션 : 라벨에 값 할당
－Z 옵션 : 각 세그먼트에 주소 공간 할당

보다 자세한 내용은 IAR EWARM에서 제공하는 Linker 관련 PDF 문서를 참조바란다.

2. 실습 보드(MBA2440)의 메모리 구조

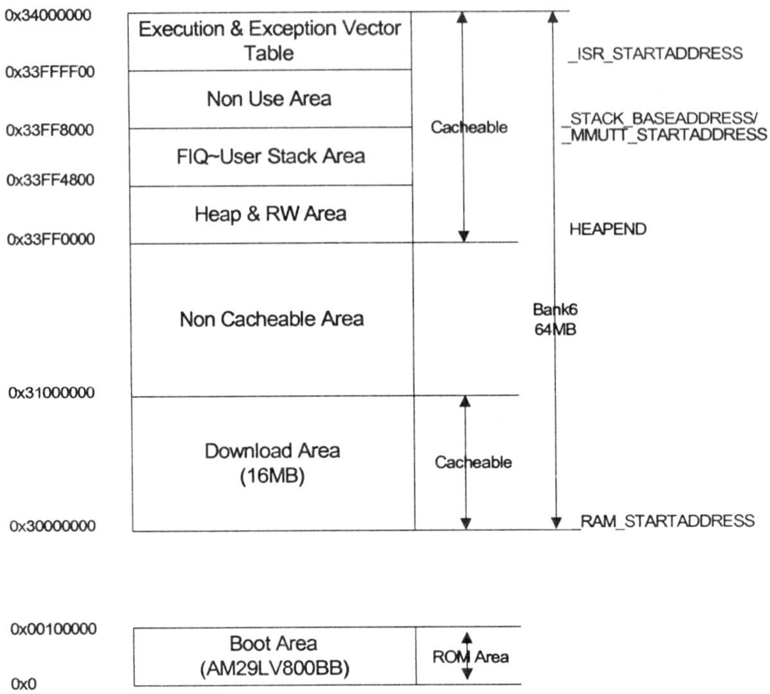

[그림 9-4] MBA2440 Memory Map

9.2.2. C 예제 프로그램

다음과 같은 C 프로그램을 작성하고 이를 타깃 보드에서 수행한다.

간단한 C Main 프로그램

```
#include <stdio.h>
int main()
{
    int i, j;
    for (i=0;i<100;i++){
            j=i+j;
    }
    while(1);
}
```

9.3. 프로젝트 및 Spider 옵션 설정

9.3.1. 프로젝트 옵션 설정

시뮬레이터가 아닌 실제 타깃 시스템에 이미지를 다운로딩하기 위해서는 몇 가지 옵션을 변경해야 한다.

1. General Setting

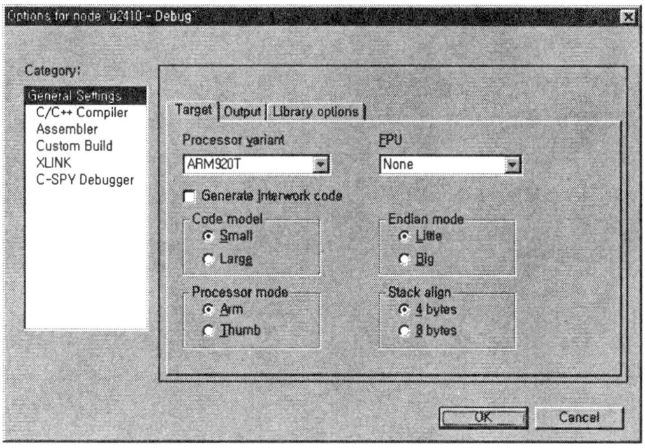

[그림 9-5] 타깃 옵션 설정창

■ Target 페이지

보통 Target 프로세서, Endian 및 명령어 모드를 설정하고 그외에는 기본값을 사용한다. 여기에서는 다음과 같이 설정한다.

- Processor variant : ARM920T
- Code model : small
- Endian mode : little
- Processor mode : arm
- Stack align : 4bytes

2. C/C++ Compiler

C/C++ 컴파일러 관련 옵션을 설정하는 부분으로 기본값을 사용한다.

3. Assembler

Assembler 관련 옵션을 설정하는 부분으로 기본값을 사용한다.

4. XLINK

■ Output 페이지

〈Format (출력 이미지 포맷)〉

향후 실습에서는 Spider 디버거로 실행할 것이며 이를 위해서는 Output 포맷을 ELF로 변경해야 한다(C-SPY로 디버깅하고자 한다면 기존 옵션을 그대로 사용한다).

Format : Others - elf/dwarf(Spider 디버거로 디버깅할 경우)
Debugging Information with C-SPY runtime I/O(C-SPY 디버거로 디버깅할 경우)

■ Config 페이지

〈XCL file name〉

－Override default 체크 후 XCL 파일 선택

■ Debugger

Spider가 아닌 C-SPY 디버거를 사용할 경우에는 다음과 같이 설정한다.

■ Simulator 페이지

－Driver : RDI

■ RDI 페이지

－Manufacturer RDI driver : OPENice__A950.dll

9.3.2. Spider 옵션 설정

Spider를 실행한 후 [Option]-[Configure Interface] 메뉴를 선택하여 아래와 같이 설정한다.

■ **Remote 페이지**

PC와 OPENice-A950간의 통신 방식을 설정한다.

－Remote Set : USB

■ **SMU 페이지**

－SMU Set : MBA2440

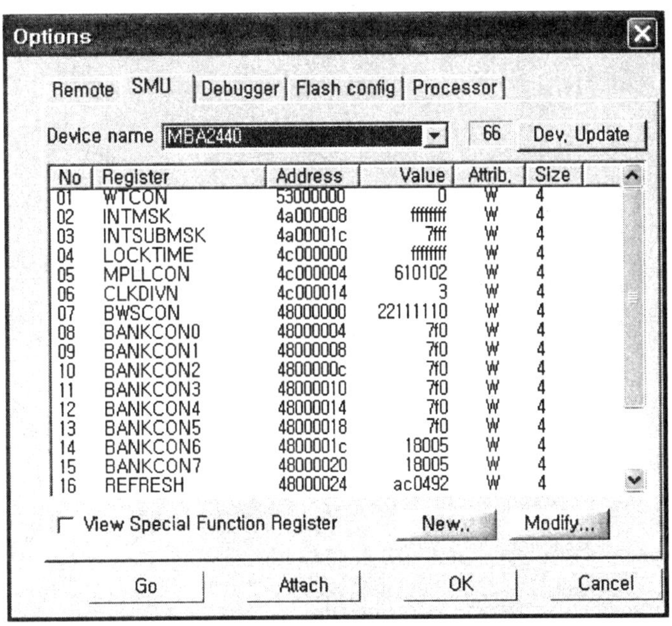

[그림 9-6] SMU setting

■ **Debugger 페이지**

－Byte Sex : Little Endian

－JTAG Clock : 10MHz

－SysReset Enable : 체크

－SycReset Enable : 체크

－Execute boot code : 체크 안함

－SMU Always Init : 체크

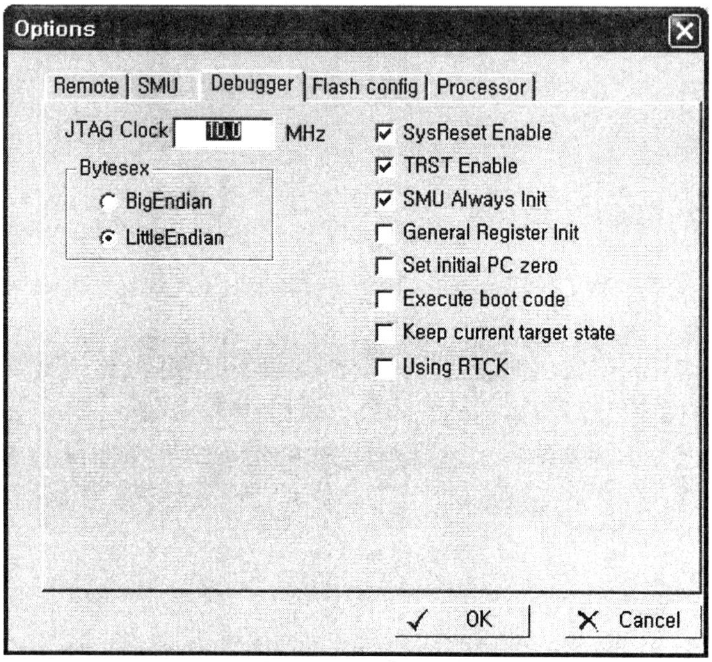

[그림 9-7] Debugger setting

9.4. 실제 타깃 시스템에서의 디버깅 실습

9.4.1. 실습의 목적

실습 환경 구축과 실제 타깃 시스템에 이미지를 다운로드하여 실행하는 방법을 습득한다.

9.4.2. 방법 및 절차

■ 단계 1

초기화 루틴을 포함한 주어진 프로그램을 빌드하기 위하여 EWARM을 실행하여 새로운 Workspace 및 프로젝트를 만들고 프로젝트를 실습 보드 환경에 맞도록 설정한다. 이에 관해서는 1장의 예제를 참조한다.

■ 단계 2

앞에서 작성한 C 예제 소스를 프로젝트에 추가한다.

■ 단계 3

프로젝트 옵션을 설정한 후 프로젝트를 컴파일/링킹하여 이미지 파일(*.elf)을 생성한다. 옵션 설정은 9.3.1.의 프로젝트 옵션 설정을 참조한다.

■ 단계 4

생성된 이미지 파일을 프로젝트 옵션을 설정한 후 프로그램을 빌드하고 Spider를 사용하여 실습 보드(MBA2440)에 로드한다. 프로그램은 0x30000000번지부터 적재된다. 옵션 설정은 9.3.2.의 Spider 옵션 설정을 참조한다.

■ 단계 5

변수창(Variable window)을 열어서 지역 변수(i, j)의 값 변화를 확인한다.

9.4.3. 제출물

타깃 보드를 이용한 실습의 경우 필요한 프로젝트 타깃 세팅과 실습 환경 연결을 위한 절차에 대한 내용을 정리하여 보고서로 작성한다.

제10장

초기화 코드 실습

본 실습에서는 실습 보드에서 사용하는 시스템 초기화 루틴에 대하여 살펴보고 실습 코드의 동작을 확인한다. 초기화 루틴은 시스템의 Power-On 또는 Reset시에 최초로 수행되는 코드로서 리셋에 의하여 메모리에 0번지부터 읽혀져서 실행된다. 이 루틴은 0번지에서 플래시 메모리에 위치하며 시스템 초기화를 위한 메모리 설정, 클록 및 파워 설정, 예외 처리 구조 설정 등을 수행하고 C함수를 호출하기 위한 스택 설정 및 RAM 데이터를 초기화시킨다.

이 코드는 통상 어셈블리어로 작성한다.

- 타깃 시스템 초기화 순서
- 예외처리 벡터 설정
- 예외처리 핸들러 루틴
- 메모리 시스템 초기화 루틴
- 스택포인터 초기화 루틴
- C 언어용 메모리 초기화(ROM → RAM) 루틴

10.1. 실습 보드 초기화 코드 소개

실습 보드에서 수행하는 초기화 단계는 다음과 같다. 각각의 루틴에 대한 자세한 사항은 뒤에 자세히 설명되어 있다.

- 예외처리 벡터 설정
- 예외처리 핸들러 작성
- 메모리 시스템 초기화
- 스택포인터 초기화
- C 언어용 메모리 초기화(ROM -> RAM)
- C 코드로 진입 코드

10.1.1. 예외처리 벡터 설정

ARM 프로세서는 예외가 발생할 경우에 하드웨어적으로 분기하는 주소가 정해져 있고 이것은 0번지부터 각각 4바이트씩 (4바이트×8)에 할당되어 있다. 그 중 하나는 예약되어 있는 워드로서 총 7가지의 예외마다 예외 벡터가 할당되어 있다. 따라서 프로그램의 0번지는 다음과 같은 코드로 구성된다.

예외처리 벡터 설정

```
RSEG    DATA_ID:DATA(2)
RSEG    DATA_I:DATA(2)
RSEG    DATA_Z:DATA(2)

EXTERN Main     // The main entry of mon program

RSEG    ICODE:CODE:NOROOT(2)
PUBLIC  __program_start

          LTORG
        CODE32  ; Always ARM mode after reset
        org     0
```

```
__program_start
                B  ?cstartup
                B  HandlerUndef
                B  HandlerSWI
                B  HandlerPabort
                B  HandlerDabort
                B  .
                B  HandlerIRQ
                B  HandlerFIQ
```

EWARM 컴파일러는 프로그램의 시작은 옵션에서 특별히 지정하지 않는 이상 ____program__start라고 가정하고 컴파일을 수행한다. 따라서 프로그램의 시작위치에 ____program__start를 반드시 입력해줘야 한다.

CODE32는 향후 명령어를 32비트 ARM 명령어로 간주하는 의미이다.

ARM에서 Exception은 0번지에서부터 4바이트씩 할당되어 있으므로 Org 지시어를 사용하여 0번지에 Exception 관련 코드가 작성될 수 있도록 되어 있다.

예외 발생 시 ARM 프로세서는 해당 벡터 어드레스로 분기하여 해당 어드레스에 저장된 주소를 PC에 입력하여 실제 인터럽트 처리 루틴으로 분기하게 된다.

6번째 워드는 예약된 영역이기 때문에 분기되어 올 수 있는 번지가 아니며 오류에 의하여 분기되어 왔다면 제자리에서 무한 루프를 돌도록 되어 있다.

[그림 10-1]은 메모리 레이아웃과 예외의 발생 시에 다시 예외 루틴을 호출하는 것을 보여준다.

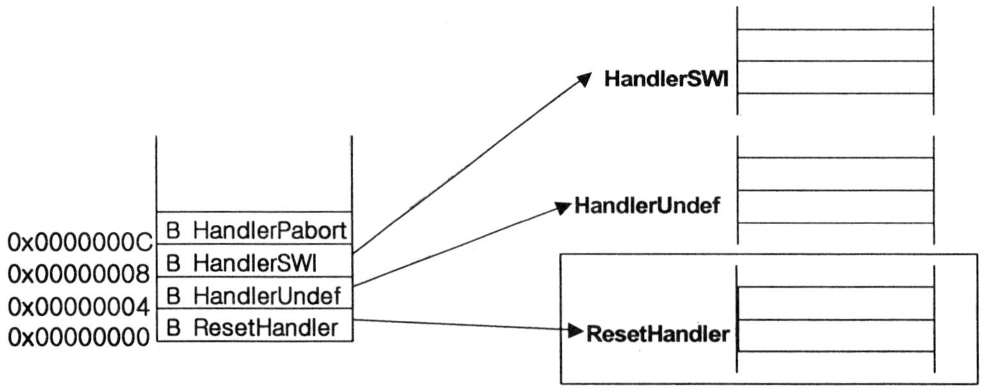

[그림 10-1] 예외처리 벡터 테이블

10.1.2. 예외처리 핸들링 구조

예외가 발생하였을 경우에 수행되는 예외처리 루틴(Exception Handler)은 ROM 영역에 위치하는 방법과 RAM 영역에 위치하는 방법으로 나누어질 수 있다. ROM 영역에 위치하는 방법은 예외처리 루틴을 ROM 영역에 위치시키며 예외 벡터 명령어에서 직접 호출하는 방법을 사용하며 이 경우 간단하지만 ROM이 느릴 경우에 속도저하와 동적으로 예외처리 루틴을 재사상(remapping)할 수 없다는 단점을 갖는다.

RAM 영역에 위치하는 방법은 처리 루틴을 RAM 영역에 두고 예외의 발생 시에 예외 벡터 명령어에서 ROM 영역의 루틴으로 분기하고 다시 ROM 영역의 루틴에서 RAM 영역의 루틴으로 분기하여 처리하는 방식이다. 이 방식은 실제적인 예외의 처리를 위한 루틴까지 진입하는 데 시간이 걸리는 단점이 있지만 빠른 RAM일 경우에 처리 속도가 빠르며 무엇보다도 동적으로 처리 루틴을 재설정할 수 있다는 장점이 있다.

다음은 FIQ 예외를 처리하기 위하여 RAM 영역에 처리 루틴 저장 방식의 코드 예를 보여준다.

예외처리 초기화

```
    sub      sp,sp,#4          ;decrement sp(to store jump address)
    stmfd    sp!,{r0}          ;PUSH the work register to stack
    ldr      r0,= HandleXXX    ;load the address of HandleXXX to r0
    ldr      r0,[r0]           ;load the contents(service routine start address) of
                                HandleXXX
    str      r0,[sp,#4]        ;store the contents(ISR) of HandleXXX to stack
    ldmfd    sp!,{r0,pc}       ;POP the work register and pc(jump to ISR)

_ISR_STARTADDRESS EQU 0x33ffff00
    :
            RSEG     _ISR_STARTADDRESS:DATA(2) _isr_init:
_isr_init:
HandleReset      DS32   1
HandleUndef      DS32   1
HandleSWI        DS32   1
HandlePabort     DS32   1
HandleDabort     DS32   1
```

```
HandleReserved DS32    1
HandleIRQ       DS32    1
HandleFIQ       DS32    1

HandleEINT0     DS32    1
HandleEINT1     DS32    1
HandleEINT2     DS32    1
HandleEINT3     DS32    1
      :
```

위의 예는 FIQ의 경우에만 보여주고 있지만 리셋 예외를 제외한 모든 예외에서 처리하는 방법이다. 특정 RAM 영역에 발생한 예외를 처리할 예외처리 루틴들의 주소를 저장하는 장소를 마련한다. 프로그램 상에서는 RSEG, DS32를 사용하여 0x33FFFF00 위치부터 워드 표를 만들고 있다. 각 필드의 라벨마다 해당하는 처리 루틴의 주소를 넣도록 구성된다. 그리고 각 예외가 발생하였을 경우에 그 표에 접근하여 처리 루틴의 주소를 가져와서 그곳으로 분기하는 루틴을 HandlerFIQ와 같은 형태로 구성한다.

HandlerFIQ는 FIQ 예외가 발생하였을 경우에 예외 벡터 명령어에 의하여 호출되며 레지스터의 내용 변화없이 처리 루틴으로 분기할 수 있게 하는 코드이다. 따라서, 추후에 RAM 영역인 HandleFIQ에 FIQ 예외 처리 루틴의 주소를 설정하면 FIQ 예외 발생 시에 자동으로 수행될 수 있으며 동적으로 다시 설정할 수 있다.

10.1.3. 시스템 초기화

다음 프로그램은 리셋 예외 루틴의 시작을 보여 준다. 처음에 WDT의 동작을 멈추게 하기 위하여 WDT 제어 레지스터에 0을 설정한다. WDT는 리셋 값이 enable이기 때문에 먼저 동작을 멈추게 하면 리셋 이후 초기화 중에 다시 리셋이 걸리는 것을 막을 수 있다.

시스템 초기화

```
ResetHandler
  ldr        r0,=WTCON       ;watch dog disable
  ldr        r1,=0x0
  str        r1,[r0]
```

```
    ldr        r0,=INTMSK
    ldr        r1,=0xffffffff  ;all interrupt disable
    str        r1,[r0]
    ldr        r0,=INTSUBMSK
    ldr        r1,=0x3ff       ;all sub interrupt disable
    str        r1,[r0]
    ;:
    ldr        r0,=SMRDATA
    ldr        r1,=BWSCON      ;BWSCON Address
    add        r2, r0, #52     ;End address of SMRDATA
    ;
  SMRDATA DATA

    DCD   (0+(B1_BWSCON<<4)   +   (B2_BWSCON<<8)   +   (B3_BWSCON<<12)   +
(B4_BWSCON<<16) + (B5_BWSCON<<20) + (B6_BWSCON<<24) + (B7_BWSCON<<28))
    DCD ((B0_Tacs<<13)+(B0_Tcos<<11) + (B0_Tacc<<8) + (B0_Tcoh<<6) + (B0_Tah<<4) +
(B0_Tacp<<2) + (B0_PMC))   ;GCS0
    DCD ((B1_Tacs<<13) + (B1_Tcos<<11) + (B1_Tacc<<8) + (B1_Tcoh<<6) + (B1_Tah<<4)
+ (B1_Tacp<<2) + (B1_PMC))   ;GCS1
    DCD ((B2_Tacs<<13) + (B2_Tcos<<11) + (B2_Tacc<<8) + (B2_Tcoh<<6) + (B2_Tah<<4)
+ (B2_Tacp<<2) + (B2_PMC))   ;GCS2
    DCD ((B3_Tacs<<13) + (B3_Tcos<<11) + (B3_Tacc<<8) + (B3_Tcoh<<6) + (B3_Tah<<4)
+ (B3_Tacp<<2) + (B3_PMC))   ;GCS3
    DCD ((B4_Tacs<<13) + (B4_Tcos<<11) + (B4_Tacc<<8) + (B4_Tcoh<<6) + (B4_Tah<<4) +
(B4_Tacp<<2) + (B4_PMC))   ;GCS4
    DCD ((B5_Tacs<<13) + (B5_Tcos<<11) + (B5_Tacc<<8) + (B5_Tcoh<<6) + (B5_Tah<<4) +
(B5_Tacp<<2) + (B5_PMC))   ;GCS5
    DCD ((B6_MT<<15) + (B6_Trcd<<2) + (B6_SCAN))     ;GCS6
    DCD ((B7_MT<<15) + (B7_Trcd<<2) + (B7_SCAN))     ;GCS7
    DCD  ((REFEN<<23)  +  (TREFMD<<22)  +  (Trp<<20)  +  (Trc<<18)  +  (Tchr<<16)  +
REFCNT)
    DCD 0x32            ;SCLK power saving mode, BANKSIZE 128M/128M
    DCD 0x30            ;MRSR6 CL=3clk
    DCD 0x30            ;MRSR7
```

10.1.4. 스택 초기화

스택 초기화는 C 프로그램을 수행할 수 있는 환경을 구축하기 위하여 필요하다. C 프로그램은 함수를 호출할 경우에 인수와 지역 변수를 위하여 스택을 필요로 하며 각 프로세서 모드 별로 프로그램이 돌 수 있기 때문에 각 모드 별로 스택을 초기화시켜야 한다. 이를 위하여 리셋 이후에 SVC 모드에서 소프트웨어적으로 각 모드로 변화시켜가면서 해당 모드의 스택포인터로 사용되는 SP값을 미리 정의한 값으로 설정한다.

스택 초기화

```
InitStacks
        mrs     r0,cpsr
        bic     r0,r0,#MODEMASK
        orr     r1,r0,#UNDEFMODE|NOINT
        msr     cpsr_cxsf,r1            ;UndefMode
        ldr     sp,=UndefStack

        orr     r1,r0,#ABORTMODE|NOINT
        msr     cpsr_cxsf,r1            ;AbortMode
        ldr     sp,=AbortStack

        orr     r1,r0,#IRQMODE|NOINT
        msr     cpsr_cxsf,r1            ;IRQMode
        ldr     sp,=IRQStack

        orr     r1,r0,#FIQMODE|NOINT
        msr     cpsr_cxsf,r1            ;FIQMode
        ldr     sp,=FIQStack

        bic     r0,r0,#MODEMASK|NOINT
        orr     r1,r0,#SVCMODE
        msr     cpsr_cxsf,r1            ;SVCMode
        ldr     sp,=SVCStack

        ;USER mode has not be initialized.

    mov     pc,lr
```

스택 초기화하는 루틴은 함수로 구현되어 있다. 따라서 모드를 변환시키더라도 함수에서 복귀하기 전에는 다시 호출될 당시의 모드로 바뀌어 있어야만 리턴문이 정확하게 동작할 수 있다.

10.1.5. C 언어용 데이터 영역 초기화 및 C 함수 진입

읽기 쓰기(RW: Read/Write)가 가능한 데이터를 포함한 프로그램을 작성할 경우에는 반드시 RAM이 필요하며 이들 데이터는 프로그램의 수행 시에 RAM 영역에 위치하여야 한다. 일반적으로 내장형 시스템에서는 만들어진 프로그램을 플래시 메모리에 저장하고, 실행 시에 명령어들과 RO(Read-Only) 데이터 들은 플래시 메모리에서 접근을 하며, RW 데이터는 RAM에 복사하여 접근을 하도록 구성한다. 이를 위하여 링커에게 프로그램 메모리의 시작 번지와 데이터 메모리의 시작 번지를 명시해 주어 실제 실행할 시의 프로그램이 빌드될 수 있도록 한다. (IAR Xlinker는 XCL 파일에 있는 설정 값을 참조로 링킹 작업을 수행한다.)

이러한 초기화 루틴은 C 컴파일러에서 제공하는 초기화 라이브러리를 사용하면 문제가 없으나 내장형 시스템(Embedded System)의 경우 이러한 초기화 데이터 및 변수 이외에도 시스템 관련 초기화 설정이 필요하다.

따라서 기본 라이브러리를 사용하지 않고 사용자가 직접 데이터 및 변수 초기화에 필요한 코드를 작성해야 한다.

이것은 컴파일러마다 작성하는 방법이 조금씩 다르며 같은 컴파일러라도 버전에 따라서 다를 수 있다. IAR EWARM 4.11의 경우에는 특별히 설정하지 않아도 되지만 다음과 같은 루틴을 작성하여 초기화 기능을 수행할 수 있다.

데이터 영역 초기화

```
            //Copy and paste RW data/zero initialized data
    ldr     r0, =SFE(DATA_ID)       // Get pointer to ROM data
    ldr     r1, =SFB(DATA_I)        // and RAM copy
    ldr     r3, =SFE(DATA_I)

    //Zero init base => top of initialised data
    cmp     r0, r1                  // Check that they are different
    beq     __xx07
__xx06
    cmp     r1, r3                  // Copy init data
    ldrcc   r2, [r0], #4            //--> LDRCC r2, [r0] + ADD r0, r0, #4
    strcc   r2, [r1], #4            //--> STRCC r2, [r1] + ADD r1, r1, #4
    bcc     __xx06
__xx07
    ldr     r1, =SFE(DATA_Z)        // Top of zero init segment
```

```
    mov     r2, #0
__xx08
    cmp     r3, r1       // Zero init
    strcc   r2, [r3], #4
    bcc     __xx08
```

10.2. 초기화 루틴 실습

10.2.1. 실습의 목적

주어진 초기화 루틴을 해석하고 동작을 이해할 수 있도록 한다.

10.2.2. 방법 및 절차

■ 단계 1

EWARM을 실행하여 새로운 Workspace 및 프로젝트를 생성한다.

■ 단계 2

작성한 파일을 프로젝트에 추가하고 9장에서와 같이 프로젝트 옵션을 설정한다. 프로젝트를 컴파일/링킹하여 이미지 파일(*.elf)를 생성한다.

■ 단계 3

스파이더를 실행하고 9장에서와 같이 옵션을 설정한 후 [File]-[Load Image]를 선택하여 생성한 이미지를 실습 보드(MBA2440)에 다운로딩한다. 프로그램은 0x30000000번지부터 적재된다.

■ 단계 4

프로그램을 스텝으로 진행시키며 제어 레지스터의 설정을 진행한다. 이 때

S3C2440 설명서를 참고하여 레지스터의 의미와 프로그램의 설정을 확인하여 동작의 의미를 확인한다.

■ **단계 5**

스택 초기화 루틴의 동작을 따라가며 모드 변화와 스택 값의 설정을 확인한다.

■ **단계 6**

메모리 관찰 창을 열고 RW 데이터와 ZI 데이터의 복사 및 설정 프로그램의 진행 이후의 데이터 내용을 확인한다.

10.2.3. 결과물 제출

- 초기화 코드 분석 보고서
- 초기화 루틴 수행시 프로그램의 동작 기술

10.2.4. 추가 실습 과제

RW Base를 설정하지 않은 상태에서 빌드를 수행하였을 때 프로그램의 동작이 달라지는 부분을 찾고 이를 확인한다.

제11장

입출력 포트를 이용한 LED 제어 실습

이 장은 입출력 포트를 이용한 LED 제어를 통하여 입출력 포트의 기능과 제어 방식을 설명하고, C언어를 이용하여 하드웨어 제어 방법을 습득하기 위한 장이다.

- 입출력 포트에 대한 이해
- S3C2440의 입출력 포트
- 입출력 포트를 통한 LED 제어 실습

11.1. 입출력 포트란

입출력 포트(Input/Output Port)은 외부 장치의 on-off 제어를 수행하기 위하여 논리 값 1 또는 0을 출력하거나 외부 장치의 이진 상태를 입력받기 위해 사용된다. 또한 외부에 출력하기 위해 특정 신호를 소프트웨어적으로 만들어 출력시키고자 할 때도 사용될 수 있다. 예를 들어 프로세서가 제어하고자 하는 전등이 4개가 있다고 가정할 때 출력 포트 핀 4개를 사용하면 각각의 전등의 켜고 끄는 것을 제어할 수 있다.

11.2. S3C2440의 입출력 포트

S3C2440은 총 130개의 다기능 입출력 핀으로 구성되어 있으며 각 핀들은 9개의 포트 그룹으로 나누어 관리되며, 포트 그룹은 다음과 같다.

- Port A : 25비트 출력 포트
- Port B : 11비트 입출력 포트
- Port C : 16비트 입출력 포트
- Port D : 16비트 입출력 포트
- Port E : 16비트 입출력 포트
- Port F : 8비트 입출력 포트
- Port G : 16비트 입출력 포트
- Port H : 9비트 입출력 포트
- Port I : 13비트 입출력 포트

보통 포트들이 사용하는 칩의 핀은 일반적인 입출력 기능 외에 다른 신호 핀으로 사용될 수 있도록 멀티플렉싱되어 있다. 이는 칩의 입출력 핀의 개수가 제한되어 있기 때문에 포트를 위한 전용핀을 사용할 만한 충분한 수의 핀이 없기 때문이다.

따라서 포트를 사용하고자 할 경우에는 멀티플렉싱되어 있는 다른 신호 선을 사용하지 않을 경우에만 가능하도록 되어 있다. 시스템을 설계할 경우에는 이를 잘 고려하여 사용할 포트를 선택해야 한다.

S3C2440의 경우 입출력 포트일 경우에는 포트 그룹이 16비트를 넘지 않도록 되어 있다. 그 이유는 포트를 사용하기 위하여 포트를 구성할 경우에 각 비트마다 입력, 출력 또는 다른 신호기능 중의 하나를 선택하여야 하고 이를 프로그래밍하기 위해서는 각 비트마다 2비트가 필요하게 된다. 포트 그룹의 크기가 16비트를 넘게 되면 포트를 구성할 경우에 필요한 비트의 수가 32개를 넘게 되며 32비트 아키텍처인 ARM에서는 한번에 읽고 쓸 수 있는 최대 데이터 크기가 4바이트이기 때문에 포트 그룹을 구성하기 위하여 2개 이상의 명령어가 필요하기 때문이다.

물론, 포트 A그룹과 같이 출력 포트일 경우에는 포트기능과 다른 신호 기능 중에서 각 포트 핀을 선택하기 때문에 32비트까지 가능하다.

11.3. 입출력 포트를 통한 LED 제어 실습

본 실습에서는 교육보드 상에서 포트 A에 연결되어 있는 2개의 LED를 on-off 제어하기 위하여 포트 A그룹을 위한 핀을 구성하고 포트 A에 데이터를 조작하고 출력하는 방법을 익힌다. [그림 11-1]은 교육보드 상에서의 LED 연결 회로를 보여주고 있다. 회로도를 보면 LED 4가 포트 A의 21번 핀에 연결되어 있다. LED에는 보통 3.3mA 정도의 전류가 흐르면 불이 켜진다. 현재 V_{DD}가 3.3V이고 저항은 1kΩ이기 때문에 LED_STATUS가 0V가 되면 3.3mA의 전류가 흘러 LED에 켜진다.

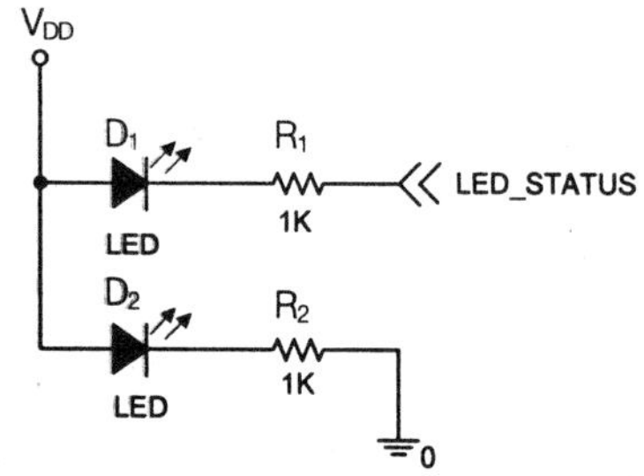

[그림 11-1] LED 회로

회로의 구성상 LED의 불을 켜기 위해서는 포트 핀에 0을 출력시켜야 하며 불을 끄기 위해서는 1을 출력시켜야 한다. 보통 보드상의 LED는 현재 시스템의 동작 상황을 표시하기 위하여 사용되어진다. 즉, 전원의 on-off 여부, 통신 라인의 데이터 전송 또는 받는 상황, 장치의 Run 또는 Halt 등의 상태를 표시한다. 이외에도 포트는 가장 쉽게 초기화하여 동작할 수 있기 때문에 초기 시스템의 개발 시에 디버깅 용도로도 사용한다. 여러 개의 LED를 구성하여 놓고 초기화 루틴 개발 시에 프로그램의 진행에 따라 특정 형태의 패턴을 표시하게 하면 패턴을 보고 현재 프로그램의 진행 상태를 파악할 수 있고 에러가 발생했을 경우에 에러의 지점을 확인할 수 있다.

참고로 WinCE를 올리는 시스템의 경우 8개의 LED를 써서 시스템의 디버깅에 활용하도록 권고하고 있다. 보드의 각종 장치를 제어하기 위해서는 장치의 회로 연결 및 장치의 기능, 동작을 정확히 이해해야 한다. 현재 회로에서서는 포트 F그룹의 4번부터 7번까지가 LED 회로에 연결되어 사용되고 있으며 나머지 핀들은 다른 기능으로 사용되고 있다.

포트 F 그룹의 핀 구성 및 출력 데이터를 위한 레지스터는 다음과 같다.

〈표 11-1〉 포트 A 제어 레지스터

레지스터	주 소	속 성	설 명	초기값
GPFCON	0x56000050	R/W	Port F 제어 레지스터	0x0
GPADAT	0x56000054	R/W	Port F 데이터 레지스터	Undefined
GPFUP	0x56000058	R/W	Port F 풀업 레지스터	0x000
Reserved	0x5600005C	-	Reserved	

GPFCON	Bit	설 명	
GPF 7	[15:14]	00 = Input 10 = EINT[7]	01 = Output 11 = Reserved
GPF 6	[13:12]	00 = Input 10 = EINT[6]	01 = Output 11 = Reserved
GPF 5	[11:10]	00 = Input 10 = EINT[5]	01 = Output 11 = Reserved
GPF 4	[9:8]	00 = Input 10 = EINT[4]	01 = Output 11 = Reserved

GPF 3	[7:6]	00 = Input 10 = EINT [3]	01 = Output 11 = Reserved
GPF 2	[5:4]	00 = Input 10 = EINT [2]	01 = Output 11 = Reserved
GPF 1	[3:2]	00 = Input 10 = EINT [1]	01 = Output 11 = Reserved
GPF 0	[1:0]	00 = Input 10 = EINT [0]	01 = Output 11 = Reserved

GPFCON 레지스터는 포트 핀의 기능을 설정하기 위한 레지스터이고, GPFDAT 레지스터는 출력 포트 핀에 원하는 데이터를 쓰기 위한 레지스터이다. PCONA는 초기 값으로 포트 이외의 기능으로 동작하도록 설정되어 있으며, 포트를 초기화할 시에 회로에 맞추어 GPFCON를 설정하고 그 다음 GPFDAT 레지스터를 이용하여 출력 핀의 값을 설정해야 한다.

11.4. LED 제어 프로그램 설명

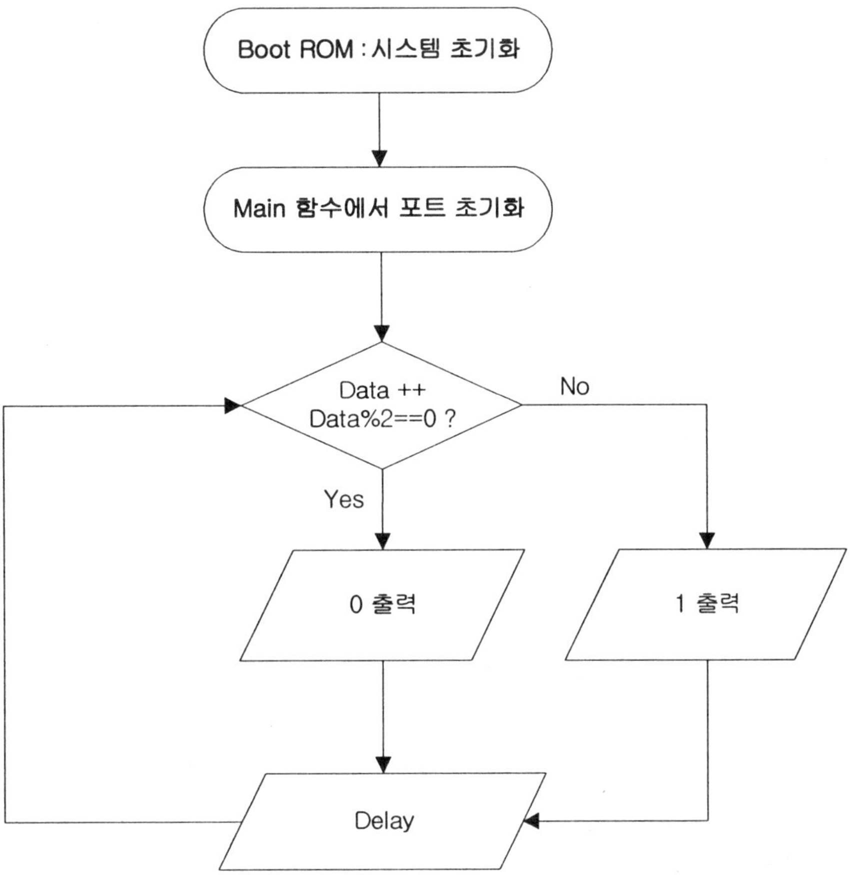

[그림 11-2] 프로그램 흐름도

다음 프로그램은 LED 제어를 위한 예제 프로그램이다.

Port_Init()함수에서 PORT F GROUP의 rGPFCON = 0x5500;으로 설정한다. S3C2440에서는 4~5번 핀을 사용하므로 0x5500으로 설정하였다.

LED 테스트 프로그램

```
#define rGPFCON    (*(volatile unsigned *)0x56000050) //Port F control
#define rGPFDAT    (*(volatile unsigned *)0x56000064) //Port F data
void Main(void)
{
    int i, j , k=1;
    Port_Init();                          // LED Port Initialization
    while(1)
    {
            for (i=0; i<16; i++)          // Dispaly from 0 to 15
            {
                    Led_Display(i);
                    for (j=0; j<300000; j++);   //LED가 display되는 속도 조정
            }
    }
}
void Led_Display(int data)
{

    // LED가 깜빡이도록 프로그램 작성

}

void Port_Init(void)
{
   //=== PORT F GROUP

   //Ports  : GPF7   GPF6   GPF5   GPF4     GPF3     GPF2  GPF1   GPF0
   //Signal : nLED_8 nLED_4 nLED_2 nLED_1 nIRQ_PCMCIA EINT2 KBDINT
EINT0

   //Setting: Output Output Output Output    EINT3    EINT2 EINT1  EINT0
   //Binary :  01      01 ,  01      01 ,     10        10 , 10      10

   rGPFCON = 0x5500;  // GPF7~4 i/o port, GPF3~0 interrupt

}
```

11.5. LED 제어 실습

11.5.1. 실습 목적

입출력 포트를 이용한 LED 제어를 통해 입출력 포트의 기능과 제어 방식을 이해한다.

11.5.2. 실습 방법 및 절차

■ 단계 1

MBA2440보드의 실습환경을 세팅하고 EWARM을 실행하여 Workspace 및 프로젝트를 생성한다.

■ 단계 2

제공되는 초기화 루틴과 보조 프로그램들을 프로젝트에 포함시킨다.

■ 단계 3

common 폴더의 ioport.c의 Port_Init() 함수내의 포트 F그룹을 위한 제어값을 설정한다.

Led_Display() 함수의 데이터 출력문을 완성한다. 이 함수는 0부터 3까지의 정수값을 인수로 받아들여 그 값을 LED에 해당 2진수로 표현한다.

■ 단계 4

9장에서와 같이 프로젝트 옵션을 설정한 후 소스를 컴파일 및 링킹하여 디버깅 정보가 포함된 *.elf 파일을 생성한다.

■ 단계 5

스파이더를 실행하고 9장에서와 같이 옵션을 설정한 후 [File]-[Load Image]를 선택하여 생성한 이미지를 실습 보드(MBA2440)에 다운로딩한다. 프로그램은 0x30000000번지부터 적재된다.

■ 단계 6

스파이더에 로드한 이미지를 실행하여 MBA2440보드에서의 LED변화를 확인한다.

포트 초기화와 Led__Display() 함수가 정확히 세팅되면 프로그램을 step-by-step으로 진행했을 경우에 LED를 통하여 프로그램의 진행을 확인할 수 있다.

11.5.3. 결과물 제출

- GPIO에 대한 사전 보고서
- 완성한 프로그램 및 프로그램 설명

11.5.4. 추가 실습 과제

회로도를 분석하여 입력 스위치에 연결되어 있는 포트를 확인하고 이 포트를 입력으로 설정하여 스위치의 on-off 정보를 입력하는 프로그램을 작성한다. 이 결과를 LED로 다시 표시되게 한다.

제12장

PLL을 이용한 시스템 동작 주파수 제어

PLL 제어 실습은 PLL의 동작 원리 및 이를 이용한 동작 주파수 변환 실습을 통해 PLL에 대한 이해의 폭을 넓히는 데 목적이 있다.

- PLL 소개
- S3C2440의 PLL
- PLL을 통한 클록 제어

12.1. PLL이란

PLL이란 Phase Locked Loop의 약어이며, 우리말로 하자면 위상 동기 루프 또는 위상 고정 루프라고 하는데 출력의 신호 주파수를 항상 일정하게 유지하도록 구성된 주파수 부귀환 회로를 말한다.

보통, 시스템의 동작은 외부의 낮은 주파수를 PLL을 통하여 높은 주파수로 증가시키고 이를 동작 클록으로 하여 내부 회로를 구동시킨다. 그 이유는 칩 내부에 동작은 높은 주파수에서 동작할 수 있더라도 외부에서 공급하는 클록의 주파수를 이에 맞게 공급할 수 없기 때문이다. 또한 칩의 전력 소모는 동작 주파수에 비례하므로 칩이 많은 일을 하지 않을 경우에는 동작 주파수를 조정하여 전력 소모를 줄일 수 있게 하기 위함이다.

12.2. S3C2440의 PLL

[그림 12-1]은 S3C2440 프로세서에서 MCLK를 발생시키는 블록도이다.

실습보드(MBA2440)에 외부에서 공급되는 크리스탈 주파수는 12MHz이며 따라서 PLL의 입력 주파수 Fin은 12MHz로 고정되어 있는 것이다. 회로에 의하면 EXTCLK는 사용하지 않는 것으로 되어 있다.

S3C2440 프로세서에서 PLL을 통해서 어떻게 원하는 시스템 주파수를 얻을 수 있는지에 대해서 다음에 자세히 동작원리와 함께 설명되어 있다.

상당히 복잡해 보이는 PLL제어도 프로그래머의 입장에서 본다면 단순히 PLL 제어 레지스터에 몇 개의 값을 입력하는 것만으로 원하는 시스템 주파수를 얻을 수 있다.

각 값은 다음의 수식을 통해서 MDIV, PDIV, SDIV를 얻은 후에 이들을 PLL 제어 레지스터에 입력하면 된다.

```
Mpll =  (2 * m * Fin) / (p * 2^s)
m = (MDIV+ 8), p = (PDIV+ 2), s = SDIV
```

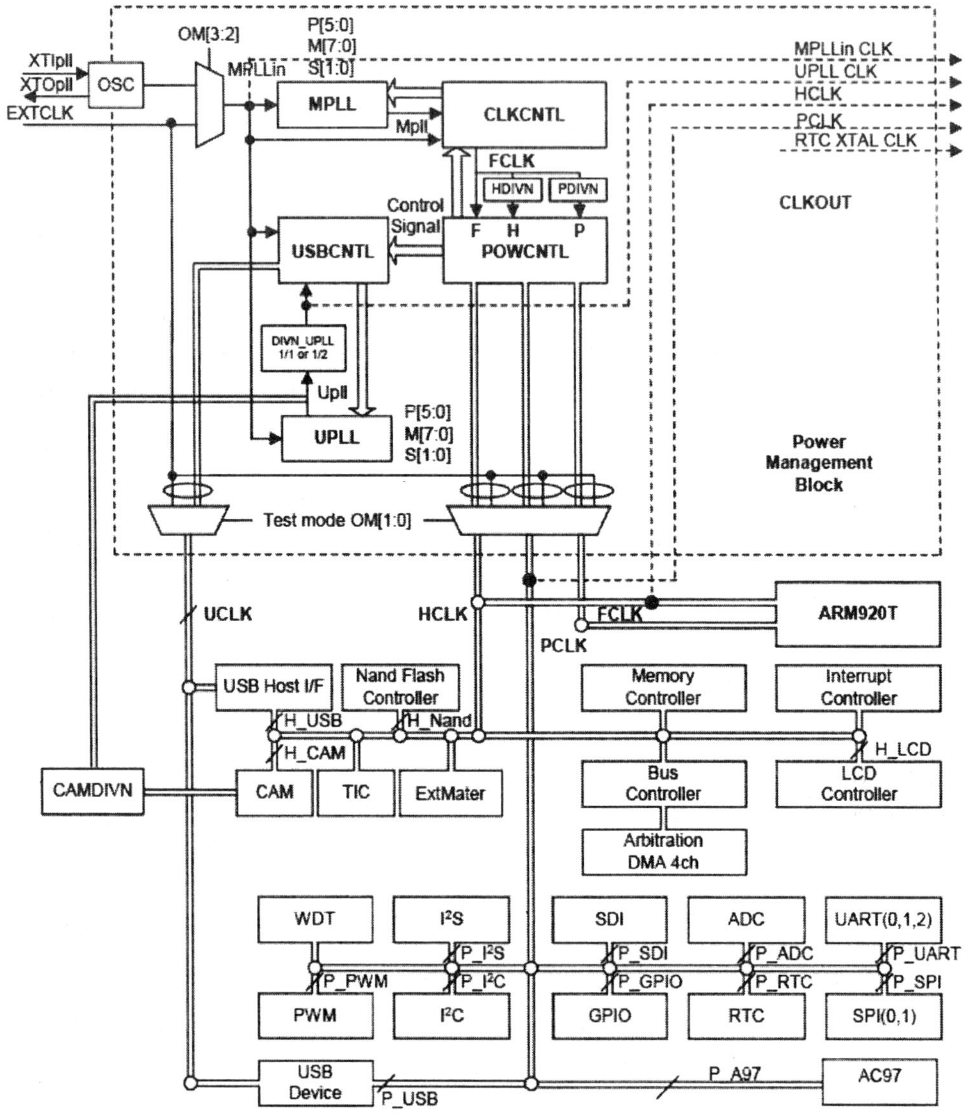

[그림 12-1] S3C2440 클록 발생기 블록도

S3C2440의 PLL을 통한 시스템 주파수 출력 원리

[그림 12-2]는 PLL의 블록도이다. 입력 주파수 Fin은 P값에 의하여 분주되고 이 분주된 Fref는 VCO의 출력 주파수가 M값에 의해 분주된 Fvco와 비교가 되고 차가 0이 되도록 회로가 VCO의 전압을 발생시킨다.

안정된 VCO의 출력 주파수는 다시 S값에 의하여 최종 주파수(MPLL)가 출력된다.

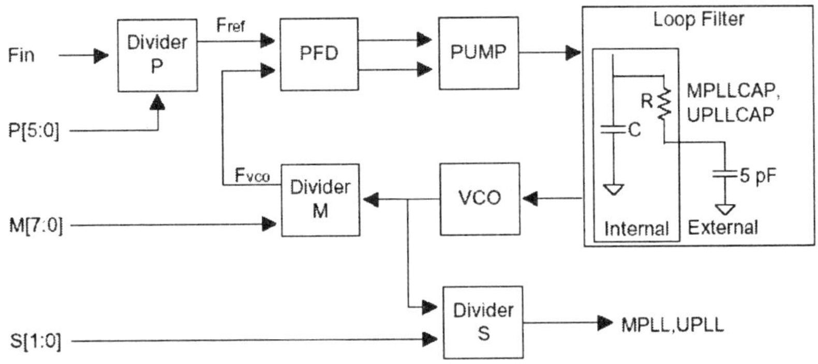

[그림 12-2] S3C2440 PLL 블록도

실제 코딩을 위한 PLL 관련 제어 레지스터의 사용법에 대하여 살펴보면 [그림 12-2]에서 보는 것과 같이 Divider P에 입력되는 P값, Divider M에 입력되는 M값, Divider S에 입력되는 S값을 인자로 하여 출력(MPLL)이 결정되어진다.

출력으로 나오는 주파수 MPLL은 다음과 같은 식에 의해 결정된다.

```
Mpll =  (2 * m * Fin) / (p * 2^s)
m = (MDIV+ 8), p = (PDIV+ 2), s = SDIV
```

입력되는 Fin은 고정되어 있으므로 M, P, S의 값만 결정해 주면 원하는 출력 주파수를 얻을 수 있다. 예를 들어, 40MHz의 MCLK를 얻기 위해서는 M=2, P=4, S=0으로 설정하면 된다. 이 값은 PLLCON(PLL 제어 레지스터)에서 설정한다.

〈표 12-1〉 PLL 제어 레지스터

레지스터	주 소	속 성	설 명	초기 값
MPLLCON	0x4C000004	R/W	MPLLCON 설정 레지스터	0x00096030
UPLLCON	0x4C000008	R/W	UPLLCON 설정 레지스터	0x0004d030

PLLCON	비 트	설 명	초기 값
MDIV	[19:12]	주 분할자 제어	0x96/0x4d
PDIV	[9:4]	사전 분할자 제어	0x03/0x03
SDIV	[1:0]	사후 분할자 제어	0x0/0x0

원하는 출력 주파수를 얻기 위해서는 매개 변수(Parameter)가 3개인 1개의 식을 푸는 문제이며 이 경우 해의 개수는 다수개이다.

따라서, 매개 변수를 구하기 위해서는 간단히 정해질 수 있는 S를 고정시키고 M과 P를 결정하면 된다. 이때 M과 P의 범위는 1〈=M 〈=248, 1〈=P〈=62이다.

[예제]
400MHz의 출력 주파수를 갖도록 MDIV, PDIV, SDIV의 값을 구하여라.
(조건: Fin = 12MHz, MPLL = 400MHz이다.)

•풀이• 위의 MPLL 계산식을 이용하여 간단히 계산할 수 있다.

```
MPLL =  (2 * m * Fin) / (p * 2^s)
m = (MDIV+ 8), p = (PDIV+ 2), s = SDIV ................①식

s=0으로 하면
400MHz = (2 * 12Mhz * m) / p
따라서   m = 100, p = 6, s = 0

m = (MDIV+ 8)이고 p = (PDIV+ 2), s = SDIV이므로
MDIV = 92, PDIV = 4, SDIV = 0
```

[그림 12-3]은 리셋 이후의 동작 주파수의 변환을 보여주고 있다.

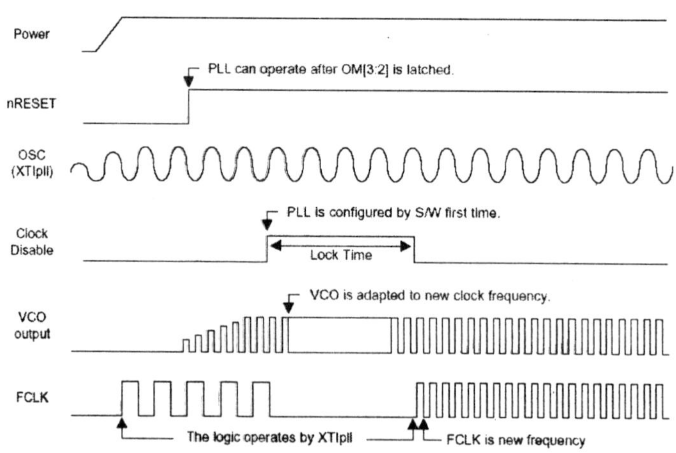

[그림 12-3] S3C2440 리셋 이후의 동작 주파수의 변화

전력이 공급되면 OSC에서 크리스탈 주파수가 나오며 리셋이 끝난 후에 PLL은 동작하기 시작한다. 이때에 칩 내부는 OSC 클록에 의해 동작하며 PLL값을 설정하면 lock time 이후에 PLL의 출력 주파수로 칩이 동작하게 된다. 즉, PLLCON 레지스터가 특정한 값을 가지고 있더라도 PLLCON 레지스터의 세팅이 없으면 칩은 외부 주파수로 동작하기 때문에 시스템 초기화때에 반드시 PLL을 세팅하여야 한다.

[그림 12-4]는 PLL을 설정하여 프로세서의 일반 동작 중 주파수를 변화시킬 때의 주파수 변환 과정을 나타낸다.

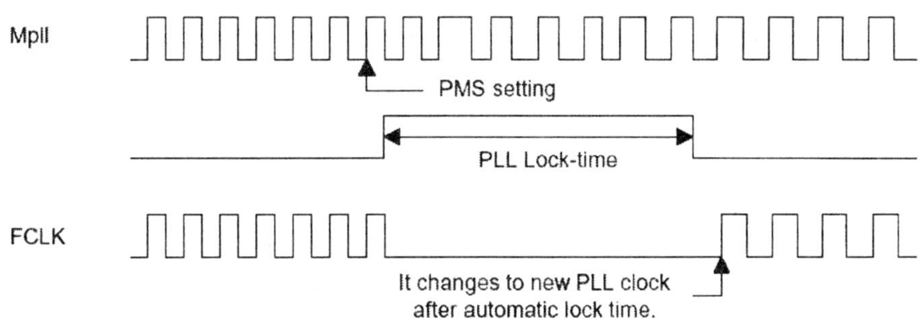

[그림 12-4] 일반 동작에서 PMS값에 의한 주파수를 변환

PLLCON 레지스터를 세팅하면 PLL은 동작 주파수를 변화시키기 위해 불안정한 상태에 들어간다. 이후 lock time 기간 동안 S3C2440 프로세서는 동작하지 않고 이후 안정된 새로운 주파수에 의하여 동작한다.

따라서 동작 주파수를 바꾸기 위해서는 다음과 같은 코딩이 필요하다.

■ Lock time을 설정한다

안정된 주파수가 공급되게 하기 위해서는 208uS 이상의 시간이 필요하다. 이 시간은

```
t_L = (1/Fin)*(LOCKTIME 레지스터 값)
```

의 식으로 결정된다. 그러나 보통 레지스터의 디폴트 값으로 동작을 잘하기 때문에 특별히 설정하지 않아도 된다.

■ PMS 값을 설정한다

원하는 주파수의 PMS의 값을 구해 PLLCON 레지스터를 설정한다.

12.3. PLL 제어 프로그램 설명

다음 프로그램은 ChangeClockDivider(int hdivn__val, int pdivn__val)함수에서 clock frequency ratio가 1:4:8이 되도록 hdivn, pdivn, rCLKDIVN의 값을 지정하고, ChangeMPllValue(int mdiv,int pdiv,int sdiv)함수에서 프로세서의 동작 주파수가 400MHz가 되도록 mdiv, pdiv, sdiv값을 계산하여 입력하면 Main(void)함수에서 ChangeClockDivider함수와 ChangeMPllValue함수 안에 계산된 값들을 넣으면 프로그램을 완성할 수 있다.

참고로 ChangeMPllValue함수를 먼저 실행하면 clock frequency ratio의 default값(1:1:1)으로 되어 있으므로 MCLK, HCLK, PCLK 모두 400MHz가 된다. 2440의 HCLK범위가 136MHz이고 PCLK범위가 68MHz이므로 MCU에 무리가 되므로 주의해야 한다.

S3C2440칩 매뉴얼에는 원하는 출력 주파수를 얻기 위하여 M, P, S값을 어떻게 설정해야 하는지를 테이블로 제공하고 있으며 삼성에서 제공하는 유틸리티를 이용해서도 이들 값을 구할 수 있다.

PLL 제어 루틴 소스

```
void Main(void)
{
    int i, j;

    // LED Port Initialization
    Port_Init();

    // Display 6 and 9 in a while loop forever
    for (i=0; i<10; i++)
```

```
    {
            //LED 깜빡이는 프로그램 작성

    }

    // Change clock frequency ratio as 1:4:8
    //ChangeClockDivider함수에 들어갈  hdivn, pdivn 값을 넣어라.
    ChangeClockDivider(   ,   );          // 1:4:8

    // Change Operating Frequency as around 400MHz
    // ChangeMPllValue함수에 들어갈 mdiv, pdiv, sdiv값을 넣어라.
    ChangeMPllValue(  ,  ,  );          // FCLK=400MHz

    while(1)
    {

            //LED 깜빡이는 프로그램 작성

    }

}


//=======================*[ MPLL ]=============================*
void ChangeMPllValue(int mdiv,int pdiv,int sdiv)
{

    // ChangeMPllValue 함수를 작성하라.

}

//=======================[ HCLK, PCLK]==========================
void ChangeClockDivider(int hdivn,int pdivn)
{

      // ChangeClockDivider 함수를 작성하라.

}
```

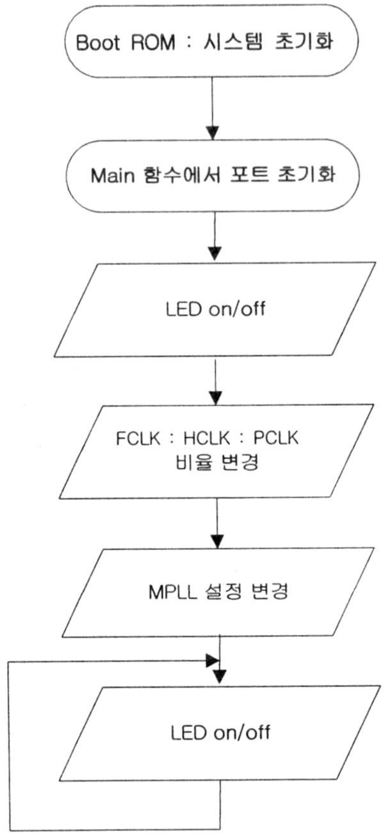

[그림 12-5] 프로그램 흐름도

12.4. PLL 제어 실습

12.4.1. 실습 목적

PLL 제어 실습을 통해 PLL 동작의 원리와 제어 방법에 대해 인식한다.

12.4.2. 실습 방법 및 절차

■ 단계 1

MBA2440보드의 실습환경을 세팅하고 EWARM을 실행하여 Workspace 및 프로젝트를 생성한다.

■ 단계 2

제공되는 초기화 루틴과 보조 프로그램들을 프로젝트에 포함시킨다.

■ 단계 3

PLL을 제어하기 위한 함수를 ChangeMPllValue 라는 이름으로 작성한다. 이 함수는 mdiv, pdiv, sdiv 세 숫자를 받아 PLL 제어 레지스터를 설정하는 역할을 한다.

■ 단계 4

30MHz와 60MHz의 MCLK를 얻기 위한 각각의 p, m, s 값을 구한다. 구한 p, m, s 값으로부터 PLL 제어 레지스터에 직접 설정될 mdiv, pdiv, sdvi 값을 구한다.

■ 단계 5

9장에서와 같이 프로젝트 옵션을 설정한 후 소스를 컴파일 및 링킹하여 디버깅 정보가 포함된 *.elf 파일을 생성한다.

■ 단계 6

스파이더를 실행하고 9장에서와 같이 옵션을 설정한 후 [File]-[Load Image]를 선택하여 생성한 이미지를 실습 보드(MBA2440)에 다운로딩한다. 프로그램은 0x30000000번지부터 적재된다.

■ 단계 7

스파이더에 로드한 이미지를 실행하여 단계 4에서 구한 두 경우의 PLL 제어 레지스터 설정 값에 대하여 다음을 수행한다. main 함수에서는 앞서 실습해 보았던 Led__Display()함수를 사용하여 led출력을 수차례한 후, ChangeMPllValue를 사용하여 PLL 제어를 하고, 다시 Led__Display()를 무한 반복하여 PLL 설정 전과의 수행 속도를 비교해 본다.
(LED의 깜박임 속도)

12.4.3. 결과물 제출

- PLL에 대한 사전 보고서
- 완성한 프로그램 및 프로그램 설명

12.4.4. 추가 실습 과제

S3C2440은 NORMAL, SLOW, IDLE, SLEEP 모드로 동작할 수 있다. S3C2440은 휴식 모드 또는 정지 모드로 진입시키는 프로그램을 작성하라.

12.4.5. PLL 실습 결과

PLL 실험이 완성되면 [그림 12-6]에서 보는 것과 같이 MBA2440보드의 LED가 변화하는 것을 알 수 있다.

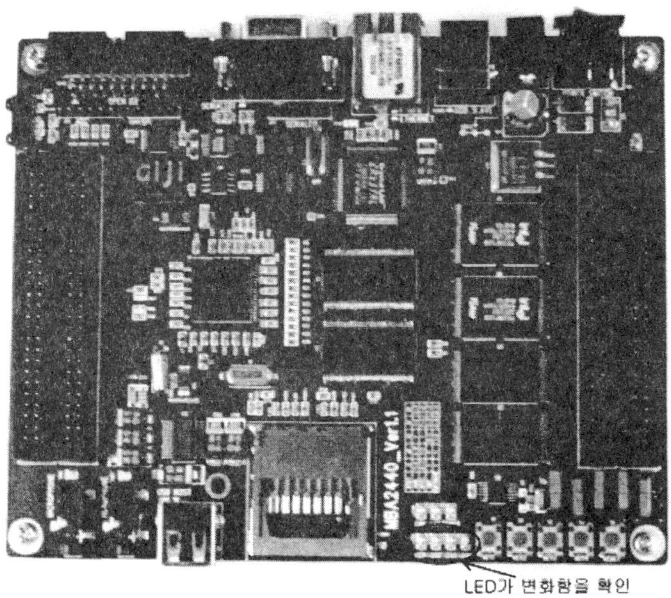

[그림 12-6] PLL에 의한 LED 변화

제13장

UART를 이용한 직렬 통신

UART를 이용하여 PC와의 통신 제어 실습함으로써 UART의 동작 원리와 제어 방법을 습득한다.

- UART에 대한 소개
- S3C2440의 UART
- UART 제어 실습

13.1. UART란

UART(Universal Asynchronous Receiver and Transmiter)란 CPU가 외부 주변 장치나 다른 CPU와 데이터 통신을 하기 위한 비동기식 컨트롤러이다.

13.2. S3C2440의 UART

S3C2440 프로세서는 내부에 두 개의 UART모듈을 내장하고 있으며, 실습 보드(MBA2440)에는 세 개의 독립적인 비동기식 시리얼 입출력 포트를 제공한다. 각각의 포트는 인터럽트(Interrupt) 또는 DMA(Direct Memory Access) 기반으로 동작할 수 있다. 인터럽트 기반으로 동작할 때에는 인터럽트 요청을 발생시키면서 입출력을 수행하고 DMA기반으로 동작할 때에는 DMA요청을 통해 CPU의 사용 없이 입출력을 수행한다. 그 외에도 폴링모드(Polling Mode)로 입출력을 수행할 수 있다. 이 폴링 모드는 CPU와 UART모듈의 상태 레지스터를 검사하면서 데이터의 입출력을 제어하는 방식이다.

참고

•UART

비동기식 통신 컨트롤러를 일반적으로 UART(Universal Asynchronous Receiver/Transmitter)라 한다.

기본적으로 병렬 데이터는 직렬 비트 스트림으로 변환시켜서 전송하고 수신된 직렬 비트 스트림을 병렬로 변환하는 역할을 수행한다. 또한 데이터 전송 상태 점검을 위해서 start, stop, parity bit 등을 삽입한다.

송신 중에 데이터의 라인이 잘 가고 있는지를 확인할 수 있는 소위 start bit와 stop bit를 전송한다. 패리티 비트(parity bit)도 UART에 의해 데이터 스트림에 삽입되는데, 반대쪽에 있는 UART에 의해 제거된다.

UART에서 나오는 신호는 보통 TTL신호 레벨을 갖기 때문에 노이즈에 약하고 통신거리에 제약이 있다. 이러한 TTL신호를 입력받아 노이즈에 강하고 멀리갈 수 있게 해주는 인터페이스 IC를 LINE DRIVER/RECEIVER라 하며 이 중 대표적인 것이 RS232, RS422 및 RS485이다.

BPS(Bit Per Second)란 데이터의 전송속도를 나타내는 단위 중 하나로 초당 전송되는 데이터 량이다.

• RS232C

RS232라는 것은 비동기식 통신 컨트롤러에서 나오는 디지털 신호를 외부와 인터페이스시키는 전기적인 신호 방식 중 하나로서 이에 대한 내용은 EIA(Electronic Industries Association)에 의해 규정되어 있다.

• Baud

매 초당 신호의 변화 또는 상태의 변환(몇 번의 변조가 일어났는지)을 나타내는 단위(bps와 같다)이다. 전이중(full duplex) 방식은 동시에 두 방향으로 데이터가 전송되는 것을 말한다. 예를 들면 일반 전화기와 같은 것은 들으면서 동시에 말을 전달할 수 있어 전이중 방식 기기이다.

반면 워키토키와 같은 무전기는 한쪽에서 수신하고 난 다음에 송신하기 때문에 반이중(half duplex) 방식이다.

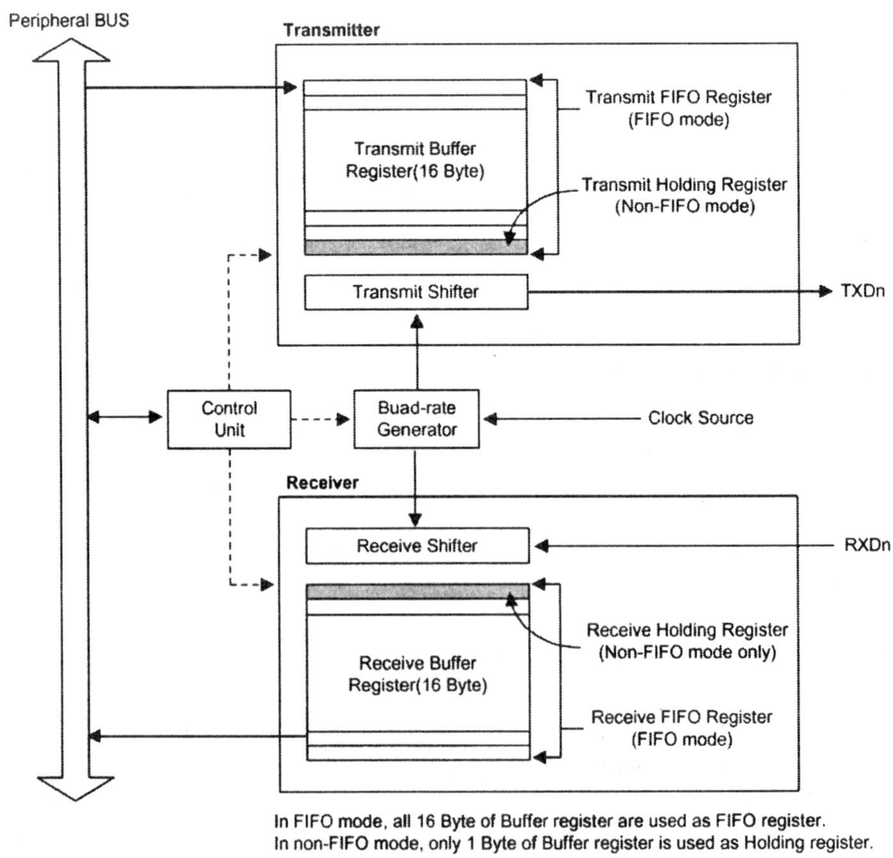

[그림 13-1] S3C2440 UART 블록도

모든 직렬 통신 장치는 내부에 시프트 레지스터(shift register)를 가지고 있다. 시스템 내의 메모리에 저장되어 있는 병렬 데이터를 직렬로 보내기 위해서는 시프트 레지스터에 적재하고 클록에 맞추어 시프트시키면서 시프트 레지스터의 마지막 비트 값으로 송신선을 구동하면 직렬 데이터 열로 보낼 수 있으며, 받는 쪽에서도 비슷한 방식으로 클록에 맞추어 수신선의 직렬 데이터를 시프트 레지스터에 입력시키면 전송이 끝나고 난 뒤에 시프트 레지스터 내의 병렬 데이터를 얻을 수 있다.

따라서, 송신측과 수신측은 같은 주파수의 클록으로 동작시켜야 데이터가 정확히 전달될 수 있다. 송신 및 수신을 위한 동작 주파수를 발생시키는 부분이 보 비율 발생기이며, S3C2440의 UART 모듈은 최고 115200bps까지 동작할 수 있다. CPU가 데이터를 송신하기 위해서는 송신 버퍼 레지스터에 보내고자 하는 데이터를 적재한다. 그러면 그 데이터는 자동적으로 송신 시프터(Transmit Shifter)로 적재되며 보 비율에 맞추어 송신한다. 수신측에서도 데이터의 전달이 감지되면 자신이 설정한 보 비율로 데이터를 수신하고 수신 버퍼 레지스터에 자동으로 넣게 된다. 수신측 CPU는 수신 버퍼 레지스터에서 데이터를 읽어 가면 된다.

[그림 13-1]에서는 송신측과 수신측에 16바이트 FIFO(First In-First Out)가 있는 것을 볼 수 있다. FIFO를 사용하지 않는 경우에는 각 FIFO의 한 바이트씩이 각각 송신 버퍼 레지스터, 수신 버퍼 레지스터가 된다. S3C2440의 UART는 IrDA 통신을 지원한다. IrDA는 적외선 센서를 사용한 광량방식의 통신 방식으로 IrDA1.0의 경우 최대 4Mbps의 빠른 전송속도를 가진다.

13.2.1. 데이터 전송 및 수신동작

한 개의 데이터를 전송하기 위해서는 하나의 데이터 프레임을 만들어 전송해야 한다.

데이터 프레임은 1비트의 시작 비트(start bit), 5~8비트의 데이터 비트(data bit), 1개의 패리티 비트(parity bit), 1~2개의 정지 비트(stop bit)로 구성된다.

일반적으로 전송하는 데이터는 8비트이며, 짧은 거리의 전송에서는 패리티 비트를 사용하지 않는다. 또한 전송속도를 올리기 위해서는 정지 비트도 1비트로 구성한다. 따라서 1바이트를 전송하기 위해서는 실제로 10비트가 해야 하는 것이다. 데이터를 전송하기 위해서는 이러한 설정이 송신측과 수신측에서 동일해야 하며, 동작 보 비율도 동일해야 한다. S3C2440의 UART는 출력 포트를 0상태로 만드는 브레이크 조건을 만들 수 있다. 브레이크 상태를 만드는 것은 보내던 프레임을 완전하게 보낸 후에 이루어지며 브레이크 신호가 보내진 후에는 데이터를 계속해서 보낼 수 있다. 일반적으로 수신측에서는 수신된 데이터에 대하여 오류 검사 기능이 있다. 이러한 오류는 오버런 오류, 프레임 오류, 패리티 오류 등이 있으며 브레이크 조건 감지 기능이 있다. 각 경우에는 해당 오류 플래그를 하드웨어적으로 설정한다.

오버런 오류는 수신된 데이터를 CPU가 가져가지 않은 상태에서 다른 데이터가 전송되어 이전 값을 덮어 쓴 오류이며, 패리티 오류는 정해진 패리티 값이 아닐 경우에 발생하며, 데이터 프레임의 전송이 시작되었으나 정지 비트가 오지 않아 프레임이 비정상적으로 끝날 때 발생한다.

13.2.2. 자동 흐름제어

UART와 UART를 연결할 때 nRTS와 nCTS 신호를 사용하는 자동 흐름제어 (AFC : Auto Flow Control)를 제공한다.

[그림 13-2]와 같이 수신측이 데이터를 받을 준비가 되었을 때 nRTS신호로 받아 데이터를 보내게 되고 송신측은 이것을 nCTS신호로 받아 데이터를 보내게 되는 것이다. 수신측은 FIFO의 일정 수준 이상으로(2바이트) 비게 되면 nRTS신호를 보내게 된다.

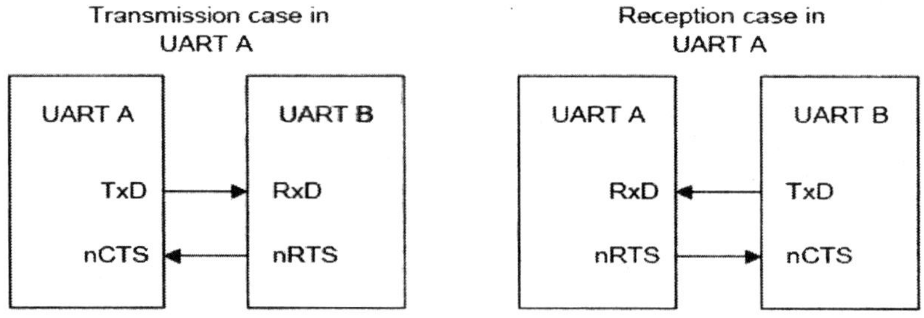

[그림 13-2] UART AFC 인터페이스

MODEM에 연결할 때는 UMCONn의 비트를 설정하여 자동 흐름제어를 쓰지 않게 하고 nRTS를 소프트웨어적으로 제어해야 한다.

13.2.3. 보 비율 발생 및 레지스터

UART의 보 비율 발생기는 송신기와 수신기를 위한 클록을 만들어 낸다.
보 비율 클록은 내부 클록 UCLK를 소스로 하여 다음의 식에 의해 결정된다.

UBRDIVn = (int)(PCLK / (bps x 16)) .1
또는
UBRDIVn = (int)(UCLK / (bps x 16)) .1
(단 UBRDIVn는 1~(216-1) 사이여야 하고, UCLK는 PCLK보다 작아야 함)

[예제] 보 비율이 115200이고 UCLK이 40MHz일 때 UBRDIVn을 계산하시오.

```
UBRDIVn = (int)(40000000 / (115,200 * 1 · 6))-1
        = (int)(21.7) - 1
        = 21 - 1 = 20
```

Bps는 원하는 UART속도이며, 계산된 값을 UBRDIVn(UART baud-rate divisor refister)에 입력하면 그에 따라 클록이 발생한다. UART는 다음의 레지스터들을 제어한다. 실습시에는 폴링 모드로 입출력을 수행하기 때문에 관계없는 레지스터는 생략한다.

13.2.4. UART 라인 제어 레지스터

UART 송수신 프로토콜을 결정하며 비트 6은 IrDA모드 사용을 결정한다.

〈표 13-1〉 UART 라인 제어 레지스터

레지스터	주 소	속 성	설 명	초기값
ULCON 0	0x50000000	R/W	UART 0 라인 제어 레지스터	0x00
ULCON 1	0x50004000	R/W	UART 1 라인 제어 레지스터	0x00
ULCON 2	0x50008000	R/W	UART 2 라인 제어 레지스터	0x00

ULCONn	Bit	설 명	초기값
Reserved	[7]	–	0
적외선 통신 모드	[6]	0 : 일반 모드 1 : 적외선 통신 모드	0
패리티	[5:3]	0xx = 패리티 없음 100 = 홀수 패리티 101 = 짝수 패리티 110 = Parity forced/checked as 1 111 = Parity forced/checked as 0	000
정지 비트	[2]	0 = 1개의 정지 비트, 1 = 2개의 정지 비트	0
Word length	[1:0]	전송이나 수신에 쓰이는 프레임당 데이터 비트의 수 00 = 5비트, 01 = 6비트 10 = 7비트, 11 = 8비트	00

13.2.5. UART 제어 레지스터

〈표 13-2〉 UART 제어 레지스터

레지스터	주 소	속 성	설 명	초기값
UCON 0	0x50000004	R/W	UART 0 제어 레지스터	0x00
UCON 1	0x50004004	R/W	UART 1 제어 레지스터	0x00
UCON 2	0x50008004	R/W	UART 2 제어 레지스터	0x00

UCONn	비트	설 명	초기값
FCLK divider	[15:12]	Clock selection에서 FCLK/n을 선택하였을 때 n 값을 세팅한다. UCON2[15]는 FCLK/n 클록의 활성화와 비활성화를 선택한다.	0000
클록 선택	[11:10]	보 비율용 클록 선택 00,10=PCLK 01=UCLK 11=FCLK/n	0
Tx 인터럽트 방식	[9]	Tx 인터럽트 요청 방식 0=펄스 1=레벨	0
Rx 인터럽트 방식	[8]	Rx 인터럽트 요청 방식 0=펄스 1=레벨	0

Rx 타임 아웃	[7]	0 = 비활성 1 = 활성	0
Rx 오류시 인터럽트 발생	[6]	0 = 수신 에러 인터럽트 비활성 1 = 수신 에러시 인터럽트 발생	0
Loop-back 모드	[5]	0 = 일반 1 = Loop-back 모드	0
브레이크 신호 전송	[4]	0 = 일반 1 = 브레이크 신호 전송	0
전송 모드	[3:2]	UART 전송 버퍼에 값을 쓰는 법 설정 00 = 비활성 01 = 인터럽트 또는 폴링 모드 10 = DMA0 요청 모드(UART0만) DMA3 요청 모드 (UART2만) 11 = DMA1 요청 모드 (UART1만)	00
수신 모드	[1:0]	UART 수신 버퍼에서 값을 읽어 오는 법 설정 00 = 비활성 01 = 인터럽트 또는 폴링 모드 10 = DMA0 요청 모드(UART0만) DMA3 요청 모드 (UART2만) 11 = DMA1 요청 모드 (UART1만)	00

13.2.6. UART FIFO 제어 레지스터

FIFO를 사용하지 않으면 이 레지스터는 0x00으로 설정한다.

〈표 13-3〉 UART FIFO 제어 레지스터

레지스터	주 소	속 성	설 명	초기값
UFCON 0	0x50000008	R/W	UART 0 FIFO 제어 레지스터	0x0
UFCON 1	0x50004008	R/W	UART 1 FIFO 제어 레지스터	0x0
UFCON 2	0x50008008	R/W	UART 2 FIFO 제어 레지스터	0x0

UFCONn	비트	설 명	초기값
Tx FIFO 트리거 레벨	[7:6]	00 = Empty 01 = 4바이트 10 = 8바이트 11 = 12바이트	00
Rx FIFO 트리거 레벨	[5:4]	00 = 4바이트 01 = 8바이트 10 = 12바이트 11 = 16바이트	00
Reserved	[3]		0
Tx FIFO 리셋	[2]	0 = 일반 1= Tx FIFO 리셋	0
Rx FIFO 리셋	[1]	0 = 일반 1= Rx FIFO 리셋	0
FIFO 모드	[0]	0 = FIFO 비활성 1 = FIFO 모드	0

13.2.7. UART TX/RX 상태 레지스터

폴링 모드로 동작할 때 이 레지스터를 확인하여 입출력 상태를 확인한다.

〈표 13-4〉 UART TX/RX 상태 레지스터

레지스터	주 소	속 성	설 명	초기값
UTRSTAT0	0x50000010	R	UART 0 송/수신 제어 레지스터	0x6
UTRSTAT2	0x50004010	R	UART 1 송/수신 제어 레지스터	0x6
UTRSTAT2	0x50008010	R	UART 2 송/수신 제어 레지스터	0x6

UTRSTAT	Bit	설 명	초기값
송신 시프트 레지스터	[2]	0 = 비어 있지 않음 1 = 송신 및 시프트 레지스터 비어 있음	2
송신 버퍼 상태	[1]	0 = 버퍼에 송신할 데이터 있음 1 = 비어 있음	1
수신 버퍼 상태	[0]	0 = 비어 있음 1 = 버퍼에 수신 데이터 있음	0

13.2.8. UART 에러 상태 레지스터

수신측에서의 수신시 오류가 발생했을 경우 참조하는 레지스터

〈표 13-5〉 UART 에러 상태 레지스터

레지스터	주 소	속 성	설 명	초기값
UERSTAT0	0x50000014	R	UART 0 RX 제어 레지스터	0x0
UERSTAT1	0x50004014	R	UART 1 RX 제어 레지스터	0x0
UERSTAT2	0x50008014	R	UART 2 RX 제어 레지스터	0x0

UERSTATn	비트	설 명	초기값
Reserved	[3]	0 = 수신중 프레임 에러 없음 1 = 프레임 에러(인터럽트 요청됨)	0
프레임 에러	[2]	수신중 프레임 에러가 발생할 때마다 1로 자동 설정됨 0 = 수신중 프레임 에러 없음 1 = 프레임 에러(인터럽트 요청됨)	0
Reserved	[1]	0 = 수신중 프레임 에러 없음 1 = 프레임 에러(인터럽트 요청됨)	0
오버런 에러	[0]	수신중 Overrun 에러가 발생할 때마다 1로 자동 설정됨 0 = 수신중 Overrun 에러 없음 1 = Overrun 에러(인터럽트 요청됨)	0

(위의 비트들(UERSTATn[3:0])은 읽으면 자동으로 초기화됨)

13.2.9. UART 전송 홀딩(버퍼) 레지스터 & FIFO 레지스터

송신시에 송신 데이터를 기록하는 레지스터에 CPU가 송수신 데이터를 읽는 레지스터

〈표 13-6〉 UART Tx 버퍼 레지스터

레지스터	주 소	속 성	설 명	초기값
UTXH0	0x50000020(L) 0x50000023(B)	W (Byte 단위)	UART 0 송신 버퍼 레지스터	–
UTXH1	0x50004020(L) 0x50004023(B)	R (Byte 단위)	UART 1 송신 버퍼 레지스터	–
UTXH2	0x50008020(L) 0x50008023(B)	R (Byte 단위)	UART 2 송신 버퍼 레지스터	–

(L: Little Endian 모드, B: Big Endian 모드)

UTXHn	비트	설 명	초기값
TXDATAn	[7:0]	UARTn용 송신 데이터	–

13.2.10. UART 수신 홀딩(버퍼) 레지스터 & FIFO 레지스터

수신시에 CPU가 송수신 데이터를 읽는 레지스터

〈표 13-7〉 UART Tx 버퍼 레지스터

레지스터	주소	속성	설 명	초기값
URXH0	0x50000020(L) 0x50000023(B)	W (Byte 단위)	UART 0 수신 버퍼 레지스터	–
URXH1	0x50004020(L) 0x50004023(B)	R (Byte 단위)	UART 1 수신 버퍼 레지스터	–
URXH2	0x50008020(L) 0x50008023(B)	R (Byte 단위)	UART 2 수신 버퍼 레지스터	–

(L: Little Endian 모드, B: Big Endian 모드)

UTXHn	Bit	설 명	초기값
RXDATAn	[7:0]	UARTn용 수신데이터	–

13.2.11. UART 보 비율 분배 레지스터

이 값은 UART Rx/Tx 클록(baud rate) 설정에 사용된다.

〈표 13-8〉 UART 보 비율 분배 레지스터

레지스터	주소	속성	설 명	초기값
UBRDIV0	0x50000028	R/W	보 비율 분할자 레지스터 0	–
UBRDIV2	0x50004028	R/W	보 비율 분할자 레지스터 1	–
UBRDIV2	0x50008028	R/W	보 비율 분할자 레지스터 2	–

UBRDIVn	비트	설 명	초기값
UBRDIV	[15:0]	보 비율 나눗수 값 UBRDIVn 〉 0	–

13.2.12. UART 제어 프로그램 설명

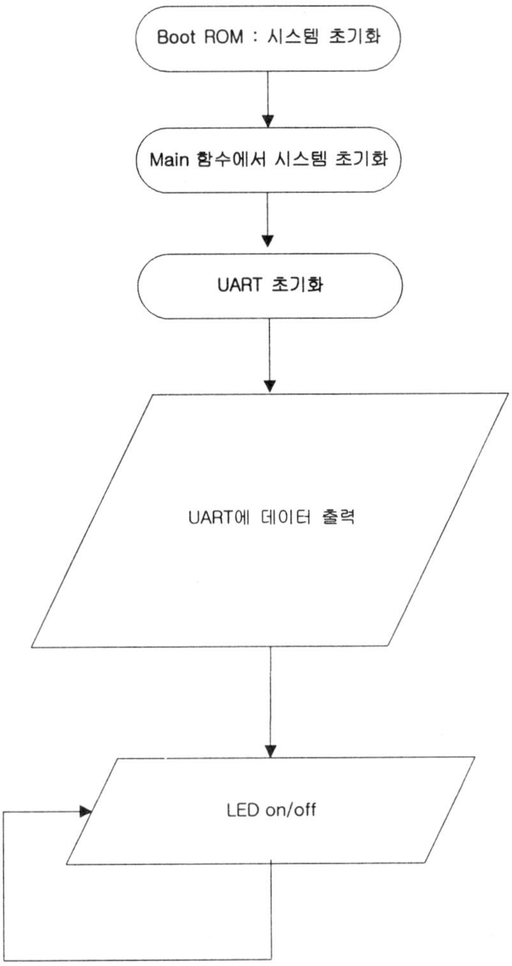

[그림 13-3] UART 프로그램 흐름도

다음은 실습에 사용될 함수이다. 위에서 살펴본 제어 레지스터들을 주석에 명시된 설정 값으로 설정한다. UART 0번 모듈을 사용한다.

UART 초기화

```
void Uart_Init(int mclk,int baud)
{
    int i;
    int pclk = (        );
    rUFCON0 = (        );    //UART channel 0 FIFO control register, FIFO disable
    rUMCON0 = (       );    //UART chaneel 0 MODEM control register, AFC disable
    //UART0
    // Line control register : Normal,No parity,1 stop,8 bits
    rULCON0 = 0x3;     //Line control register : Normal,No parity,1 stop,8 bits
    // Control register
    //    [10]   [9]    [8]    [7]    [6]    [5]    [4]   [3:2]   [1:0]
    //     0      1      0      0      1      0      0     01      01
    rUCON0  = (        );
    // Baud rate divisior register 0
    rUBRDIV0= (              );              //115200 bps로 세팅한다.

    // For settling down the UART0
    for(i=0; i<1000; i++);
}
```

위의 프로그램은 UART0을 사용하여 PC 상의 터미널 프로그램과 입출력하기 위하여 UART 모듈을 초기화하는 루틴이다. 실습에서는 설정해야 하는 레지스터 값을 설정하면 동작하도록 입출력에 관계된 함수들을 제공한다.

UART 메인 프로그램 소스

```
void Main(void)
{
    // Main 함수를 작성하라. ( "UART0 has been set to 115200 bps!!"  출력되도록)
}
```

*참조 : Uart__Printf 함수와 Uart__Init함수는 Uart0.h와 Uart0.c 함수에 정의되어 있다.

13.3. UART 제어 실습

13.3.1. 실습 목적

UART 제어 실습을 통해 UART 통신의 원리와 제어 방법에 대해 인식한다.

13.3.2. 실습 방법 및 절차

■ 단계 1

MBA2440보드의 실습 환경을 세팅하고 EWARM을 실행하여 Workspace 및 프로젝트를 생성한다.

■ 단계 2

제공되는 초기화 루틴과 보조 프로그램들을 프로젝트에 포함시킨다.

■ 단계 3

UART를 임의의 bps로 동작시키기 위해 UCLK을 가지고 UBRDIV 레지스터에 설정할 값을 계산하는 C로 수식을 완성한다.

■ 단계 4

주어진 보조 프로그램들 중에 있는 Uart_Init 함수를 완성한다. 이 함수는 UART를 UCLK와 원하는 보 비율을 인자로 받아 UART를 사용 가능하게 초 기화시켜주는 역할을 한다.

■ 단계 5

9장에서와 같이 프로젝트 옵션을 설정한 후 소스를 컴파일 및 링킹하여 디버깅 정보가 포함된 *.elf 파일을 생성한다.

■ 단계 6

스파이더를 실행하고 9장에서와 같이 옵션을 설정한 후 [File]-[Load Image]를 선택하여 생성한 이미지를 실습 보드(MBA2440)에 다운로딩한다. 프로그램은 0x30000000번지부터 적재된다.

■ 단계 7

PC상에 하이퍼터미널 또는 dnw와 같은 시리얼 통신 프로그램을 구동하고 COM포트 옵션을 설정한다.

■ 단계 8

다운로드한 이미지를 실행하여 통신 에뮬레이터 상에 [그림 13-4]와 같이 "UART0 has been set to 115200 bps!!"라는 프린트문이 출력되어지는지 확인한다.

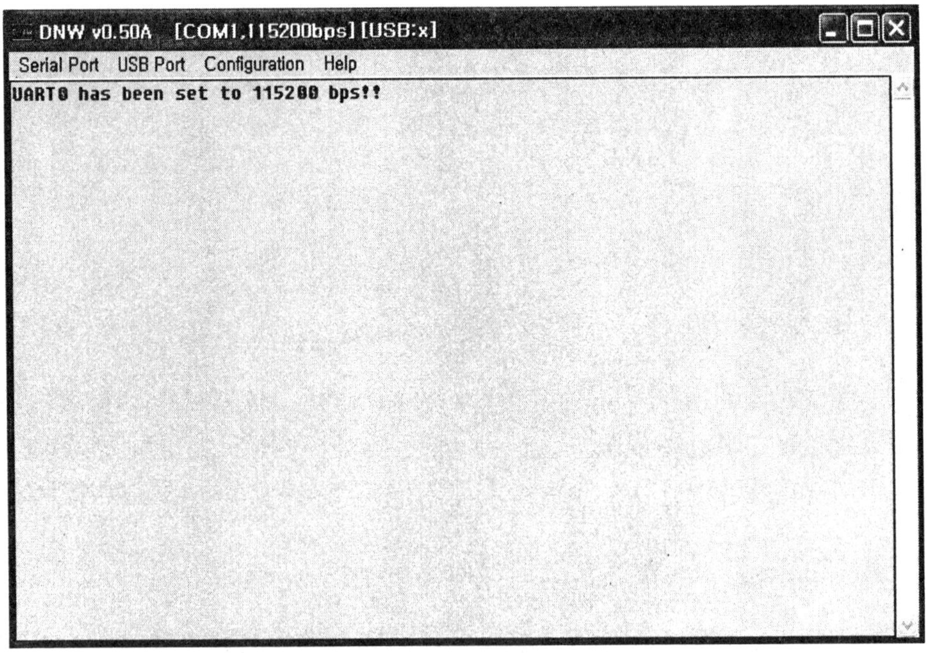

[그림 13-4] 결과 화면

13.3.3. 결과물 제출

- UART에 대한 사전 보고서
- 완성한 프로그램 및 프로그램 설명

13.3.4. 추가 실습 과제

실습을 위해 주어진 보조 프로그램들은 FIFO와 인터럽트를 사용하지 않는다. UART 초기화 부분을 FIFO와 인터럽트를 사용하도록 수정하고 메시지를 보내거나 받는 데 관련한 함수들을 수정한다.

제14장

타이머 제어 실습

마이크로컨트롤러(S3C2440)의 내장 타이머를 제어하는 실습을 통해 타이머 구조와 동작 원리를 이해한다. 이 타이머를 이용해 프로그램을 작성하여 실제 제어 방법에 대해 인식한다.

- 타이머의 기본 개념
- S3C2440의 타이머
- 타이머 제어 실습

14.1. 타이머 기본 개념

타이머는 특정 시간 이후에 인터럽트 이벤트를 발생시키거나 특정한 이벤트 사이의 시간을 측정하고자 할 때 사용한다. 카운터를 기본으로 하여 만들어지며, 주파수가 정해진 외부 클록(clock)에 따라 감소, 또는 증가하도록 구성한다.

예를 들어 여러 개의 프로세스가 실행되는 멀티프로세스 운영체제에서는 주기적으로 프로세스를 스케줄링하여야 한다. 이때 타이머를 사용하여 주기적으로 타이머 인터럽트를 걸리게 하면 이러한 스케줄링을 시간에 맞추어 수행할 수 있다. 프로그램 상에서 특정 이벤트 사이의 시간을 측정하기 위해서는 시작 이벤트의 수행 전에 타이머를 초기화시키고 출발시킨 후, 끝 이벤트에서 타이머를 정지시키고 그 때까지의 타이머 값의 변화를 구하면 경과 시간을 계산할 수 있다.

타이머의 또 다른 사용예로 타이머의 입력 클록을 외부 이벤트 신호에 연결하여 외부 이벤트의 개수를 세는 데 사용할 수 있다. 이 경우에는 카운터의 기능으로 사용하는 것이다. 이 외에 외부의 특정 형태에 신호를 만들어 공급하고 싶을 경우에 타이머와 GPIO의 출력 핀을 사용하여 소프트웨어적으로 신호를 만들 때 사용할 경우도 있다.

14.2. S3C2440의 타이머

S3C2440에서는 인터럽트 기반 또는 DMA기반으로 동작하는 5개의 16bit 타이머를 가지고 있다. 타이머 0~3까지는 PWM(Pulse Width Modulation) 기능을 가지고 있는 타이머이며, 타이머 4는 오직 내부 타이머로서 외부 출력 핀이 없다. 타이머 0과 1은 하나의 8비트 프리스케일러를 공유하여 쓰며, 나머지 타이머들이 다른 하나의 8비트 프리스케일러를 공유한다. 각 타이머는 5개의 서로 다른 분주기를 가지고 있다. 이 분주기에서 각각 5개의 다양한 클록(1/2, 1/4, 1/8, TCLK)을 만들 수 있다.

14.2.1. S3C2440 타이머 분주

S3C2440의 타이머는 외부 클록 PCLK를 입력으로 받고 이를 프리스케일러와 MUX에 의한 클록 분주기를 통해 분주된 클록이 제어 회로(control logic)로 입력된다. 제어 회로(Control logic)는 내부에 카운트(TCNTn)값을 가지고 있으면서 타이머 시작 시에 특정한 16비트값으로 설정하고 클록이 들어올 때마다 그것을 감소시키는데 카운트 값이 0이 되면 인터럽트를 발생하거나 DMA를 동작시킨다.

PCLK를 분주하는 이유는 PCLK가 최대 266MHz에서 동작을 하고, TCNTn레지스터가 16비트이기 때문에 직접 PCLK로 동작시키면 설정 가능한 시간 범위가 너무 짧기 때문이다. 설정 시간을 길게 가지려면, 타이머의 제어 회로 동작 주파수를 낮추어야 한다.

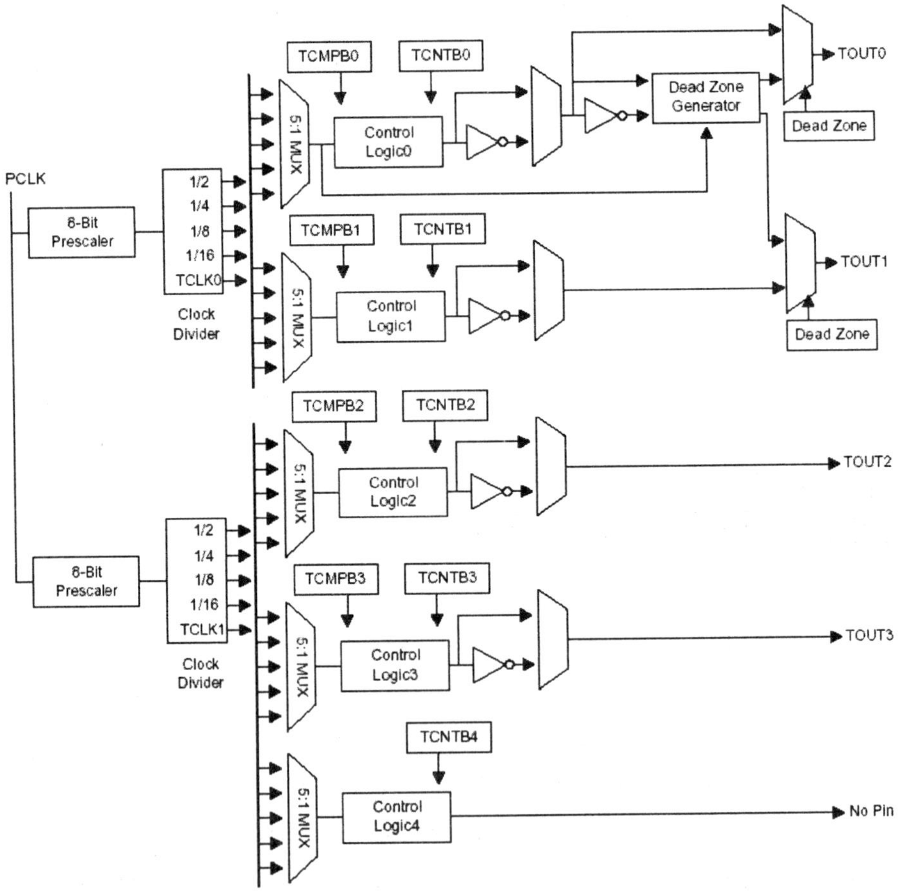

[그림 14-1] 16비트 PWM 타이머 블록도

타이머가 동작하면 제어 회로는 TCNTn 값이 TCMPn 값 이하가 되면 1을 출력한다. 이 신호는 TOUTn으로 직접 보내지기도 하고 출력 MUX에 의하여 반전되어 보내질 수도 있다. 이 TCMPn의 값을 조정하여 PWM기능을 수행한다. 각 타이머의 제어 회로의 TCNTn과 TCMPn 레지스터는 프로그램에 의하여 직접 접근되지 않는다. 이 레지스터들에 값을 설정하기 위해서는 TCMPBn과 TCNTBn의 버퍼 레지스터에 값을 쓰고 이를 내부의 제어 회로에 적재하도록 타이머에게 명령하여야 한다.

프리스케일러는 8비트이므로 0~255까지 값을 가질 수 있다. 분주값은 프리스케일러 값 +1이기 때문에 최대 256분주가 가능하다. 프리스케일러에 의해 분주된 주파수는 클록 분주기에 의하여 2분주부터 32분주까지 분주된 클록들로 바뀌고 이것은 MUX를 통해 선택해서 제어 회로에 공급된다. 따라서, 타이머에 공급되는 타이머 클록의 주파수는 다음 식에 의하여 결정된다.

```
Timer Clock(F)= PCLK / ((Prescaler + 1) * Division Factor)
```

예를 들어 PCLK가 66MHz라고 했을 때

```
Min : 66M/(256*16) = 16.1133Khz(62.0606uS)
Max : 66M/(1*2)=33Mhz(0.0303uS)
```

의 타이머 클록값을 가질 수 있다.

타이머 클록에 의해 초기 설정된 TCNTn이 감소하면서 0이 되는 순간까지가 타이머 기간이며, 이 기간의 타이머 클록의 주기는 (초기 TCNTn 값 +1)과 같다. 즉,

```
TP = (C+1)/F      (TP : 타이머 기간, C : TCNTn 설정 F : 타이머 클록)
```

값의 식으로 구해진다.

두 식을 합치면,

```
TP = ((C+1)*(P+1)*D)/PCLK
```

로 된다. 비슷하게 PWM의 기능을 사용할 시에 TOUTn이 논리 1인 구간을 정하는 식은 다음과 같다.

```
HP = (C+1 H)*(P+1)*D/PCLK  (HP: 논리 1 구간, H, TCMPn의 설정값)
```

보통 PCLK는 시스템에 의해 정해지며 특정 TP에 대한 C, P, D 값을 구하여 제어 레지스터를 프로그램해야 한다.

예를 들어, MCLK가 50MHz이고, TP를 1초로 하고 HP를 0.5초 한다면 다음과 같은 두 개의 식이 나온다.

```
50M = (C+1)*(P+1)*D,
25M = (C+1-H)*(P+1)*D
```

앞의 식에서 P=249, D=4, C=49999이면 식을 만족시키며 각 값이 가질 수 있는 범위에 있다. 이 값을 두번째 식에 넣은 H 값은 25000이 된다. 이 값을 가지고 타이머 제어 레지스터를 프로그램하고 동작시켜야 한다.

〈표 14-1〉은 PCLK가 50MHz일 때의 설정에 따른 주파수 출력을 보여주고 있다.

〈표 14-1〉 PCLK 변화에 따른 주파수 출력 예

4비트 divider settings	최소 분해능 (prescaler = 0)	최대 분해능 (prescaler = 255)	최대 인터벌 (TCMTBn = 65535)
1/2(PCLK = 50MHz)	0.0400 μs (25.0000MHz)	10.2400 μs (97.6562KHz)	0.6710sec
1/4(PCLK = 50MHz)	0.0800 μs (12.5000MHz)	20.4800 μs (48.8281KHz)	1.3421sec
1/8(PCLK = 50MHz)	0.1600 μs (6.2500MHz)	40.9601 μs (24.4140KHz)	2.6843sec
1/16(PCLK = 50MHz)	0.3200 μs (3.1250MHz)	81.9188 μs (12.2070KHz)	5.3686sec

50MHz의 PCLK에 의한 최대 인터벌은 5.3686초로 이것은 하드웨어적으로 5.3686초 후에 인터럽트를 발생시킬 수 있다는 것이다.

14.2.2. S3C2440 타이머 동작 원리

[그림 14-2]는 기본적인 타이머의 동작을 보여주고 있는데 TCMPn과 TCNTn의 값을 설정해 주고 특정 명령을 줌에 따라 동작이 제어됨을 알 수 있다.

최초 시작 비트를 1로 설정하여 타이머를 가동시키기 전에 TCNTBn과

TCNTBn을 정하고 수동 업데이트(manual update)를 1로 하여 두 개의 값을 제어 회로(control logic)의 TCNTn과 TCMPn에 적재해야 한다. auto-reload를 1로 하여 타이머가 반복적으로 동작하게 설정을 하였다. 이것은 타이머가 종료하고 난 뒤에 자동으로 다시 시작하도록 하는 것이며 자동 반복 동작시에는 수동 업데이트 없이도 자동으로 내부의 레지스터가 버퍼 레지스터로부터 특정 값이 적재된다. 시작 비트가 1이 되어 타이머가 동작을 시작하면서 타이머 클록에 동기되어 TCNTn 값이 하나씩 감소하며, TCNT값이 0이 되는 순간에 인터럽트가 발생한다. 또한 아래쪽의 TOUTn 핀으로 TCMPn값이 TCMPn 이하가 되면 신호가 나감을 확인할 수 있다. 제어 회로 내의 다운 카운터 값을 auto-reload하는 동작이 카운트 값이 0이 지난 후에 자동 발생하면서 타이머가 새로이 동작한다. 두번째 동작이 시작된 후에 auto-reload가 0으로 세팅하였기 때문에 두번째 타이머 동작 후 타이머는 정지하게 된다.

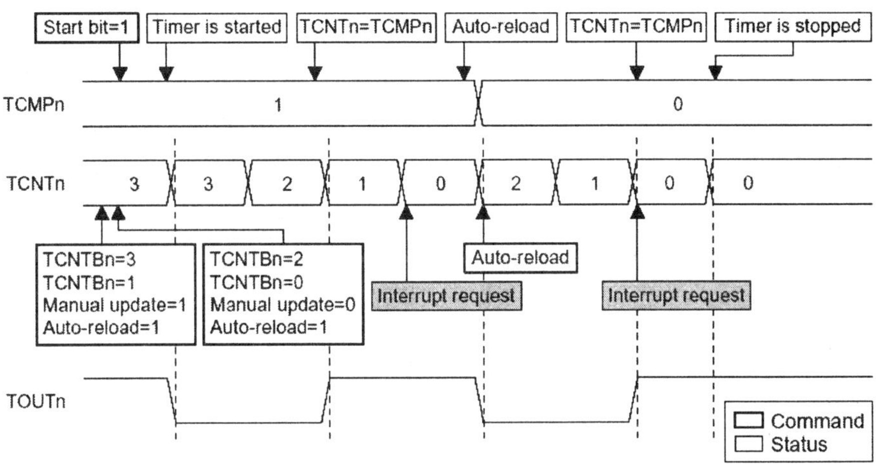

[그림 14-2] 타이머 동작

타이머를 처음으로 구동시키기 위해서는 다음과 같은 순서대로 제어를 해주어야 한다.

① 6개의 타이머 중에 사용하고자 하는 타이머를 결정한다.

② 주어진 MCLK, 타이머 기간과 논리 1 기간에 따른 P, D, TCNTBn, TCMPBn 값을 구한다(만약 PWM을 위한 TOUTn의 신호를 사용하지 않

는다면 TCMPBn 값은 구할 필요가 없다).

③ 타이머 기간이 만료되었을 때 발생할 인터럽트 마스킹을 해제한다.

④ 타이머 인터럽트 루틴을 등록한다.

⑤ P, D 값을 이용하여 프리스케일러와 클록 분주기의 MUX 값을 설정한다.

⑥ TCNTBn과 TCMPBn에 초기값을 저장한다.

⑦ 타이머의 수동 업데이트 비트를 1로 설정한다. 이때 제어 회로 내부 레지스터 TCNTn과 TCMPn이 적재된다.

⑧ 타이머의 시작 비트를 설정한다. 만약 타이머를 계속 반복해서 동작시킨다면 동시에 auto-reload 비트도 1로 설정한다.

⑨ 타이머를 중지하려면 해당 타이머의 시작 비트를 0으로 설정한다.

14.2.3. S3C2440 타이머의 기능

1. PWM(Pulse Width Modulation)

PWM 기능은 앞서 언급한 바와 같이 TCMPBn을 이용하여 쓸 수 있다. PWM의 주파수는 TCNTBn에 의해 결정되고 PWM의 값은 TCMPBn에 의해 결정된다. 더 낮은 PWM 값을 내기 위해서는 TCMPBn값을 낮추면 된다. [그림 14-3]은 PWM의 예를 보여주고 있다.

TCNTBn의 값 설정에 따라 같은 특정 주기로 동작하게 하고 타이머의 동작 중간에 TCMPBn의 값을 변화시켜가면서 출력 신호 TOUTn의 높은 기간을 변화시킨다.

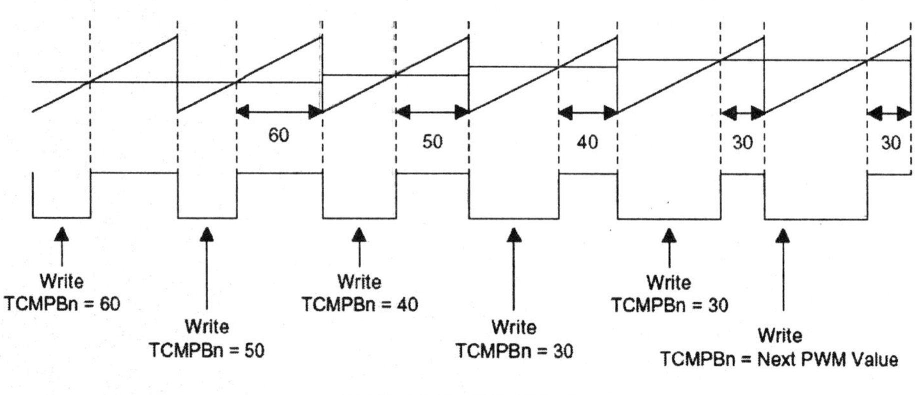

[그림 14-3] PWM의 예

2. 데드존

타이머 0에는 데드존(dead-zone) 발생기능을 포함하여 큰 전류 소자에서 사용할 수 있도록 하고 있다. 타이머 0은 TOUT0와 이 신호의 반전된 nTOUT0을 출력한다. 이 두 신호를 이용하여 동시에 하나의 기기는 on시키며 다른 기기는 off시킨다. 이때, 신호의 전달 지연에 의하여 신호의 1의 상태가 겹칠 수 있게 된다. 이 경우에 두 기기가 동시에 on이 될 수 있고 시스템에 안 좋은 영향을 주게 된다. 데드존 기능은 각 신호가 0에서 1로 변화할 때 데드존 설정 시간 동안 1로 변화하는 것을 늦추는 기능이다. [그림 14-4]는 이러한 데드존이 설정되었을 때의 출력에 대해 나타내고 있다. 데드존 기능을 사용하면 어느 정도의 신호 전달의 지연에 대해서도 동시에 1이 되는 순간을 없앨 수 있다.

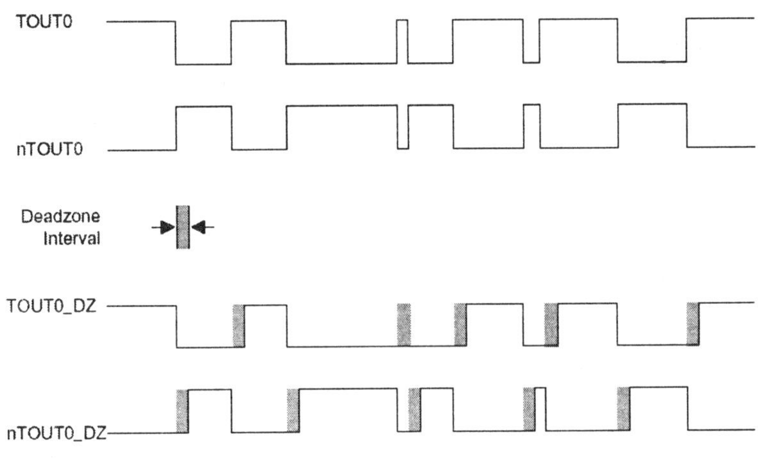

[그림 14-4] 데드존 설정시의 파형

14.2.4. 워치도그 타이머

WDT(Watch Dog Timer)는 프로세서의 동작이 잡음이나 시스템 에러에 의해 멈추었을 경우 또는 무한 루프에 빠져 있을 경우에 리셋 신호를 발생시켜서 다시 시스템을 초기화하고 동작할 수 있게 한다. 이러한 동작을 위하여 특정 카운터 값으로 타이머를 초기화시키고 동작을 시키면 카운터 값이 증가되거나 감소되면서 정해진 값에 도달하면 리셋 신호가 발생하도록 회로가 구성된다. WDT는 리셋 타이머 외에도 간격 타이머로서 사용하여 특정 시간 후에 인터럽트 요청을 발생시키는 일반적인 타이머 기능으로도 사용한다.

리셋 타이머를 사용할 경우는 보통 시스템이 항상 동작하여야 하고 이것의 관리를 해줄 수 없는 경우에 사용한다. 감시 시스템 또는 제어 시스템 같은 경우에 해당되며 이를 위해 프로세서는 일정한 주기로 WDT를 초기화한다. 이때 초기화하는 시간은 프로세서가 WDT를 초기화하는 주기 이상의 시간으로 세팅한다. 프로세서가 아무 이상없이 동작을 한다면 WDT가 리셋 신호를 발생시키는 일은 발생하지 않는다. 그러나 임의의 원인에 의해 프로세서의 동작이 중지되면 WDT는 자신이 정해진 시간에 도달하게 되고 리셋 신호를 발생시켜 시스템을 초기화시킨다. 실제 프로그램 상에서 일정한 주기로 WDT를 초기화시키기 위해서는 다른 타이머를 사용하여 일정 주기마다 인터럽트를 요청하게 하고 인터럽트 서비스 루틴에서 WDT를 초기화해야 한다.

PCLK가 프리스케일러와 MUX를 거쳐서 주파수가 느려지게 되고 이 신호가 WTCNT로 들어가는 타이머 클록이 된다. 앞의 프리스케일러와 MUX회로는 PCLK의 주파수가 크기 때문에 이를 적절히 분주하는 역할을 한다. 타이머의 동작이 시작되면 타이머 클록에 따라 WTCNT의 값이 하나씩 감소하게 된다. 카운트 값이 0이 되면 리셋 신호를 발생시키거나 인터럽트를 발생시킨다. WTCNT 값은 타이머 기간(초기 설정값부터 시작해서 값이 0이 될 때까지의 기간)이 끝나면 WTDAT의 값으로 재설정된다. 보드가 리셋되면 WDT가 초기값으로 자동 시작하게 되어 있으므로 시스템 초기화 루틴에서는 WDT를 중지하거나 리셋 신호를 발생시키지 않게 설정하고 초기화 루틴이 수행되고 난 후에 WDT를 동작시키고자 했을 때 WDT를 동작하도록 설정해야 한다.

프리스케일러는 0~255의 값을 가질 수 있고 MUX의 분주 요소는 16, 32, 64, 128 중의 하나의 값을 가질 수 있다.

타이머 클록의 주파수는 다음과 같은 식에 의해 결정된다.

```
f_watchdog = PCLK / (Prescaler value + 1) / Division_factor
```

타임 아웃되기까지의 시간은

```
t_timeout = (WTCNT+1) / f_watchdog
```

으로 구해진다.

예를 들어, PCLK가 66MHz, 프리스케일러 값이 255, 분주 요소가 128이라면 타이머 클록이 2014Hz가 된다. WDT를 동작시키고 WTCNT, WTDAT의 값을 2013으로 설정하면 1초에 한번씩 인터럽트를 발생시킨다(RESET을 발생시키게 설정하면 1초 후에 리셋된다). [그림 14-5]는 WDT의 블록도이다.

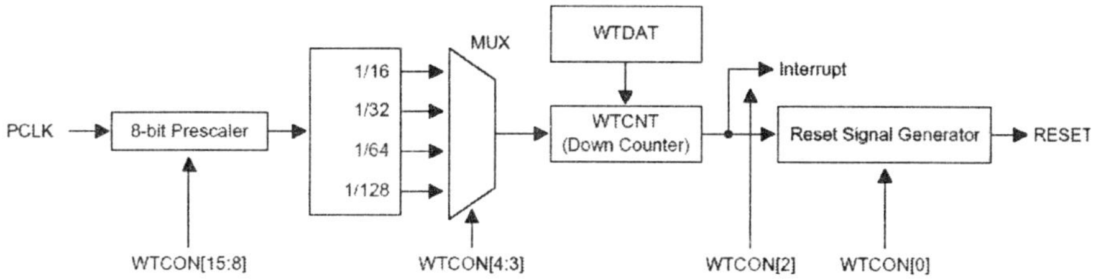

[그림 14-5] WDT의 블록도

14.2.5. S3C2440 타이머의 레지스터

PWM 타이머를 제어하기 위한 레지스터들은 〈표 14-2〉와 같다. 여기서는 타이머 0 제어에 필요한 레지스터만 보여 준다.

〈표 14-2〉 타이머 0 제어 레지스터

레지스터	주 소	속 성	설 명	초기값
TCFG0	0x51000000	R/W	2개의 8비트 프리스케일러 값을 설정	0x00000000

TCFG0	비 트	설 명	초기값
Reserved	[31:24]	–	0x00
데드존 길이	[23:16]	데드존의 길이를 설정. 타이머 클록 주기수	0x00
프리스케일러 1	[15:8]	타이머 2, 3 용 프리스케일러 값	0x00
프리스케일러 0	[7:0]	타이머 1, 2 용 프리스케일러 값	0x00

이 레지스터는 프리스케일러 값을 설정한다. 타이머 0을 사용하기 위해서는 타이머 0이 연결되어 있는 프리스케일러 0의 값을 설정해야 한다.

〈표 14-3〉 타이머 1 제어 레지스터

레지스터	주 소	속 성	설 명	초기값
TCFG1	0x51000004	R/W	6-MUX & DMA mode 선택	0x00000000

TCFG0	비 트	설 명	초기값
Reserved	[31:24]		
DMA mode	[23:20]	0000 = No select (all interrupt) 0001 = Timer0 0010 = Timer1 0011 = Timer2 0100 = Timer3 0101 = Timer4 011x = Reserved	0000
MUX 4	[19:16]	Select MUX input for PWM Timer4 0000 = 1/2 0001 = 1/4 0010 = 1/8 0011 = 1/16 01xx = External TCLK1	0000
MUX 3	[15:12]	Select MUX input for PWM Timer3 0000 = 1/2 0001 = 1/4 0010 = 1/8 0011 = 1/16 01xx = External TCLK1	0000
MUX 2	[11:8]	Select MUX input for PWM Timer2 0000 = 1/2 0001 = 1/4 0010 = 1/8 0011 = 1/16 01xx = External TCLK1	0000
MUX 1	[7:4]	Select MUX input for PWM Timer1 0000 = 1/2 0001 = 1/4 0010 = 1/8 0011 = 1/16 01xx = External TCLK0	0000
MUX 0	[3:0]	Select MUX input for PWM Timer0 0000 = 1/2 0001 = 1/4 0010 = 1/8 0011 = 1/16 01xx = External TCLK0	0000

이 레지스터는 각 타이머에 들어가는 분주 MUX값을 결정한다. 타이머 0은 MUX0의 필드에 의하여 결정되며, MUX4는 타이머 4의 타이머 클록으로 32분주한 클록 대신에 TCLK를 선택할 수 있도록 되어 있으며, MUX5는 타이머 5의 클록으로 32분주한 클록 대신에 EXTCLK를 선택할 수 있도록 되어 있다. DMA 모드는 타이머의 카운터가 0이 되었을 경우에 DMA 동작을 시작시킬 수 있게 하는 기능으로 이를 위한 타이머를 선택하는 필드이다. 이 기능을 사용하지 않는다면 초기값을 유지하면 된다.

〈표 14-4〉 타이머 제어 레지스터

레지스터	주 소	속 성	설 명	초기값
TCON	0x51000008	R/W	타이머 제어 레지스터	0x00000000

TCFG0	비 트	설 명	초기값
Timer4 auto reload on/off	[22]	Timer4의 auto reload 여부 결정 0=One-shot 1=인터벌 모드(auto reload)	0
Timer4 manual update	[21]	Timer4의 수동 업데이트 여부 결정 0=No operation 1= TCNTB4 업데이트	0
Timer4 start/stop	[20]	Timer4 시작/정지 0=멈춤 1= Timer4 동작 시작	0
Timer3 auto reload on/off	[19]	Timer3의 auto reload 여부 결정 0=One-shot 1=인터벌 모드(auto-reload)	0
Timer3 inverter on/off	[18]	Determine output inverter on/off for Timer3 0=Inverter off 1=Inverter on for TOUT3	0
Timer3 manual update	[17]	Timer3의 수동 업데이트 여부 결정 0=No operation 1= TCNTB3 & TCMPB3 업데이트	0
Timer3 start/stop	[16]	Timer3 시작/정지 0=멈춤 1= Timer4 동작 시작	0
Timer2 auto reload on/off	[15]	Timer2의 auto-reload 여부 결정 0=One-shot 1=인터벌 모드(auto-reload)	0
Timer2 inverter on/off	[14]	Timer2의 출력 인버터 결정 0=Inverter off 1=Inverter on for TOUT2	0
Timer2 manual update	[13]	Timer2의 수동 업데이트 여부 결정 0=No operation 1= TCNTB2 & TCMPB2 업데이트	0
Timer2 start/stop	[12]	Timer2 시작/정지 0=멈춤 1= Timer4 동작 시작	0
Timer1 auto reload on/off	[11]	Timer1의 auto-reload 여부 결정 0=One-shot 1=인터벌 모드(auto-reload)	0
Timer1 inverter on/off	[10]	Timer1의 출력 인버터 결정 0=Inverter off 1=Inverter on for TOUT1	0
Timer1 manual update	[9]	Timer1의 수동 업데이트 여부 결정 0=No operation 1= TCNTB2 & TCMPB1 업데이트	0

Timer1 start/stop	[8]	Timer1 시작/정지 0=멈춤 1= Timer4 동작 시작	0
Reserved	[7:5]	Reserved	
Dead-zone enable	[4]	dead-zone 동작 0=Disable 1=Enable	0
Timer0 auto reload on/off	[3]	Timer1의 auto-reload 여부 결정 0=One-shot 1=인터벌 모드(auto-reload)	0
Timer0 inverter on/off	[2]	Timer0의 출력 인버터 결정 0=Inverter off 1=Inverter on for TOUT0	0
Timer0 manual update	[1]	Timer1의 수동 업데이트 여부 결정 0=No operation 1=TCNTB0 &TCMPB0 업데이트	0
Timer0 start/stop	[0]	Timer0 시작/정지 0=멈춤 1= Timer4 동작 시작	0

타이머의 동작을 제어하는 레지스터이다. 타이머 0은 시작시키는 비트, 내부 레지스터에 값을 적재하는 비트, 출력 신호를 반전시키는 비트, 자동 반복을 설정하는 비트, 데드존 기능의 사용을 결정하는 비트로 구성되어 있다. 그 외의 타이머는 데드존 기능이 없기 때문에 4개의 비트로 제어한다. 타이머 5는 외부 출력 신호가 없기 때문에 반전 제어 비트가 없다.

〈표 14-5〉 타이머 0 카운트와 버퍼 레지스터

레지스터	주 소	속 성	설 명	초기값
TCNTB0	0x5100000C	R/W	Timer 0 카운트 버퍼 레지스터	0x00000000
TCMPB0	0x51000010	R/W	Timer 0 비교 버퍼 레지스터	0x00000000

타이머의 제어 회로의 내부 레지스터에 적재할 값을 가지는 레지스터이다.

〈표 14-6〉 타이머 0 카운트 옵저베이션 레지스터

레지스터	주 소	속 성	설 명	초기값
TCNTO0	0x51000014	R	타이머 0 카운트 옵저베이션 레지스터	0x00000000

타이머의 동작 시에 TCNTn의 값을 알고 싶을 때 읽는 레지스터이다.

나머지 4개의 타이머도 각각 동일한 카운터 버퍼 레지스터, 비교 버퍼 레지스터, 카운트 옵저베이션 레지스터 셋을 가진다. 보다 자세한 사항은 S3C2440 매뉴얼에 나와 있다.

14.3. 타이머 제어 프로그램

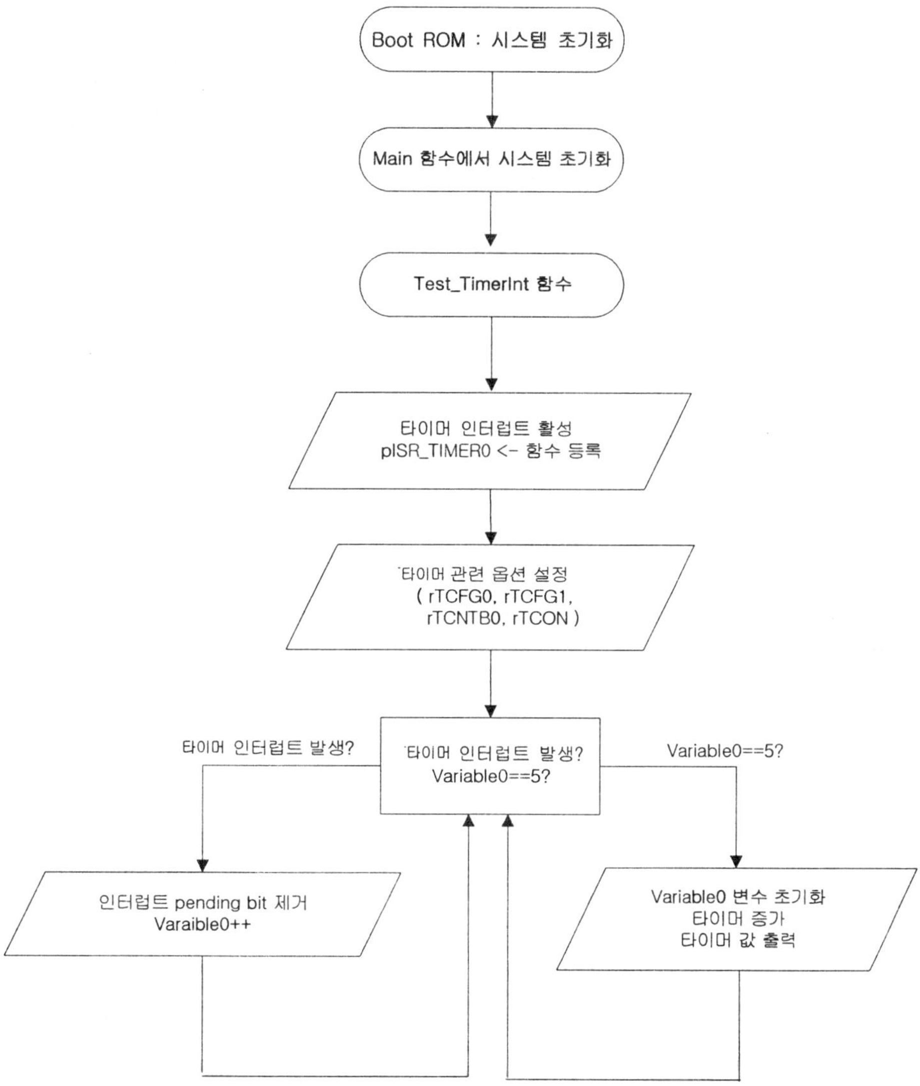

[그림 14-6] 타이머 프로그램 흐름도

다음은 타이머를 제어하기 위한 프로그램이다. 이 프로그램의 구조는 무한 루프를 시작하기 전에 타이머를 설정하고 시작하는 부분, 무한 루프 내에서 ISR(Interrupt Service Routine)에 의한 상태변화가 어떤 조건이 만족하게 되면 수행할 부분, 그리고 ISR 부분으로 나눌 수 있다. 결과적으로 PC의 시리얼 통신 프로그램으로 주기적으로 나타나는 메시지를 확인할 수 있게 된다.

타이머 초기화

```
void Test_TimerInt(void)
{
//////////////////////////////////////////////////////////////////////////
    // Timer0만 인터럽트를 해제한다.
        // Timer0 Mask bit clear
    rINTMSK = (        );

    // Interrupt Handler Table에 Timer0Done 루틴의 주소를 저장한다.
        pISR_TIMER0 =(        );

            Uart_Printf("[Timer0 Interrupt Test]₩n");

    // determine values for every 0.2 second interrupt
    // and setting rTCFG0, rTCFG1, rTCNTB0
    // PCLK = 50000000, C = 49999, P=24; D = 8
            rTCFG0 = ;  // Timer0 Prescaler setting
            rTCFG1 = ;  // Division Factor
            rTCNTB0 = ; // counter

    // manual update to rTCON
            rTCON = ;
    // autoload and start at the same time
            rTCON = (        );
//////////////////////////////////////////////////////////////////////////

    while(1)
    {
            if (variable0 == 5) {  // 1sec= 0.2 * 5
                    variable0 = 0;
                    ctime++;
                    Uart_Printf("%d seconds₩n", ctime);
```

```
            }
    }
    rINTMSK = ; // Interrupt Timer0 masking
}

void __irq Timer0Done(void)
{
    rSRCPND = BIT_TIMER0;          //clear pending bit
    rINTPND  =BIT_TIMER0;
    variable0++;
}
```

타이머 테스트 메인 소스

```
void Main(void)
{
    Uart_Init(115200);

    Test_TimerInt();
}
```

14.4. 타이머 실험 실습

14.4.1. 실습 방법 및 절차

■ 단계 1

MBA2440보드의 실습 환경을 세팅하고 EWARM을 실행하여 Workspace 및 프로젝트를 생성한다.

■ 단계 2

제공되는 초기화 루틴과 보조 프로그램들을 프로젝트에 포함시킨다.

■ 단계 3

타이머 0을 사용하여 0.2초마다 인터럽트를 주기적으로 발생시키기 위한 프리스케일러 값, 분주 MUX값, 그리고 카운터의 값을 수식을 이용하여 결정한다.

■ 단계 4

구한 값을 가지고 타이머를 가동하기 위한 코드를 timer__init 함수에 작성하고 인터럽트 서비스 루틴을 timer0__done 함수에 정의한다.

■ 단계 5

9장에서와 같이 프로젝트 옵션을 설정한 후 소스를 컴파일 및 링킹하여 디버깅 정보가 포함된 *.elf 파일을 생성한다.

■ 단계 6

스파이더를 실행하고 9장에서와 같이 옵션을 설정한 후 [File]-[Load Image]를 선택하여 생성한 이미지를 실습 보드(MBA2440)에 다운로딩한다. 프로그램은 0x30000000번지부터 적재된다.

■ 단계 7

[Option]-[Configure Processor]를 선택한 후 I, E 플래그를 체크한다.
다운로드한 이미지를 실행하여 다음과 같이 인터럽트발생 유무를 확인한다.

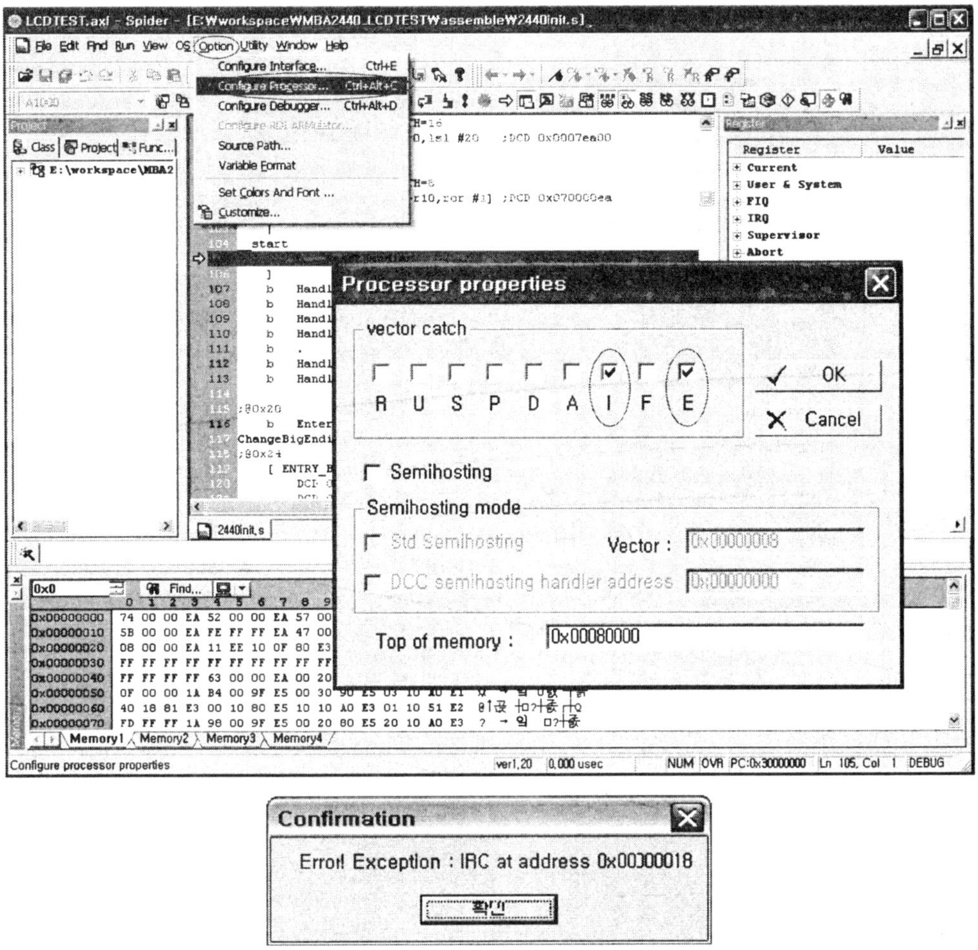

[그림 14-7] 직렬통신 프로그램 메시지 수신확인

Uart__Printf 함수를 이용하여 호스트 PC상의 Serial 통신 프로그램에서 주기적으로 메시지가 수신되는지 확인한다.

14.5. 타이머 추가 실습 과제 및 과제물

14.5.1. 추가 실습 과제

동시에 타이머 두 개를 사용하여 하나는 0.2초, 또 다른 하나는 0.5초 간격으로 인터럽트를 지속적으로 발생시켜 인터럽트 발생의 횟수를 변수에 기록하는 프로그램을 작성한다.

14.5.2. 제출물

1. prereport : 타이머 동작에 대한 설명과 PCLK가 50MHz일 경우 타이머를 0.2초로 했을 때 필요한 세팅 값을 구한다.
2. result : 완성된 프로그램과 그 설명

제15장

TFT-LCD 제어 실습

LCD 컨트롤러를 제어하는 실습을 통해 LCD 컨트롤러 구조와 동작 원리를 이해한다. 이 LCD 컨트롤러를 설정하는 프로그램을 작성하여 실제 LCD 패널에 출력하는 방법에 대해 이해한다.

- S3C2440의 TFT-LCD 컨트롤러
- TFT-LCD 제어 실습

15.1. S3C2440 LCD 컨트롤러 개요

S3C2440의 내장 LCD 컨트롤러는 시스템 메모리 내의 비디오 버퍼에 있는 LCD 이미지 데이터를 외부 LCD 드라이버로 전송하여 최종적으로 LCD 패널에 표시되게 한다. 이를 위하여 프로세서에 있는 LCD 컨트롤러 관련 레지스터를 설정하여야 한다.

이들 레지스터들은 비디오 버퍼의 시작 주소, 버퍼의 크기, LCD 패널의 크기, 종류, 동작 형태, 이미지의 표현 형태 등을 설정한다. 일단 LCD 컨트롤러를 동작 시작시키면 LCD 컨트롤러는 계속적으로 이미지 버퍼의 내용을 읽어서 LCD 드라이버에 전송하며, LCD 드라이버는 LCD 패널에 그림을 그린다. 만일 LCD 패널에 표시되는 화면이 변경하고자 한다면 프로세서가 단순히 LCD 이미지 버퍼 값들만 바꾸면 된다.

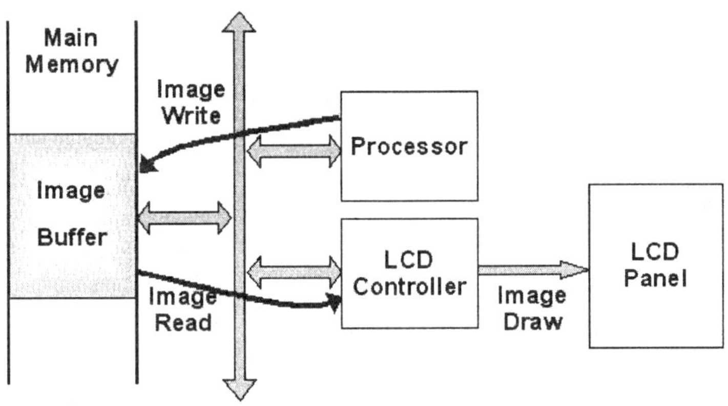

[그림 15-1] LCD 데이터 출력 블록도

S3C2440의 LCD 컨트롤러는 STN-LCD와 TFT-LCD를 지원한다.

먼저 STN-LCD는 4-bit dual scan, 4-bit single scan, 8-bit single scan을 지원하며, monochrome, 4 gray, 16-gray level을 지원한다. 또한 Color STN-LCD 패널은 256(8bpp), 4096(12bpp) 컬러를 지원한다.

다중 스크린 크기도 지원하는데, 일반적인 실제 스크린 크기는 640×480, 320×240, 160×160 등 다양한 크기를 지원한다.

또한 가상 크기로 최대 4Mbyte까지, 256컬러 모드에서는 최대 4096×1024, 2048×2048, 1024×4096과 그 이하 다양한 크기를 지원한다.

TFT-LCD 디스플레이를 살펴보면 1, 2, 4 그리고 8bpp 팔레트 컬러 디스플레이를 지원하고, 16bpp와 24bpp non-palettized 트루 컬러 디스플레이를 지원한다. 최대 24bpp 모드에서 16M컬러를 지원한다.

일반적인 실제 스크린 크기는 640×480, 320×240, 160×160 등 다양한 크기를 지원한다. 가상 크기는 최대 4Mbyte까지 지원하며, 64K컬러 모드에서는 최대 2048×1024 이하 다양한 크기를 지원한다.

다음은 두 LCD 컨트롤러의 공통적인 구조이다.

- 전용 인터럽트 기능(INT_FrSyn and INT_FiCnt)
- 디스플레이 메모리로 시스템 메모리 사용
- 다중 가상 디스플레이 화면 지원(하드웨어 수직/수평 스크롤 지원)
- 여러 디스플레이 패널 지원을 위한 타이밍 제어 프로그램 가능
- Little, Big-endian 지원

15.1.1. S3C2440 LCD 컨트롤러 블록도

다음 그림은 LCD 제어기의 내부 블록도이다.

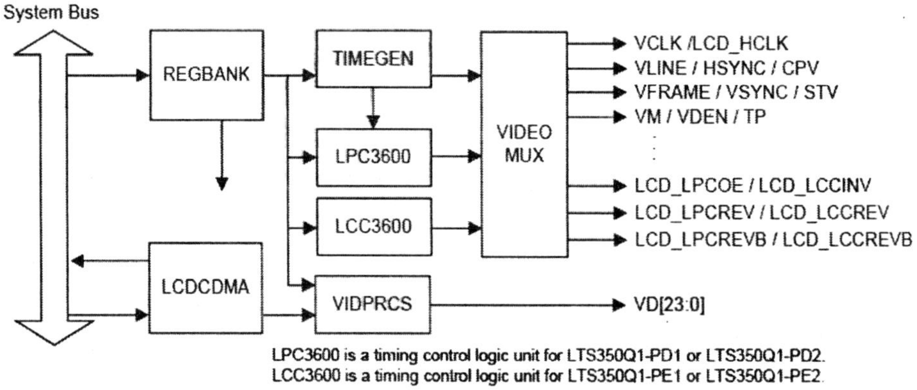

[그림 15-2] LCD 컨트롤러 블록도

S3C2440 LCD 컨트롤러는 비디오 데이터를 제어하는 VFRAME, VLINE, VCLK, VM 등과 같은 제어 신호를 전송하는 데 이용된다. 여기에 비디오 데이터를 전송하는 데이터 포트(VD[23:0])가 [그림 15-2]와 같이 더해져서 전송된다.

LCD 컨트롤러는 REGBANK, LCDCDMA, VIDPRCS, TIMEGEN 그리고 LPC3600, LCC3600 등으로 이루어져 있다. REGBANK는 17개의 프로그램 가능한 레지스터와 256×16 팔레트 메모리를 가지고 있다.

LCDCDMA는 DMA에 연결되어 프레임 메모리에 있는 비디오 데이터를 자동으로 LCD 드라이버로 전송하는 역할을 한다. VIDPRCS는 LCDCDMA로부터 비디오 데이터를 받아서 VD[23:0] 데이터 포트를 이용하여 LCD 드라이버로 전송한다.

이때에 데이터의 포맷 변환이 이루어지는데 예를 들면 dual-scan일 때와 single-scan일 때의 포맷을 다르게 한다. TIMEGEN은 LCD 드라이버마다 다른 인터페이스 타이밍과 비율을 맞춰주기 위한 로직으로 VFRAME(LCD 컨트롤러와 LCD 드라이버 사이의 프레임을 동기화시키는 신호로써 새로운 프레임의 시작을 나타낸다), VLINE(라인 동기화 신호), VCLK(픽셀 클록 신호이며, 데이터는 LCD 컨트롤러에 의해 VCLK의 상승 에지에서 보내어지고, LCD 드라이버에 의해 VCLK의 하향 에지에서 샘플링되어진다), VM(LCD 드라이버를 위해 교류를 만들어내는 역할을 하는 신호, LCD 드라이버는 이것에 따라 픽셀 전압의 극성을 반전시킨다. 이러한 교류는 LCD 패널을 보호하는 효과를 낸다) 등의 신호를 발생시킨다.

15.1.2. 가상 디스플레이

가상 디스플레이(virtual display)란 가상의 디스플레이 영역을 만들어 실제 디스플레이되는 패널을 [그림 15-3]과 같이 스크롤하면서 마치 실제로 커다란 화면이 있는 것처럼 나타내는 것을 말한다. 이렇게 함으로 실제 LCD 패널보다 큰 비디오 데이터를 나타낼 수 있게 된다.

S3C2440은 하드웨어적인 수평/수직 스크롤을 지원한다. 만일 화면이 스크롤되면, LCDADDR1/2 레지스터에 있는 LCDBASEU와 LCDBASEL 값이 바뀌어야 한다. 그러나 PAGEWIDTH와 OFFSIZE값은 바뀌지 않는다. 가상 디스플레이를 사용하려면 LCD 패널의 스크린 크기보다 큰 비디오 버퍼의 크기가 필요하다.

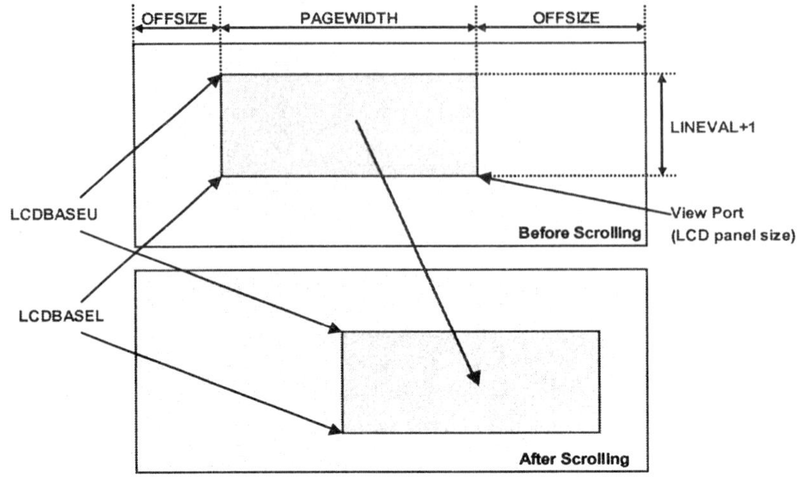

[그림 15-3] 가상 메모리에서의 스크롤

15.1.3. 외부 인터페이스 신호*

TIMEGEN은 VSYNC, HSYNC, VCLK, VDEN, 그리고 LEND 등과 같은 제어 신호를 LCD 드라이버로 발생시킨다. 이러한 제어 신호들은 REGBANK의 LCDCON1~5 레지스터들과 관계가 깊다.

REGBANK의 LCD 제어 레지스터 값을 설정하여 TIMEGEN에서 많은 다른 형태의 LCD 드라이버를 지원할 수 있는 적당한 제어 신호를 발생시킬 수 있다.

VSYNC 신호는 LCD의 디스플레이되는 처음 시작 줄 위치(line pointer)이다. 이 VSYNC와 HSYNC 파형 발생은 LCDCON2/3 레지스터의 HOZVAL 필드와 LINEVAL 필드를 설정함으로써 변경되어진다. 또한 HOZVAL과 LINEVAL은 다음 식과 같이 LCD 패널의 크기에 의해서 구해진다.

```
HOZVAL = (Horizontal display size) - 1
LINEVAL = (Vertical display size) - 1
```

VCLK 신호의 주기는 LCDCON1 레지스터의 CLKVAL 필드에 의해 얻어진다. 〈표 6-1〉에서는 VCLK와 CLKVAL의 관계를 나타낸다. CLKVAL의 최소값

* S3C2440은 STN과 TFT-LCD를 모두 지원한다. 우리가 사용하고자 하는 MBA2440 보드에서는 TFT-LCD를 사용하므로 여기서는 TFT-LCD에 관련하여 이야기하고자 한다. STN-LCD에 관련하여서는 S3C2440의 USER's MANUAL을 참조하기 바란다.

은 0이다.

〈표 15-1〉 VCLK와 CLKVAL(STN, HCLK = 60MHz)의 관계

CLKVAL	60MHz/X	VCLK
1	60MHz/4	15.0MHz
2	60MHz/6	10.0MHz
:	:	:
1023	60MHz/2048	30.0KHz

VCLK(Hz) = HCLK/[(CLKVAL+1)×2]

프레임 비율은 VSYNC 신호 주파수이다. 프레임 비율은 LCDCON1/2/3/4 레지스터의 VSYNC, VBPD, VFPD, LINEVAL, HSYNC, HBPD, HFPD, HOZVAL, CLKVAL 필드에 의하여 구해진다. 대부분의 LCD 드라이버들은 각각에 맞는 프레임 비율을 필요로 한다.

다음 식은 프레임 비율을 구하는 것이다.

프레임 비율 = 1/[{VSPW+1)+(VBPD+1)+(LINEVAL+1)+(VFPD+1)}
{HSPW+1)+(HBPD+1)+(HOZVAL+1)+(HFPD+1)}
{2 (CLKVAL+1)/(HCLK)}]

비디오의 기능을 살펴보면 S3C2440의 TFT-LCD 컨트롤러는 1, 2, 4 그리고 8bpp(비트당 픽셀) 팔레트 컬러 디스플레이를 지원한다. 그리고, 16, 24bpp의 논팔레트 트루 컬러 디스플레이를 지원한다.

15.1.4. S3C2440 LCD 팔레트 사용법

S3C2440은 TFT-LCD 제어에서 256컬러 팔레트를 제공한다. 사용자는 64K 컬러에서 256컬러를 선택할 수 있다. 256컬러 팔레트는 256(depth) 16비트 SPSRAM으로 이루어져 있고, 5:6:5(R:G:B) 포맷과 5:5:5:1(R:G:B:I) 포맷을 지원한다. 5:5:5:1 포맷에서 강도 데이터(I)는 각 RGB 데이터의 LSB 비트에 공통적으로 사용되어 R(5+I):G(5+I):B(5+I)의 포맷과 같이 된다. 〈표 15-2〉는 각각 포맷을 나타내고 있다.

〈표 15-2〉

INDEX₩Bit Pos.	15	14	13	12	11	10	9	8	7	6	5	4	3	2	1	0	Address
00H	R4	R3	R2	R1	R0	G5	G4	G3	G2	G1	G0	B4	B3	B2	B1	B0	0x4D000400
01H	R4	R3	R2	R1	R0	G5	G4	G3	G2	G1	G0	B4	B3	B2	B1	B0	0x4D000404
· · · · · ·																	
FFH	R4	R3	R2	R1	R0	G5	G4	G3	G2	G1	G0	B4	B3	B2	B1	B0	0x4D0007FC
Number of VD	23	22	21	20	19	15	14	13	12	11	10	7	6	5	4	3	

INDEX₩Bit Pos.	15	14	13	12	11	10	9	8	7	6	5	4	3	2	1	0	Address
00H	R4	R3	R2	R1	R0	G4	G3	G2	G1	G0	B4	B3	B2	B1	B0	I	0x4D000400
01H	R4	R3	R2	R1	R0	G4	G3	G2	G1	G0	B4	B3	B2	B1	B0	I	0x4D000404
· · · · · ·																	
FFH	R4	R3	R2	R1	R0	G4	G3	G2	G1	G0	B4	B3	B2	B1	B0	I	0x4D0007FC
Number of VD	23	22	21	20	19	15	14	13	12	11	7	6	5	4	3	2)	

※ 주의 : 팔레트 시작 주소 - 0x4d000400

VD18, VD10 그리고 VD2는 같은 출력값 I를 갖는다.

DATA[31:16]은 쓸모없는 값이다.

사용자가 팔레트에 읽기/쓰기 연산을 하려고 할 때, LCDCON5 레지스터의 HSTATUS와 VSTATUS 필드를 확인하여 ACTIVE 상태가 되어 있는 동안은 읽기/쓰기 연산을 수행하지 못한다.

15.2. 실습 보드(MBA2440)의 LCD 출력

S3C2440에는 타이밍 제어 회로(timing control logic)인 LPC3600과 LCC3600이 내장되어 있다. 그러나 MBA2440보드는 이것을 외부에서 제어하게 설계되었다. 따라서 S3C2440 내부의 LPC3600과 LCC3600을 비활성(disable)시켜 주어야 LCD 패널에 바르게 되어지게 된다. 이에 대해서는 프로그램 부분에서 다시 설명하도록 하겠다.

15.2.1. S3C2440 LCD 컨트롤러 레지스터

LCD 제어에 사용되는 레지스터는 다음과 같다.

〈표 15-3〉 LCD 제어 1 레지스터

레지스터	주소	R/W	설 명	초기값
LCDCON1	0x4D000000	R/W	LCD 제어 1 레지스터	0x00000000

LCDCON1	비트	설 명	초기값
LINECNT (readonly)	[27:18]	라인 카운트값을 나타낸다. LINEVAL에서 0이 될 때까지 카운트	00000000 00
CLKVAL	[17:8]	VCLK와 CLKVAL[9:0]의 비율을 구한다. STN : VCLK = HCLK/(CLKVAL x 2) (CLKVAL 2) TFT : VCLK = HCLK/[(CLKVAL+1) x 2] (CLKVAL 0)	0
MMODE	[7]	VM의 고글(goggle) 비율을 구한다. 0 = 각 프레임 1 = MVAL로 비율 결정	0
PNRMODE	[6:5]	화면 출력 모드 선택 00 = 4비트 듀얼 스캔 출력 모드 01 = 4비트 듀얼 스캔 출력 모드 10 = 8비트 싱글 스캔 출력 모드 11 = TFT-LCD 패널	00

BPPMODE	[4:1]	BPP mode 선택 0000 = 1bpp for STN, 모노 모드 0001 = 2bpp for STN, 4-level 그레이 모드 0010 = 4bpp for STN, 16-level 그레이 모드 0011 = 8bpp for STN, 컬러 모드 0100 = 12bpp for STN, 컬러 모드 1000 = 1bpp for TFT 1001 = 2bpp for TFT 1010 = 4bpp for TFT 1011 = 8bpp for TFT 1100 = 16bpp for TFT 1101 = 24bpp for TFT	0
ENVID	[0]	LCD 비디오 출력 및 로직 활성/비활성 0 = 비디오 출력과 로직 중지, LCD FIFO는 클리어 1 = 비디오 출력과 로직 동작	0

〈표 15-4〉 LCD 제어 2 레지스터

레지스터	주소	R/W	설 명	초기값
LCDCON2	0x4D000004	R/W	LCD 제어 2 레지스터	0x00000000

LCDCON2	비트	설 명	초기값
VBPD	[31:24]	TFT : 수직 주기 동기화 후에 프레임이 시작될 비활성화된 줄의 번호 STN : STN-LCD에서는 0으로 세팅된다.	0x000
LINEVAL	[23:14]	LCD 패널의 수직 크기를 구하는 비트이다.	0000000000
VFPD	[13:6]	TFT : 수직 동기화 전에 프레임의 끝을 나타내는 번호 STN : STN-LCD에서는 0으로 세팅된다.	00000000
VSPW	[5:0]	TFT : VSYNC 펄스의 상위 레벨 폭을 구함. STN : STN-LCD에서는 0으로 세팅된다.	000000

〈표 15-5〉 LCD 제어 3 레지스터

레지스터	주소	R/W	설 명	초기값
LCDCON3	0x4D00008	R/W	LCD 제어 3 레지스터	0x000000

LCDCON3	비트	설 명	초기값
HBPD(TFT)	[25:19]	동작 데이터의 시작과 HSYNC의 하향 에지 사이의 VCLK 주기	0000000
WDLY(STN)		VLINE와 VCLK 사이의 지연(delay) 00=16HCLK, 01=32HCLK, 10=64HCLK, 11=128HCLK	
HOZVAL	[18:8]	LCD 패널의 수평 크기	0x0
HFPD(TFT)	[7:0]	동작 데이터의 끝과 HSYNC의 상승 에지 사이의 VCLK 주기	0x00
LINEBLANK (STN)		하나의 수평선이 지속되는 시간 중 공백 시간을 나타내는 비트 LINEBLANK의 단위는 HCLK×8이다.	

〈표 15-6〉 LCD 제어 4 레지스터

레지스터	주소	R/W	설 명	초기값
LCDCON4	0x4D0000C	R/W	LCD 제어 4 레지스터	0x000000

LCDCON4	비트	설 명	초기값
MVAL	[15:8]	STN : MMODE의 비트가 1로 세팅되어졌을 때 VM 신호의 비율을 정의	0000000
HSPW(TFT)	[7:0]	HSYNC 펄스의 상위 레벨 폭	0x00
WLH (STN)		VLINE 펄스의 상위 레벨 폭 00=16HCLK, 01=32HCLK, 10=64HCLK, 11=128HCLK	

〈표 15-7〉 LCD 제어 5 레지스터

레지스터	주소	R/W	설 명	초기값
LCDCON5	0x4D00010	R/W	LCD 제어 5 레지스터	0x000000

〈표 15-7〉 LCD 제어 5 레지스터(계속)

LCDCON5	비트	설 명	초기값
Reserved	[31:17]		0
VSTATUS	[16:15]	00=VSYNC, 01=BACK Porch, 10=ACTIVE, 11=FRONT Porch	00
HSTATUS	[14:13]	00=HSYNC, 01=BACK Porch, 10=ACTIVE, 11=FRONT Porch	00
BPP24BL	[12]	0=LSB 유효, 1= MSB 유효	0
FRM565	[11]	0=5:5:5:1 포맷 1=5:6:5 포맷	0
INVVCLK	[10]	0 = VCLK 하향 에지에서 비디오 데이터 페치됨 1 = VCLK 상승 에지에서 비디오 데이터 페치됨	0
INVVLINE	[9]	0 = 일반 1 = 반전	0
INVVFRAME	[8]	0 = 일반 1 = 반전	0
INVVD	[7]	0 = 일반 1 = VD 반전	0
INVVDEN	[6]	0 = 일반 1 = 반전	0
INVPWREN	[5]	0 = 일반 1 = 반전	0
INVLEND	[4]	0 = 일반 1 = 반전	0
PWREN	[3]	0 = PWREN 신호 비활성 1 = PWREN 신호 활성	0
ENLEND	[2]	0 = LEND 신호 비활성 1 = LEND 신호 활성	0
BSWP	[1]	0 = Swap 비활성 1 = Swap 활성	0
HWSWP	[0]	0 = Swap 비활성 1 = Swap 활성	0

〈표 15-8〉 프레임 버퍼 시작 주소 1 레지스터

레지스터	주소	R/W	설 명	초기값
LCDSADDR1	0x4D00014	R/W	프레임 버퍼 시작 주소 1 레지스터	0x000000

LCDSADDR1	비트	설 명	초기값
LCDBANK	[29:21]	비디오 버퍼로 사용하는 메모리의 뱅크위치 ENVID=1인 동안 이 값은 바뀌면 안됨 비디오 버퍼의 주소 A[27:22]	0x00
LCDBASEU	[20:0]	상위 프레임 메모리의 시작주소 A[21:1]. 이것은 듀얼 스캔의 상위 프레임 메모리 또는 싱글 스캔의 프레임 메모리	0x000000

〈표 15-9〉 프레임 버퍼 시작 주소 2 레지스터

레지스터	주소	R/W	설 명	초기값
LCDSADDR2	0x4D00018	R/W	프레임 버퍼 시작 주소 2 레지스터	0x000000

LCDSADDR2	비트	설 명	초기값
LCDBASEL	[20:0]	하위 프레임메모리의 시작주소 A[21:1]. 이것은 듀얼 스캔의 하위 프레임 메모리 LCDBASEL=((프레임 끝 주소 address)〉〉1)+1 =LCDBASEU+(PAGEWIDTH+OFFSIZE)×(LINEVAL +1)	0x0000

〈표 15-10〉 프레임 버퍼 시작 주소 3 레지스터

레지스터	주소	R/W	설 명	초기값
LCDSADDR3	0x4D0001C	R/W	프레임 버퍼 시작 주소 3 레지스터	0x000000

LCDSADDR3	비트	설 명	초기값
OFFSIZE	[21:11]	가상 스크린 오프셋 사이즈 (Virtual screen offset size)	0x0000
PAGEWIDTH	[10:0]	가상 스크린 페이지 폭 (Virtual screen page width)	0x000

레지스터 설정 예제

TFT Resolution : 320 × 240
VSPW = 4, VBPD = 2, LINEVAL = 319, VFPD =3
HSPW = 18, HBPD = 5, HOZVAL = 239 HFPD = 5
HCLK = 60MHz

만약 타깃의 프레임 비율이 60~70Hz이면 CLKVAL이 6일 때
프레임 비율 = 60Hz

15.3. LCD 제어 프로그램

15.3.1. 초기화 프로그램

LCD 초기화 루틴

```
// 아래의 레지스터 주소 설정은 2440addr.h 파일에 설정되어 있다.
#define rLCDCON1     (*(volatile unsigned  *)0x4d000000) //LCD control 1
#define rLCDCON2     (*(volatile unsigned  *)0x4d000004) //LCD control 2
#define rLCDCON3     (*(volatile unsigned  *)0x4d000008) //LCD control 3
#define rLCDCON4     (*(volatile unsigned  *)0x4d00000c) //LCD control 4
#define rLCDCON5     (*(volatile unsigned  *)0x4d000010) //LCD control 5
#define rLCDSADDR1   (*(volatile unsigned  *)0x4d000014) //STN/TFT 프레임
                                                           버퍼 시작번지1
#define rLCDSADDR2   (*(volatile unsigned  *)0x4d000018)
                                                         //STN/TFT 프레임 버퍼
                                                           시작번지2
#define rLCDSADDR3   (*(volatile unsigned  *)0x4d00001c)
                                                         //STN/TFT Virtual
                                                           screen address set
#define rREDLUT      (*(volatile unsigned  *)0x4d000020) //STN Red lookup table
#define rGREENLUT    (*(volatile unsigned  *)0x4d000024) //STN Green lookup table
#define rBLUELUT     (*(volatile unsigned  *)0x4d000028) //STN Blue lookup table
#define rDITHMODE    (*(volatile unsigned  *)0x4d00004c) //STN Dithering mode
#define rTPAL        (*(volatile unsigned  *)0x4d000050) //TFT Temporary palette
#define rLCDINTPND   (*(volatile unsigned  *)0x4d000054) //LCD Interrupt pending
#define rLCDSRCPND   (*(volatile unsigned  *)0x4d000058) //LCD Interrupt source
#define rLCDINTMSK   (*(volatile unsigned  *)0x4d00005c) //LCD Interrupt mask
#define rTCONSEL     (*(volatile unsigned  *)0x4d000060) //LPC3600 Control
#define PALETTE      0x4d000400                          //Palette start address

// LCD Timing controller register setting
    // SPI Control signal 제어
      void cs_high(void)
      {       rGPGDAT |= (1<<3);      }
      void cs_low(void)
      {       rGPGDAT &= ~(1<<3);     }
```

```
void n_reset(void)
{
        rGPGDAT &= ~(1<<1);
        Delay(500);                                  // 100 us
        rGPGDAT |= (1<<1);
}
void Spi_Port_Init(int port)
{       // SPI channel 1 setting
        if(port) {
           rGPGUP = ~(0xFFFF);
           spi_rGPGCON=rGPGCON;
           spi_rGPGDAT=rGPGDAT;
           spi_rGPGUP=rGPGUP;
           rGPGCON = ((rGPGCON & ~(0xFF<<8)) | (0xFF<<8));
                                      // Master(GPIO_Output)
          rGPGDAT |= (3<<2);
        // RESET, CE -> High
           rGPGCON = ((rGPGCON & ~(0xF<<4)) | (0x7<<4));
                                      // RESET, CE -> Output Mode
           rGPGCON &= ~(0x3<<8);
        } else {
           rGPDCON = ((rGPDCON & ~0xF) | (0x5));
           rGPDDAT = 0x3;
           spi_rGPDCON=rGPDCON;
           spi_rGPDDAT=rGPDDAT;
           spi_rGPDUP=rGPDUP;
           rGPDCON = ((rGPDCON & ~(0x003F000F)) | (0x3F0005));
                                      // Master(GPIO_Output)
           rGPDDAT |= (3<<0);         // RESET, CE -> High
}}

void Spi_Release(int port)
{       if(port) {
          rGPGCON=spi_rGPGCON;
          rGPGDAT=spi_rGPGDAT;
          rGPGUP=spi_rGPGUP;
        } else {
          rGPDCON=spi_rGPDCON;
          rGPDDAT=spi_rGPDDAT;
          rGPDUP=spi_rGPDUP;
```

```
  }}
// SPI data format
  void spi_tx(unsigned char index, unsigned short data)
  {
          int i=0, j; char tmp[6];
          // INDEX
          tmp[0]=0x74;
          tmp[1]=(unsigned char)index;
          tmp[2]=0x0;
          tmp[3]=0x76;
          tmp[4]=(unsigned char)((data&0xff00)>>8);
          tmp[5]=(unsigned char)((data&0x00ff)>>0);
          //SEND INDEX
          cs_low();
          for(i=0; i<6; i++) {
                  if(i!=2)
                  rSPTDAT1=tmp[i];
                  while(!(rSPSTA1&0x1)) ;
                  if(i==2) {
                          cs_high();
                          rSPCON1 &= ~(1<<4);     //dis-SCK
                          cs_low();
                          rSPCON1 |= (1<<4);      //dis-SCK
                  }
          }
          cs_high();
  }
// Timing controller setting
  void Tcon_Init(unsigned short data)
  {
          n_reset();
          Delay(400);
          spi_tx(0x09, 0x0000);
          Delay(5000);
          spi_tx(0x09, 0x4000);
          spi_tx(0x0a, 0x2000);
          Delay(20);
          spi_tx(0x09, 0x4055);
          Delay(25000);
          spi_tx(0x01, 0x409D);           // Sync Mode
          spi_tx(0x02, 0x0204);
```

```
        spi_tx(0x03, 0x0100);
        spi_tx(0x04, 0x3000);
        spi_tx(0x05, 0x4003);
        spi_tx(0x06, data);
        spi_tx(0x07, 0x0018);
        spi_tx(0x08, 0x0C00);
        spi_tx(0x10, 0x0103);
        spi_tx(0x11, 0x0301);
        spi_tx(0x12, 0x1F0F);
        spi_tx(0x13, 0x1F0F);
        spi_tx(0x14, 0x0707);
        spi_tx(0x15, 0x0307);
        spi_tx(0x16, 0x0707);
        spi_tx(0x17, 0x0000);
        spi_tx(0x18, 0x0004);
        spi_tx(0x19, 0x0000);
        Delay(25000);
        spi_tx(0x09, 0x4A55);
        spi_tx(0x05, 0x5003);
  }
// SPI를 이용한 LCD Timing controller setting
  void Spi_Lcd_Init(void)
  {
        int i,j,k;
        char *txStr,*rxStr;
        char tmp[6];
        Spi_Port_Init(1);                // using SPI1
        endSpiTx=0;
        spiTxStr= tmp+0;
        txStr=(char *)spiTxStr;
        rSPPRE1=0x1;  //if PCLK=67.5Mhz,SPICLK=16.875Mhz
        rSPCON1=(00<<5)|(1<<4)|(1<<3)|(1<<2)|(1<<1)|(0<<0);
                                 // Polling,en-SCK,master,low,A,normal
        rSPPIN1=(0<<2)|(1<<1)|(1<<0);//dis-ENMUL,SBO,release;

        Tcon_Init(0x8);
        Delay(300);
        rSPCON1 &= ~(1<<4);   //dis-SCK
        Spi_Release(1);
        Delay(300000);
  }
```

```
// LCD 초기화 함수
void LCD_Init(void)
{
    frameBuffer = (U32 (*)[SCR_XSIZE/4])LCDFRAMEBUFFER;
    // TFT LCD panel, 8bpp TFT,  ENVID=off
    rLCDCON1 = (CLKVAL<<8) | (MVAL_USED<<7) | (3<<5) | (11<<1) | 0;
    rLCDCON2=(VBPD<<24) | (LINEVAL<<14) | (VFPD<<6) | (VSPW);
    rLCDCON3=(HBPD<<19) | (HOZVAL<<8) | (HFPD);
    rLCDCON4=(MVAL<<8) | (HSPW);
    //FRM5:6:5,HSYNC and VSYNC are inverted
    rLCDCON5=(1<<11) | (1<<9) | (1<<8);
    rLCDSADDR1=(((U32)frameBuffer>>22)<<21)|M5D((U32)frameBuffer>>1);
    rLCDSADDR2=M5D( ((U32)frameBuffer+(SCR_XSIZE*LCD_YSIZE/1))>>1 );
    rLCDSADDR3=(((SCR_XSIZE-LCD_XSIZE)/2)<<11) | (LCD_XSIZE/2);
    rLCDINTMSK |= (3); // MASK LCD Sub Interrupt
    rTCONSEL &= (~3); // Disable LPC3600
    rTCONSEL &= ~(1 << 4); //Disable LCC3600
    rTPAL = 0; // Disable Temp Palette
}

//LCD 포트
void LCD_Port_Init(void)
{
    save_rGPCCON = rGPCCON;
    save_rGPCDAT = rGPCDAT;
    save_rGPCUP = rGPCUP;
    save_rGPDCON = rGPDCON;
    save_rGPDDAT = rGPDDAT;
    save_rGPDUP = rGPDUP;
    rGPCUP = 0xffffffff;              // Disable Pull-up register
    rGPCCON = 0xaaaaaaaa;// Initialize
                             VD,LCDVF,VM,VFRAME,VLINE,VCLK,LEND
    rGPDUP = 0xffffffff;     // Disable Pull-up register
    rGPDCON = 0xaaaaaaaa;            //Initialize VD[23:8]
}
```

LCD_Init함수를 이용하여 LCD 레지스터 값을 설정해 준다. 밑줄 친 부분에서 LPC3600과 LCC3600을 비활성시킨 상태이다. 앞에서도 설명했지만 MBA2440은 타이밍 제어 회로를 따로 사용하기 때문에 LPC3600과 LCC3600을 활성시키면 LCD가 정상적으로 작동할 수 없게 된다.

15.3.2. 팔레트 초기화 프로그램

팔레트 초기화 루틴

```
void Palette_Init(unsigned short *paletteColors)
{
    int i;
    U32 *palette;
    rLCDCON5 |= (1<<11);      // 5:6:5 Palette Setting
    palette = (U32 *)PALETTE;
    for(i=0; i<256; i++)
    {
            *palette = (U32)paletteColors[i];
            palette++;
    }
}
```

이 부분은 팔레트를 초기화 하는 부분이다. rLCDCON5를 이용하여 5:6:5 포맷으로 세팅해주었다.

15.3.3. 팔레트 설정 프로그램

팔레트 설정 소스

```
static unsigned short PaletteColors[]=
                        {0xf800, 0x07e0, 0x001f, 0xffff, 0xf800, 0x7e0 };
static const unsigned char test[]={0x00,0x01,0x02,0x03};
```

팔레트에 색을 등록시켜서 사용하기 위한 프로그램이다. PaletteColors 배열의 변수 값은 팔레트에 들어갈 색상 값이다. 실제 프로그램에서는 이 색상 값을 바로 가져와서 쓰는 것이 아니다. 일반적으로 그림물감에 사용하는 팔레트를 생각해 보면 이해하기 쉬울 것이다.

그림물감은 PaletteColors라는 배열에 들어 있는 값에 비유할 수 있다. 그림물감을 쓸 때는 내가 쓰고자 하는 색상의 물감을 팔레트에 짜놓고 사용하게 되어진다. 마찬가지로 내가 필요로 하는 색상을 PaletteColors 배열에 올려놓고 그 배열 값을 가지고 사용하게 되는 것이다. 실제로 실행 함수에서 사용하는 것은 test라는 배열의 함수를 사용하게 된다.

이 test배열 안에는 PaletteColors의 몇 번째 색상인지를 나타내는 값들이 들어있다.

실제로 사용하는 예는 다음과 같다.

```
frameBuffer[i][j/4] = (frameBuffer[i][j/4] & ~(0xff000000 >> (j%4)*8)) |
                    (((int) test[j+(i%53)*240]) << ((4-1-(j%4))*8));
```

frameBuffer에는 32비트씩 값이 들어가게 된다. 1픽셀 당 8비트씩 할당되기 때문에 framBuffer에는 총 4픽셀씩 할당되어진다. 따라서 버퍼의 y축 값을 4로 나누게 되는 것이다.

15.3.4. LCD 테스트 프로그램

LCD 테스트 함수

```
void LCD_Test(void)
{
    int i, j;
    Spi_Lcd_Init();
    Palette_Init(PaletteColors);        // Palette Initialization with PaletteColors[]
    LCD_Port_Init();                    // LCD signal setting
    LCD_Init();                         // LCD Control Registe Setting
    ////////////////////////////////////////////
    LCD_PowerEnable(0,1);               // Power Control Enable
    LCD_EnvidControl(1);                // Enable LCD Signals
    for(i=0; i<240; i++)                // for y
    {
      for(j=0; j<320; j++)              // for x
            {
// EXPERIMENT
// CODE
// fill frameBuffer with Pixels data.
            }
          }
////////////////////////////////////////////
```

테스트 프로그램이다. 먼저 LCD를 초기화한 후 frameBuffer에 넣고자 하는 색상을 넣어 LCD 드라이버로 전송한다. 참고로 위에서도 설명했듯이 frameBuffer는 32비트이고, 픽셀은 8비트이다.

위에서 주석으로 처리된 부분에 프로그래밍하여 실행하면 실제 LCD 디스플레이 창에 원하는 색상이 들어가게 되는 것을 보게 될 것이다.

15.4. LCD 컨트롤러 실험 실습

15.4.1. 실습 방법 및 절차

■ 단계 1

MBA2440보드의 실습 환경을 세팅하고 EWARM을 실행하여 Workspace 및 프로젝트를 생성한다.

■ 단계 2

제공되는 초기화 루틴과 보조 프로그램들을 프로젝트에 포함시킨다.

■ 단계 3

그림과 같은 소스를 작성하여 프로젝트에 포함시킨다.

주어진 demo256.h 파일 내에 있는 테스트 배열을 이용하여 LCD_Test 함수내의 프레임 버퍼에 데이터를 설정하는 코드를 작성하여 LCD 패널 전체에 RED색이 디스플레이되게 한다.

①

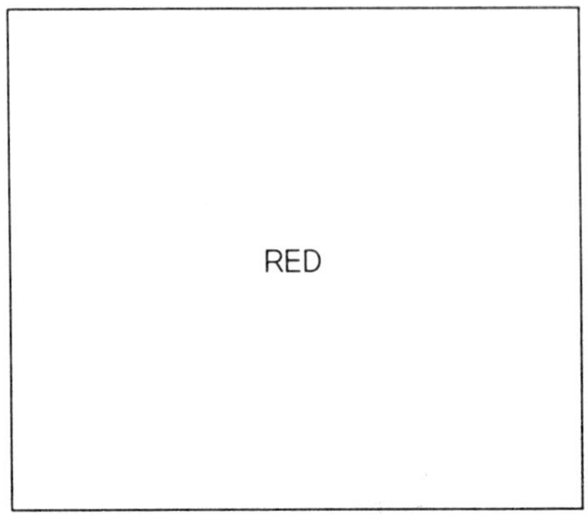

②

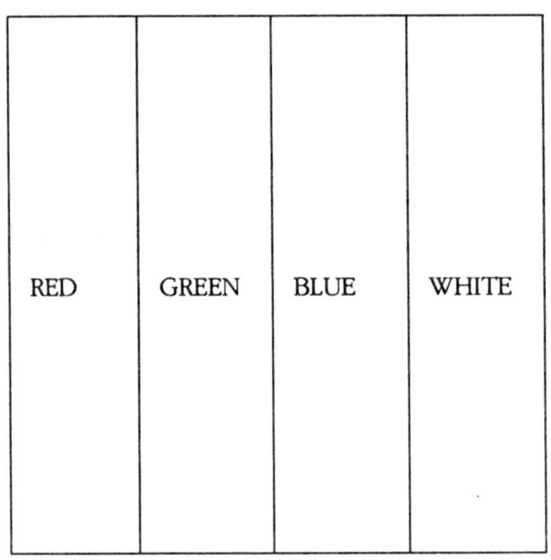

③

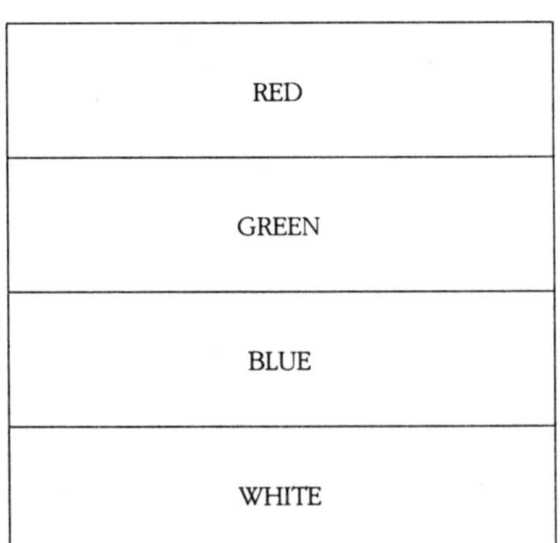

④ 색상 당 40×40픽셀로 설정한다.

R	G	B	W	R	G
W	R	G	B	W	R
B	W	R	G	B	W
G	B	W	R	G	B
R	G	B	W	R	G
W	R	G	B	W	R
B	W	R	G	B	W
G	B	W	R	G	B

■ 단계 4

9장에서와 같이 프로젝트 옵션을 설정한 후 소스를 컴파일 및 링킹하여 디버깅 정보가 포함된 *.elf 파일을 생성한다.

■ 단계 5

스파이더를 실행하고 9장에서와 같이 옵션을 설정한 후 [File]-[Load Image]를 선택하여 생성한 이미지를 실습 보드(MBA2440)에 다운로딩한다. 프로그램은 0x30000000번지부터 적재된다.

■ 단계 6

다운로드한 이미지를 실행하여 의도한대로 LCD에 이미지가 출력되는지 확인한다.

15.5. 타이머 추가 실습 과제 및 과제물

15.5.1. 추가 실습 과제

demo256.H 파일에 정의된 폰트를 읽어서 LCD 패널상에 뿌려주도록 함수를 프로그래밍해 본다.

15.5.2. 제출물

1. prereport : 위의 레지스터 설정 예제에서 HCLK가 50MHz일 때 프레임 비율을 구한다.
2. result : 완성된 프로그램과 이에 대한 설명을 제출한다.

제16장

타이머와 TFT-LCD를 이용한 시계 구현

앞서 학습한 타이머와 LCD 컨트롤러의 사용 방법에 대해 복습해보고, 타이머를 LCD에 제어하는 방법을 학습한다.

- TFT-LCD에 타이머 출력

16.1. 구현 설명

앞서 학습한 타이머 인터럽트와 LCD 컨트롤러를 이용하여 디지털시계를 구현한다. 타이머를 매초에 한번씩 인터럽트를 발생하도록 설정하고, 인터럽트 서비스 루틴에서 LCD 패널에 디스플레이될 내용을 바꾸어준다. LCD 패널상에 나타낼 숫자는 array의 형식으로 Palette.h파일과 Pixels.h 파일로 제공되어진다.

16.2. 시계 구현 실습

16.2.1. 실습 방법 및 절차

■ 단계 1

MBA2440 보드의 실습 환경을 세팅하고 EWARM을 실행하여 Workspace 및 프로젝트를 생성한다.

■ 단계 2

제공되는 초기화 루틴과 보조 프로그램들을 프로젝트에 포함시킨다.

■ 단계 3

타이머의 인터럽트 서비스 루틴인 timer0done 함수에서 시간을 계산하는 코드를 작성한다. 시간을 나타내는 각 자리별로 계산을 해서 바뀐 자리에 대해 changeDisplay 함수를 호출한다.

■ 단계 4

ChangeDisplay 함수(change.c)를 완성시킨다.

ChangeDisplay 함수는 바꾸고자 하는 위치와 바꿀 숫자를 입력받아서 LCD 패널상의 해당 위치에 숫자를 바꿔주는(프레임 버퍼에 폰트 내용을 설정) 역할을 한다.

■ 단계 5

9장에서와 같이 프로젝트 옵션을 설정한 후 소스를 컴파일 및 링킹하여 디버깅 정보가 포함된 *.elf 파일을 생성한다.

■ 단계 6

스파이더를 실행하고 9장에서와 같이 옵션을 설정한 후 [File]-[Load Image]를 선택하여 생성한 이미지를 실습 보드(MBA2440)에 다운로딩한다. 프로그램은 0x30000000번지부터 적재된다.

■ 단계 7

이미지를 실행하여 LCD 패널상에 표시되는 내용을 확인한다.

16.3. 추가 실습 과제 및 과제물

16.3.1. 추가 실습 과제

RTC(Real Time Clock)을 사용하여 1초마다 인터럽트를 발생시켜 시계를 구현한다. 참고로 RTC에서 인터럽트로 INT_TICK를 사용하면 된다.

16.3.2. 제출물

1. result : 완성된 프로그램과 그 설명

제17장

부 록

- RTC
- LCD 제어 루틴
- MBA2440 회로도

17.1. RTC(Real Time Clock)

RTC(Real Time Clock)는 시스템 전원이 off된 상태에서도 백업 배터리에 의해 계속 실행이 되는 타이머이다. 이 RTC는 8비트 BCD 데이터 값을 STRB/LDRB 연산자로 CPU로 전송한다. RTC는 초, 분, 시간, 일, 요일, 달, 연도를 나타낸다.

S3C2440에서 RTC의 특징은 다음과 같다.

- BCD 번호를 사용하여 초, 분, 시간, 일, 요일, 달, 연도를 나타낸다.
- 연도 변경 발생기(leap year generator)를 가지고 있다.
- 전원 off 모드에서 wake-up이나 알람 인터럽트 등의 알람 기능이 있다.
- Y2K 문제가 제거되었다.
- Power 핀과 독자적으로 작동한다.
- Millisecond tick time interrupt를 지원한다.

17.1.1. 본 이론

[그림 17-1]은 RTC에 대한 블록도를 나타낸 그림이다.

1. 연도 변경 발생기

연도 변경 발생기는 BCDDATE, BCDMON, BCDYEAR 데이터에서 각 달의 마지막 날짜가 28, 29, 30 또는 31일을 선택한다. 이 블록은 마지막 날짜를 결정해서 연도를 넘길 것인지 아닌지를 검토한다. 8비트 카운터로는 2개의 BCD 디지트(digit)밖에 표시할 수 없다. 그래서 '00'년도일 때 연도 변경할 것인지 아닌지를 결정할 수 없다. 예를 들어 1900년과 2000년을 다르게 구분할 수 없다. 이 문제를 해결하기 위해서 S3C2440의 RTC 블록은 2000년에 연도 변경할 수 있게 hard-wired logic을 가진다.

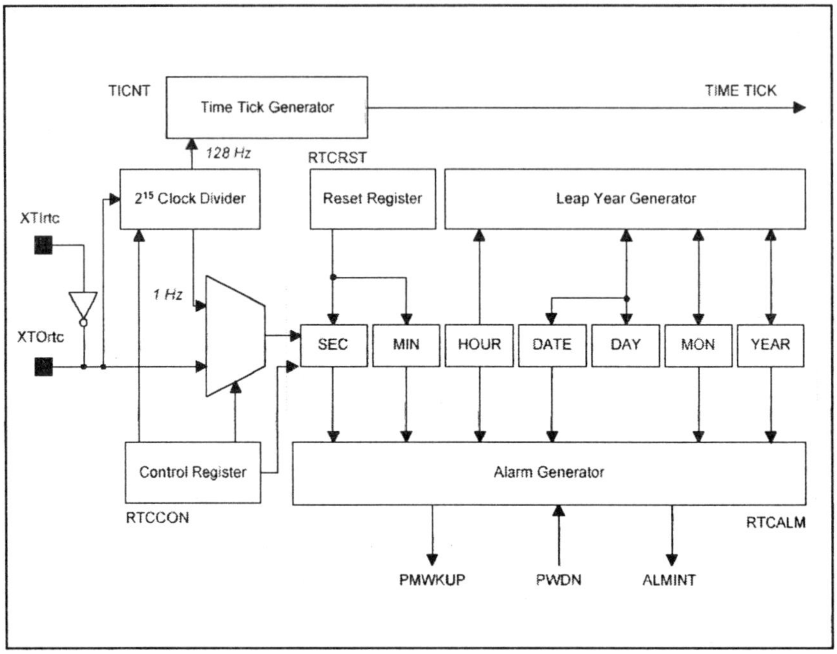

[그림 17-1] RTC 블록도

2. READ/WRITE 레지스터

RTC 블록에서 BCD 레지스터에 쓰기 위해서 RTCCON 레지스터의 0번째 비트를 high로 설정해야 한다. 또한 초, 분, 시간, 일, 월, 연도를 표시하려면, RTC 블록에서 BCDSEC, BCDMIN, BCDHOUR, BCDDAY, BCDDATE, BCDMON, BCDYEAR 레지스터를 각각 읽어야 한다. 결국 1초 동안에 여러 개의 레지스터를 읽어야 한다.

예를 들어 사용자가 BCDYEAR에서부터 BCDMIN까지 읽을 때, 결과가 2059년 12월 31일 23시 59분이라고 가정하자. 이때 BCDSEC 레지스터가 1~59초 사이에서는 아무런 문제가 없다. 그러나 만약 0초가 되면 1초 간격에 연, 월, 일, 시간, 분이 모두 바뀌어서 2060년 1월 1일 0시 0분이 되어질 것이다. 이 경우에는 사용자가 BCDYEAR부터 BCDSEC까지 모두 다시 읽어야 한다.

3. BACKUP 배터리 작동

RTC logic은 백업 배터리로 작동할 수 있다. 이것은 시스템 전원이 꺼져 있는 동안에 RTC 블록으로 RTCVDD 핀을 통해 전원을 공급한다. 시스템이 off상태일 때 CPU와 RTC logic의 인터페이스는 단절된다. 그리고 백업 배터리로 발진 회로와 BCD 카운터만 최소한의 전원을 사용하여 작동하게 되는 것이다.

4. 알람 기능

RTC는 전원 off 모드나 일반 모드에서 특정한 시간에 알람 신호를 발생시킬 수 있다. 일반 모드에서 알람 인터럽트(ALMINT)로 작동된다. 또한 전원 off 모드에서는 ALMINT보다는 전원 관리 웨이크업(PMWKUP : Power Management Wakeup) 신호로 작동된다.

5. TICK 타임 인터럽트

RTC 틱 타임은 인터럽트 요청에 사용된다. TICNT 레지스터는 인터럽트 활성(enable) 비트와 카운트 값(count value)을 가지는데 카운트 값은 1~127까지 설정할 수 있다. 이 값이 0이 되면 틱 타임 인터럽트가 발생하게 된다.

인터럽트가 걸리는 주기를 보면 다음과 같다.

```
Period = (n + 1) / 128 second
n: Tick time count value(1~127)
```

〈표 17-1〉 RTC 제어 레지스터 비트 설정

RTCCON	비 트	설 명	초기값
CLKRST	[3]	RTC 클록 카운트 초기화 여부 0 = No reset, 1 = Reset	0
CNTSEL	[2]	BCD 카운트 선택 0 = Merge BCD counters 1 = Reserved(Separate BCD counters)	0
CLKSEL	[1]	VM의 고급 비율을 구한다. 0 = Each Frame 1 = The rate defined by the MVAL	0
RTCEN	[0]	RTC control enable 0 = Disable 1 = Enable 주의 : 오직 BCD 타임 카운트와 읽기 기능만 수행 가능하다.	0

이 RTC 타임 틱은 RTOS(Real Time Operating System) 커널 타임 틱으로 사용되어질 수 있다. 만약 RTC 타임 틱으로 타임 틱을 발생시킨다면, RTOS의 타임 관련 기능은 실시간에서 항상 동기화되어질 것이다.

〈표 17-2〉 타임 틱 제어 레지스터

TICNT	비트	설 명	초기값
TICK INT ENABLE	[7]	Tick time 인터럽트 활성여부 0 = Disable, 1 = Enable	0
TICK TIME COUNT	[6:0]	Tick time 카운트 값(1~127) 카운트 값은 내부적으로 감소하는 것으로 사용자는 동작중에 이 값을 읽을 수는 없다.	000000

6. 라운드 리셋 기능

라운드 리셋 기능은 RTC 라운드 리셋 레지스터를 이용해서 수행할 수 있다. 이것은 초단위의 리셋을 실행하며, Second carry generation의 round boundary(30, 40, 50sec)를 선택할 수 있다. 이렇게 선택된 범위에서 라운드 리셋 기능을 수행하면 second value는 0으로 돌아가게 된다. 예를 들어 현재 시간이 23:37:47이고, round boundary가 40초로 선택되었을 때, 라운드 리셋을 수행하면 현재 시간을 23:38:00로 바꾸게 된다.

17.1.2. RTC 레지스터

〈표 17-3〉 RTC 제어 레지스터

레지스터	주 소	R/W	설 명	초기값
RTCCON	0x57000040(L) 0x57000043(B)	R/W (by byte)	RTC 제어 레지스터	0x0

RTC 제어 레지스터 비트 설정

RTCCON	비트	설 명	초기값
CLKRST	[3]	RTC 클록 카운트 리셋 0 = No reset, 1 = Reset	0
CNTSEL	[2]	BCD 카운트 선택 0 = Merge BCD counters 1 = Reserved(Separate BCD counters)	0
CLKSEL	[1]	VM의 고글 비율을 구한다. 0 = Each Frame 1 = The rate defined by the MVAL	0
RTCEN	[0]	RTC control enable 0 = Disable 1 = Enable 주의 : 오직 BCD 타임 카운트와 읽기 기능만 수행 가능하다.	0

〈표 17-4〉 틱 타이머 카운트 레지스터

레지스터	주 소	R/W	설 명	초기값
TICNT	0x57000044(L) 0x57000047(B)	R/W (by byte)	틱 타임 카운트 레지스터	0x0

RTC 제어 레지스터 비트 설정

TICNT	비 트	설 명	초기값
TICK INT ENABLE	[7]	틱 타임 인터럽트 활성(enable) 여부 0 = 비활성, 1 = 활성	0
TICK TIME COUNT	[6:0]	틱 타임 카운트 값(1~127) 이 값은 내부적으로 감소하며, 사용자는 동작 중에 이 값을 읽을 수는 없다.	000000

〈표 17-5〉 RTC 알람 제어 레지스터

레지스터	주 소	R/W	설 명	초기값
RTCALM	0x57000050(L) 0x57000053(B)	R/W (by byte)	RTC 알람 제어 레지스터	0x0

RTC 알람 제어 레지스터 비트 설정

RTCCALM	비 트	설 명	초기값
Reserved	[7]		0
ALMEN	[6]	Alarm global enable 0 = 리셋 안함, 1 = 리셋	0
YEAREN	[5]	Year alarm enable 0 = 리셋 안함, 1 = 리셋	0
MONREN	[4]	Month alarm enable 0 = 리셋 안함, 1 = 리셋	0
DATEEN	[3]	Date alarm enable 0 = 리셋 안함, 1 = 리셋	0
HOUREN	[2]	Hour alarm enable 0 = 리셋 안함, 1 = 리셋	0
MINEN	[1]	Minute alarm enable 0 = 리셋 안함, 1 = 리셋	0
SECEN	[0]	Second alarm enable 0 = 리셋 안함, 1 = 리셋	0

〈표 17-6〉 알람 초 데이터 레지스터

레지스터	주 소	R/W	설 명	초기값
ALMSEC	0x57000054(L) 0x57000057(B)	R/W (by byte)	알람 초 데이터 레지스터	0x00

알람 초 데이터 레지스터 비트 설정

ALMSEC	비 트	설 명	초기값
Reserved	[7]		0
SECDATA	[6:4]	알람 초용 BCD 값 0~5	000
	[3:0]	0~9	0000

〈표 17-7〉 알람 분용 데이터 레지스터

레지스터	주 소	R/W	설 명	초기값
ALMMIN	0x57000058(L) 0x5700005B(B)	R/W (by byte)	알람 분용 데이터 레지스터	0x00

알람 분용 데이터 레지스터 비트 설정

ALMMIN	비 트	설 명	초기값
Reserved	[7]		0
MINDATA	[6:4]	알람 분용 BCD 값 0~5	000
	[3:0]	0~9	0000

〈표 17-8〉 알람 시간용 데이터 레지스터

레지스터	주 소	R/W	설 명	초기값
ALMHOUR	0x5700005C(L) 0x5700005F(B)	R/W (by byte)	알람 시간용 데이터 레지스터	0x0

알람 시간용 데이터 레지스터 비트 설정

ALMHOUR	비 트	설 명	초기값
Reserved	[7:6]		00
HOURDATA	[5:4]	알람 시간용 BCD 값 0~2	00
	[3:0]	0~9	0000

〈표 17-9〉 알람 날짜용 데이터 레지스터

레지스터	주 소	R/W	설 명	초기값
ALMDATE	0x57000060(L) 0x57000063(B)	R/W (by byte)	알람 날짜용 데이터 레지스터	0x01

알람 날짜용 데이터 레지스터 비트 설정

ALMDATE	비 트	설 명	초기값
Reserved	[7:6]	–	00
DATEDATA	[5:4]	알람 날짜용 BCD 값 (0~28, 29, 30, 31) 0~3	00
	[3:0]	0~9	0001

〈표 17-10〉 알람 월별 데이터 레지스트

레지스터	주소	R/W	설명	초기값
ALMMON	0x57000054(L) 0x57000057(B)	R/W (by byte)	알람 월별 데이터 레지스트	0x01

알람 월별 데이터 레지스트 비트 제어

ALMMON	비 트	설 명	초기값
Reserved	[7:5]	-	00
MONDATA	[4]	알람 월별 BCD 값 0~1	0
	[3:0]	0~9	0001

〈표 17-11〉 알람 연도 데이터 레지스터

ALMMON	비 트	설 명	초기값
YEARDATA	[7:0]	연도용 BCD 값 00~99	0x0

레지스터	주 소	R/W	설 명	초기값
ALMYEAR	0x57000068(L) 0x5700006B(B)	R/W (by byte)	알람 연도 데이터 레지스터	0x0

〈표 17-12〉 RTC 라운드 리셋 레지스터

레지스터	주 소	R/W	설 명	초기값
RTCRST	0x5700006C(L) 0x5700006F(B)	R/W (by byte)	RTC 라운드 리셋 레지스터	0x0

RTC 라운드 리셋 레지스터 비트 설정

RTCRST	비 트	설 명	초기값
SRSTEN	[3]	Round second 리셋 활성여부 0 = 비활성, 1 = 활성	0
SECCR	[2:0]	Round boundary for second carry generation 011 = 30초 이상 100 = 40초 이상 101 = 50초 이상 주의 : 만일 다른 값들(0, 1, 2, 6, 7)이 설정되면, second carry는 발생하지 않는다. 하지만 카운트 값은 리셋될 수 있다.	000

〈표 17-13〉 BCD 초 데이터 레지스터 비트

BCDSEC	비 트	설 명	초기값
Reserved	[7]		0
SECDATA	[6:4]	초용 BCD 값 0~5	000
	[3:0]	0~9	0000

〈표 17-14〉 BCD분 데이터 레지스터

레지스터	주 소	R/W	설 명	초기값
BCDMIN	0x57000058(L) 0x5700005B(B)	R/W (by byte)	BCD분 데이터 레지스터	0x00

BCD분 데이터 레지스터 비트 설정

BCDMIN	비 트	설 명	초기값
Reserved	[7]		0
MINDATA	[6:4]	분용 BCD 값 0~5	000
	[3:0]	0~9	0000

〈표 17-15〉 BCD 시간 데이터 레지스터

레지스터	주 소	R/W	설 명	초기값
BCDHOUR	0x5700005C(L) 0x5700005F(B)	R/W (by byte)	BCD 시간 데이터 레지스터	0x0

BCD 시간 데이터 레지스터 비트 설정

BCDHOUR	비 트	설 명	초기값
Reserved	[7:6]		00
HOURDATA	[5:4]	시간용 BCD 값 0～2	00
	[3:0]	0～9	0000

〈표 17-16〉 BCD 날짜용 데이터 레지스터

레지스터	주 소	R/W	설 명	초기값
BCDDATE	0x57000060(L) 0x57000063(B)	R/W (by byte)	BCD 날짜용 데이터 레지스터	0x01

BCD 날짜용 데이터 레지스터

BCDDATE	비 트	설 명	초기값
Reserved	[7:6]		00
DATEDATA	[5:4]	날짜용 BCD 값 (0～28,29,30,31) 0～3	00
	[3:0]	0～9	0001

〈표 17-17〉 BCD 월별 데이터 레지스터

레지스터	주 소	R/W	설 명	초기값
BCDMON	0x57000054(L) 0x57000057(B)	R/W (by byte)	BCD 월별 데이터 레지스터	0x01

BCD 월별 데이터 레지스터 비트 설정

BCDMON	비 트	설 명	초기값
Reserved	[7:5]		00
MONDATA	[4]	월별용 BCD 값(0~1)	0
	[3:0]	0~9	0001

〈표 17-18〉 BCD 연도 데이터 레지스터

레지스터	주 소	R/W	설 명	초기값
BCDYEAR	0x57000068(L) 0x5700006B(B)	R/W (by byte)	BCD 연도 데이터 레지스터	0x0

BCD 연도 데이터 레지스터 비트 설정

BCDYEAR	비트	설 명	초기값
YEARDATA	[7:0]	연도용 BCD값 00~99	0x0

17.1.3. RTC 테스트 프로그램

RTC main 프로그램

```
void Main(void)
{
    int i, sel, voltage=120;
    unsigned int mpll_val;

    Port_Init();          // GPIO port init.
    Led_Display(0x1);
    MMU_Init();           // MMU init. I/D cache on.
    Led_Display(0x8);


//////// user can set clock again.    /////////
    Delay(0);
    voltage=110;
```

```
    Delay(1);
#if FIN==12000000                        // 12MHz
    ChangeUPllValue(56,2,2);             // 48MHz
    for(i=0; i<7; i++);
    ChangeClockDivider(13,12);
    ChangeMPllValue(68,1,1);             //2440x
#else          // else xtal_in=16.9344MHz.
    ChangeUPllValue(60,4,2);             // 48MHz
    for(i=0; i<7; i++);
    ChangeClockDivider(13,12);
#endif
//////// user can set clock again.   /////////

    Led_Display(0x2);
    Calc_Clock(1);                       // initial value '0'
    UPDATE_REFRESH(Hclk);
    Isr_Init();
    Uart_Init(Pclk, 115200);
    Uart_Select(0);                      // uart0 select
    Uart_TxEmpty(0);                     // uart0 select

    rDSC0 = (0<<31)|(0x3<<8)|(0xff<<0);
    rDSC1 = (0x3<<28)|(0x3<<26)|(0xfffff<<0);
    Uart_Printf("uDSC0:0x%x, uDSC1:0x%x₩n", rDSC0, rDSC1);

    Clk0_Enable(2);   // 0:MPLLin, 1:UPLL, 2:FCLK, 3:HCLK, 4:PCLK, 5:DCLK0
    Clk1_Enable(3);   // 0:MPLLout,1:UPLL, 2:RTC,  3:HCLK, 4:PCLK, 5:DCLK1

////////////////////// menu start ////////////////////////////
    while(1) {
            i = 0;

            while(1) {   //display menu
                    Uart_Printf("| %2d:%s₩n",i+1,function[i][1]);
                    i++;
                    if((int)(function[i][0])==0) {
                          break;
                    }
            }
            sel = Uart_GetIntNum();
            sel--;
```

```
            if(sel>=0 && (sel<(sizeof(function)/8)) ){
                    ( (void (*)(void)) (function[sel][0]) )();
            }else if(sel == -2){
            }else{
                    Uart_Printf("Wrong number seleted.. Try again!!₩n₩n₩n");
            }
    }
}

void Rtc_Test(void)
{
    int i, sel;

    while(1)
    {
            i = 0;
            while(1)
            {
            //display menu
                    Uart_Printf("| %2d:%s₩n",i+1,func_rtc_test[i][1]);
                    i++;
                    if((int)(func_rtc_test[i][0])==0) break;
            }
            Uart_Printf("| %2d:Previous menu₩n", i+1);

            Uart_Printf(" Select the number to test : ");
            sel = Uart_GetIntNum();
            sel--;
            if(sel == i){
                    return;
            }if(sel>=0 && (sel<(((sizeof(func_rtc_test)-1)/8)) ){
                    ( (void (*)(void)) (func_rtc_test[sel][0]) )();
            }else{
                    Uart_Printf("Wrong number seleted.. Try again!!₩n₩n₩n");
            }
    }

}
```

RTC Display_Rtc 프로그램

```
void Display_Rtc(void)
{
    int year,tmp,key;
    int month,date,weekday,hour,min,sec;

    Uart_Printf("[ Display RTC Test ]₩n");
    Uart_Printf("0. RTC Initialize    1. RTC Time Setting    2. Only RTC Display₩n₩n");
    Uart_Printf("Selet : ");
    key = Uart_GetIntNum();
    Uart_Printf("₩n₩n");
    isInit = key;

    if(isInit == 0)
    {
        Rtc_Init();
        isInit = 2;
    }

    else if(isInit == 1)
    {
        Rtc_TimeSet();
        isInit = 2;
    }

    rRTCCON = 0x01;     //No reset, Merge BCD counters, 1/32768, RTC Control enable
    Uart_Printf("Press any key to exit.₩n₩n");
    while(!Uart_GetKey())
    {
        while(1)
        {
            if(rBCDYEAR == 0x99)
                    year = 0x1999;
            else
                    year = 0x2000 + rBCDYEAR;
                    month = rBCDMON;
                    weekday = rBCDDAY;
                    date = rBCDDATE;
```

```
                    hour = rBCDHOUR;
                    min = rBCDMIN;
                    sec = rBCDSEC;

                    if(sec!=tmp)
                    {
                          tmp = sec;
                          break;
                    }
            }
    Uart_Printf("%2x : %2x : %2x %10s,%2x/%2x/%4x₩n",hour,min,sec,
                day[weekday],month,date,year);
    }
    rRTCCON = 0x0;
    //No reset, Merge BCD counters, 1/32768, RTC Control disable(for power consumption)
    Uart_Printf("₩n₩n₩n");
}
```

RTC initial 프로그램

```
void Rtc_Init(void)
{
    rRTCCON  = rRTCCON  & ~(0xf)  | 0x1;
    //No reset, Merge BCD counters, 1/32768, RTC Control enable

    rBCDYEAR = rBCDYEAR & ~(0xff) | TESTYEAR;
    rBCDMON  = rBCDMON  & ~(0x1f) | TESTMONTH;
    rBCDDATE = rBCDDATE & ~(0x3f) | TESTDATE;
    rBCDDAY  = rBCDDAY  & ~(0x7)  | TESTDAY;
    //SUN:1 MON:2 TUE:3 WED:4 THU:5 FRI:6 SAT:7
    rBCDHOUR = rBCDHOUR & ~(0x3f) | TESTHOUR;
    rBCDMIN  = rBCDMIN  & ~(0x7f) | TESTMIN;
    rBCDSEC  = rBCDSEC  & ~(0x7f) | TESTSEC;

    rRTCCON  = 0x0;
    //No reset, Merge BCD counters, 1/32768, RTC Control disable
}
```

RTC Time setting 프로그램

```
void Rtc_TimeSet(void)
{
    int syear,smonth,sdate,shour,smin,ssec;
    int sday;

    Uart_Printf("[ RTC Time Setting ]\n");
    Rtc_Init();          //RTC Initialize
    Uart_Printf("RTC Time Initialized ...\n");

    Uart_Printf("Year (Two digit the latest)[0~99] : ");
    syear = Uart_GetIntNum();

    Uart_Printf("Month                        [1~12] : ");
    smonth = Uart_GetIntNum();

    Uart_Printf("Date                         [1~31] : ");
    sdate = Uart_GetIntNum();

    Uart_Printf("\n1:Sunday  2:Monday  3:Thesday  4:Wednesday  5:Thursday  6:Friday
              7:Saturday\n");
    Uart_Printf("Day of the week                     : ");
    sday = Uart_GetIntNum();

    Uart_Printf("Hour                         [0~23] : ");
    shour = Uart_GetIntNum();

    Uart_Printf("Minute                       [0~59] : ");
    smin = Uart_GetIntNum();

    Uart_Printf("Second                       [0~59] : ");
    ssec = Uart_GetIntNum();

    rRTCCON  = rRTCCON  & ~(0xf)  | 0x1;
    //No reset, Merge BCD counters, 1/32768, RTC Control enable

    rBCDYEAR = ((syear/10)<<4)+(syear%10);
    rBCDMON  = ((smonth/10)<<4)+(smonth%10);
    rBCDDAY  = sday;          //SUN:1 MON:2 TUE:3 WED:4 THU:5 FRI:6 SAT:7
    rBCDDATE = ((sdate/10)<<4)+(sdate%10);
```

```
    rBCDHOUR  = ((shour/10)<<4)+(shour%10);
    rBCDMIN   = ((smin/10)<<4)+(smin%10);
    rBCDSEC   = ((ssec/10)<<4)+(ssec%10);

    Uart_Printf("%2d : %2d : %2d      %10s,  %2d/%2d/%4d\n",shour,smin,ssec,
                day[sday],smonth,sdate,syear);
    Uart_Printf("%2x : %2x : %2x      %10s,  %2x/%2x/%4x\n",rBCDHOUR,
          rBCDMIN,rBCDSEC,day[rBCDDAY],rBCDMON,rBCDDATE,rBCDYEAR);
    rRTCCON   = 0x0;
    //No reset, Merge BCD counters, 1/32768, RTC Control disable
    Uart_Printf("RTC Timer setting complete!!₩n");
}
```

RTC Round reset 프로그램

```
void RndRst_Rtc(void)
{
    int year;
    int month,date,weekday,hour,min,sec,tmp;
    unsigned int save_GPFCON;
    save_GPFCON = rGPFCON;
    rEXTINT0 = 0x2;  //Falling edge triggered
    rGPFCON  = 0x2;  //EINT0
    pISR_EINT0 = (unsigned int)EINT0_int;
    rINTMSK     = ~(BIT_EINT0);
    if(isInit==0)
    {
       isInit = 1;
    }
    rRTCCON = 0x01;
        //No reset, Merge BCD counters, 1/32768, RTC Control enable
    Uart_Printf("Press any key to exit.₩n₩n");
    Uart_Printf("Press EINT0 key to test round reset.₩n");
    while(!Uart_GetKey())
    {
        while(1)
        {
            if(rBCDYEAR == 0x99)
                year = 0x1999;
            else
                year = 0x2000 + rBCDYEAR;
```

```
            month    = rBCDMON;
            weekday = rBCDDAY;
            date     = rBCDDATE;
            hour     = rBCDHOUR;
            min      = rBCDMIN;
            sec      = rBCDSEC;
            if(sec!=tmp)
            {
                tmp = sec;
                break;
            }
        }
        Uart_Printf("%2x : %2x : %2x  %10s,  %2x/%2x/%4x₩n", hour, min, sec,
day[weekday],month,date,year);
    }
    rRTCCON = 0x0;
   //No reset, Merge BCD counters, 1/32768, RTC Control disable
    rGPFCON = save_GPFCON;
}
```

RTC Alarm test 프로그램

```
void Test_Rtc_Alarm(void)
{
    Uart_Printf("[ RTC Alarm Test for S3C2440 ]₩n");

    Rtc_Init();

    rRTCCON  = 0x01; //No reset, Merge BCD counters, 1/32768, RTC Control enable
    rALMYEAR = TESTYEAR2 ;
    rALMMON  = TESTMONTH2;
    rALMDATE = TESTDATE2  ;
    rALMHOUR = TESTHOUR2 ;
    rALMMIN  = TESTMIN2  ;
    rALMSEC  = TESTSEC2 + 9;
    Uart_Printf("After 9 sec, alarm interrupt will occur.. ₩n");

    isRtcInt = 0;
    pISR_RTC = (unsigned int)Rtc_Int;
    rRTCALM  = 0x7f; //Global,Year,Month,Day,Hour,Minute,Second alarm enable
    rRTCCON  = 0x0; //No reset, Merge BCD counters, 1/32768, RTC Control disable
```

```
    rINTMSK  = ~(BIT_RTC);

    while(isRtcInt==0);

    rINTMSK = BIT_ALLMSK;
    Uart_Printf("₩n₩n₩n");
//  rRTCCON = 0x0;
//RTC  Control disable(for power consumption), 1/32768, Normal(merge), No reset
}
```

RTC Tick test 프로그램

```
void Test_Rtc_Tick(void)
{
    Uart_Printf("[ RTC Tick interrupt(1 sec) test for S3C2440 ]₩n");
    Uart_Printf("Press any key to exit.₩n");
    Uart_Printf("₩n");
    Uart_Printf("₩n");
    Uart_Printf("   ");

    pISR_TICK = (unsigned)Rtc_Tick;
    sec_tick  = 1;
    rINTMSK   = ~(BIT_TICK);
    rRTCCON   = 0x0; //No reset[3], Merge BCD counters[2], BCD clock select
                     //XTAL[1], RTC Control disable[0]
    rTICNT    = (1<<7) + 127;
    //Tick time interrupt enable, Tick time count value 127
    //Period = (n + 1) / 128 second     n:Tick time count value(1~127)
    Uart_Getch();

    rINTMSK   = BIT_ALLMSK;
    rRTCCON   = 0x0; //No reset[3], Merge BCD counters[2], BCD clock select
                     //XTAL[1], RTC Control disable[0]
    Uart_Printf("₩n₩n₩n");
}
```

17.1.4. RTC 실습

1. 실습의 목적

RTC에 대한 이해와 UART를 통해서 입력한 데이터 수신에 따라 RTC 각 기능을 테스트해 본다.

2. 방법 및 절차

■ 단계 1

초기화 루틴을 포함한 주어진 프로그램을 빌드하기 위하여 EWARM을 실행하여 새로운 Workspace 및 프로젝트를 만들고 프로젝트를 실습 보드 환경에 맞도록 설정한다.

■ 단계 2

9장에서와 같이 프로젝트 옵션을 설정한 후 소스를 컴파일 및 링킹하여 디버깅 정보가 포함된 *.elf 파일을 생성한다.

■ 단계 3

스파이더를 실행하고 9장에서와 같이 옵션을 설정한 후 [File]-[Load Image]를 선택하여 생성한 이미지를 실습 보드(MBA2440)에 다운로드딩한다. 프로그램은 0x30000000번지부터 적재된다.

■ 단계 4

PC 상에 하이퍼터미널 또는 dnw와 같은 시리얼 통신 프로그램을 구동하고 COM포트 옵션을 설정한다.

■ 단계 5

다운로드한 이미지를 실행하여 통신 에뮬레이터상에 메시지가 출력되는지 확인한다.

■ 단계 6

각 메뉴를 선택하여 프로그램이 제대로 수행되는지 확인한다.

17.2. LCD 제어 프로그램

MBA2440보드의 LCD(240*320)를 제어하고 확인하는 프로그램이다.

DNW를 이용하여 실습 보드와 통신을 확인하고 키보드로부터 입력받은 메시지는 UART를 이용하여 통신한다. LCD 제어는 MBA2440보드의 LCD에 여러 bmp이미지를 올려볼 수 있다.

LCD Control Main Routine

```
void * func_lcd_test[][2]=
{
    (void *)Test_Lcd_Tft_8Bit_320240,        "TFT240320 8Bit ",
    (void *)Test_Lcd_Tft_8Bit_320240_On,     "TFT240320 8 On ",
    (void *)Test_Lcd_Tft_16Bit_320240,       "TFT240320 16Bit",
    0,0
}
void Main(void)
{
        int i;
        Led_Display(15);
        MMU_Init();
        Port_Init();
        ExceptionHandler_Init();
        Uart_Init(0,115200);
        Delay(0);
        Lcd_Test();
}
void Lcd__Test(void)
{
        int i, sel;
```

```
        MMU_EnableICache();
        MMU_EnableDCache();
        while(1)
        {
                i=0;
                Uart_Printf("+-------------[ LCD test ]----------------+\n");
                while(1)
                {   //display menu
                        Uart_Printf("| %2d:%s\n",i+1,func_lcd_test[i][1]);
                        i++;
                        if((int)(func_lcd_test[i][0])==0)   break;
                }
                Uart_Printf("| %2d:Previous menu\n", i+1);
                Uart_Printf("+----------------------------------------+\n");
                Uart_Printf(" Select the number to test : ");
                sel = Uart_GetIntNum();
                Uart_Printf("Your input data = %d\n",sel);
                sel--;
                Uart_Printf("+------------------------------------+\n\n\n");
                if(sel == i){
                        MMU_DisableICache();
                        MMU_DisableDCache();
                        return;
                }
                if(sel>=0 && (sel<((sizeof(func_lcd_test)-1)/8)) ){
                        ( (void (*)(void)) (func_lcd_test[sel][0]) )();
                }
                else{
                        Uart_Printf("Wrong number seleted.. Try again!!\n\n\n");
                }
        }
}
```

MMU 초기화

```
void MMU_Init(void)
{
    int i,j;

    //If write-back is used,the DCache should be cleared. Dcache must be enabled.
    for(i=0;i<64;i++)
    for(j=0;j<8;j++)
        MMU_CleanInvalidateDCacheIndex((i<<26)|(j<<5));

    MMU_DisableDCache();
    MMU_DisableICache();
    MMU_InvalidateICache();
    MMU_DisableMMU();
    MMU_InvalidateTLB();
    MMU_SetMTT(0x00000000,0x07f00000,0x00000000,RW_CNB);    //bank0
    MMU_SetMTT(0x08000000,0x0ff00000,0x08000000,RW_CNB);    //bank1
    MMU_SetMTT(0x10000000,0x17f00000,0x10000000,RW_NCNB);   //bank2
    MMU_SetMTT(0x18000000,0x1ff00000,0x18000000,RW_NCNB);   //bank3
    MMU_SetMTT(0x20000000,0x27f00000,0x20000000,RW_CNB);
    //bank4 for STRATA Flash
    MMU_SetMTT(0x28000000,0x2ff00000,0x28000000,RW_NCNB);   //bank5
    MMU_SetMTT(0x30000000,0x30f00000,0x30000000,RW_CB);     //bank6-1
    MMU_SetMTT(0x31000000,0x33e00000,0x31000000,RW_NCNB);   //bank6-2
    MMU_SetMTT(0x33f00000,0x33f00000,0x33f00000,RW_CB);     //bank6-3
    MMU_SetMTT(0x38000000,0x3ff00000,0x38000000,RW_NCNB);   //bank7
    MMU_SetMTT(0x40000000,0x47f00000,0x40000000,RW_NCNB);   //SFR
    MMU_SetMTT(0x48000000,0x5af00000,0x48000000,RW_NCNB);   //SFR
    MMU_SetMTT(0x5b000000,0x5b000000,0x5b000000,RW_NCNB);   //SFR
    MMU_SetMTT(0x5b100000,0xfff00000,0x5b100000,RW_FAULT);  //not used
    MMU_SetTTBase(_MMUTT_STARTADDRESS);
    MMU_SetDomain(0x55555550|DOMAIN1_ATTR|DOMAIN0_ATTR);
    //DOMAIN1: no_access, DOMAIN0,2~15=client(AP is checked)
    MMU_SetProcessId(0x0);
    MMU_EnableAlignFault();
    MMU_EnableMMU();
    MMU_EnableICache();
    MMU_EnableDCache(); //DCache should be turned on after MMU is turned on.
}
```

Port Initialization

```
void Port_Init(void)
{
    //CAUTION:Follow the configuration order for setting the ports.
    // 1) setting value(GPnDAT)
    // 2) setting control register  (GPnCON)
    // 3) configure pull-up resistor(GPnUP)

    //32bit data bus configuration
    //*** PORT A GROUP
    rGPACON = 0x7fffff;

    //**** PORT B GROUP
    rGPBCON = 0x155555;
    rGPBUP  = 0x7ff;      // The pull up function is disabled GPB[10:0]

    //*** PORT C GROUP
    rGPCCON = 0xaaaaaaaa;
    rGPCUP  = 0xffff;     // The pull up function is disabled GPC[15:0]

    //*** PORT D GROUP
    rGPDCON = 0xaaaaaaaa;
    rGPDUP  = 0xffff;     // The pull up function is disabled GPD[15:0]

    //*** PORT E GROUP
    rGPECON = 0xaaaaaaaa;
    rGPEUP  = 0xffff;     // The pull up function is disabled GPE[15:0]

    //*** PORT F GROUP
    rGPFCON = 0x55aa;
    rGPFUP  = 0xff;       // The pull up function is disabled GPF[7:0]

    //*** PORT G GROUP
    rGPGCON = 0xaa95ffba;
    rGPGUP  = 0xffff;     // The pull up function is disabled GPG[15:0]

    //*** PORT H GROUP
    rGPHCON = 0x2afaaa;
    rGPHUP  = 0x7ff;      // The pull up function is disabled GPH[10:0]
```

```
    //PORT J GROUP
    rGPJDAT = (1<<12)|(0<<11);
    rGPJCON = 0x016aaaa;
    rGPJUP  = ~((0<<12)|(1<<11));

    rGPJDAT = (0<<12)|(0<<11);
    rGPJCON = 0x016aaaa;
    rGPJUP  = 0x1fff;//~((1<<12)|(1<<11));


    //rGPJCON = 0x02aaaaaa;
    //rGPJUP  = 0x1fff;    // The pull up function is disabled GPH[10:0]

    //External interrupt will be falling edge triggered.
    rEXTINT0 = 0x22222222;    // EINT[7:0]
    rEXTINT1 = 0x22222222;    // EINT[15:8]
    rEXTINT2 = 0x22222222;    // EINT[23:16]
}
```

Isr 초기화 루틴

```
void ExceptionHandler_Init(void)
{
    pISR_UNDEF  = (unsigned)HaltUndef;
    pISR_SWI    = (unsigned)HaltSwi;
    pISR_PABORT = (unsigned)HaltPabort;
    pISR_DABORT = (unsigned)HaltDabort;

    rINTMOD     = 0x0;                //All=IRQ mode
    rINTMSK     = BIT_ALLMSK;         //All interrupt is masked.
    rINTSUBMSK  = BIT_SUB_ALLMSK;
    //All sub-interrupt is masked. <- April 01, 2002 SOP
}
```

UART 초기화

```
void Uart_Init(int pclk,int baud)
{
    int i;
    if(pclk == 0)
```

```
    pclk     = PCLK;
    rUFCON0 = 0x0;   //UART channel 0 FIFO control register, FIFO disable
    rUFCON1 = 0x0;   //UART channel 1 FIFO control register, FIFO disable
    rUFCON2 = 0x0;   //UART channel 2 FIFO control register, FIFO disable
    rUMCON0 = 0x0;   //UART chaneel 0 MODEM control register, AFC disable
    rUMCON1 = 0x0;   //UART chaneel 1 MODEM control register, AFC disable
                     //UART0
    rULCON0 = 0x3;   //Line control register : Normal,No parity,1 stop,8 bits
    rUCON0  = 0x245; // Control register
    rUBRDIV0=( (int)(pclk/16./baud+0.5) -1 ); //Baud rate divisior register 0   value = 23
    Uart_TxEmpty(whichUart);
}
```

8bit LCD Control

```
void Test_Lcd_Tft_8Bit_320240(void)
{
    int i,j,k;
    Spi_Lcd_Init();
    Lcd_Port_Init();
    Lcd_Palette8Bit_Init();               // Initialize 256 palette
    Lcd_Init(MODE_TFT_8BIT_320240);
    Glib_Init(MODE_TFT_8BIT_320240);
    Lcd_PowerEnable(0, 1);
    Uart_Printf("[TFT 256 COLOR(8bit/1pixel) LCD TEST]₩n");
    rTPAL = (1<<24)|((0xff)<<16);         // Enable Temporary Palette : Red
    Lcd_EnvidOnOff(1);                    // Enable ENVID Bit
    Uart_Printf("TFT 256 color mode test 1. Press any key!₩n");
    Uart_Getch();
    // Fill the LCD panel with Black Color
    Glib_ClearScr(0, MODE_TFT_8BIT_320240);
    k=0;
    for(i=0;i<240;i+=20)
            for(j=0;j<320;j+=15)
            {
                Glib_FilledRectangle(j,i,j+14,i+19,(k%256));
                k++;
            }
    rTPAL = 0; // Disable Temporary Palette
    Uart_Printf("TFT 256 color mode test 2. Press any key!₩n");
    Uart_Getch();
```

```
// Fill the LCD panel with Black Color
Glib_ClearScr(0, MODE_TFT_8BIT_320240);
k=0;
for(i=0;i<240;i+=10)
          for(j=0;j<320;j+=10)
          {
              Glib_FilledRectangle(j,i,j+9,i+9,(k%256));
              k+=30;
          }
Uart_Printf("TFT 256 color mode test 3. Press any key!₩n");
Uart_Getch();

Glib_ClearScr(0, MODE_TFT_8BIT_320240);
k=0;
for(i=60;i<180;i+=10)
{
    for(j=80;j<240;j+=10)
    {
        Glib_FilledRectangle(j,i,j+9,i+9,k);
        k++;
    }
}
Glib_Rectangle(0,0,319,239,255);
Glib_Line(0,0,319,239,255);
Glib_Line(0,239,319,0,255);

Glib_Rectangle(0+320,0,319+320,239,255);
Glib_Line(0+320,0,319+320,239,255);
Glib_Line(0+320,239,319+320,0,255);

Glib_Rectangle(0,0+240,319,239+240,255);
Glib_Line(0,0+240,319,239+240,255);
Glib_Line(0,239+240,319,0+240,255);

Glib_Rectangle(0+320,0+240,319+320,239+240,255);
Glib_Line(0+320,0+240,319+320,239+240,255);
Glib_Line(0+320,239+240,319+320,0+240,255);
Glib_Rectangle(10+320,10+240,640-11,480-11,255);

Uart_Printf("Virtual Screen Test(TFT 256 color). Press any key[ijkm₩₩r]!₩n");
MoveViewPort(MODE_TFT_8BIT_320240);
```

```
    Lcd_MoveViewPort(0,0,MODE_TFT_8BIT_320240);
    Lcd_EnvidOnOff(0);
    Lcd_Port_Return();
}
```

8bit LCD Control ON

```
void Test_Lcd_Tft_8Bit_320240_On(void)
{
   int i,j,k=0;
   Spi_Lcd_Init();
   Lcd_Port_Init();
   Lcd_Palette8Bit_Init();
   Lcd_Init(MODE_TFT_8BIT_320240);
   Glib_Init(MODE_TFT_8BIT_320240);
   //Lcd_Lpc3600Enable(); // Enable LPC3600
   Lcd_PowerEnable(0, 1);
   Uart_Printf("[TFT LCD(320x240,8bpp) WILL BE TURNED ON EVEN DURING OTHER TEST]₩n");
   Uart_Printf("If you'd like to off the TFT LCD, then excute other LCD test program,₩n");

      for(j=0;j<240;j++)
         for(i=0;i<320;i++)
              PutPixel(i,j,((int)DEMO256[k++]));

   Lcd_EnvidOnOff(1);
}
```

16bit LCD Control

```
void Test_Lcd_Tft_16Bit_320240(void)
{
      int i,j,k;
      Spi_Lcd_Init();
      Lcd_Port_Init();
      Lcd_Init(MODE_TFT_16BIT_320240);
      Glib_Init(MODE_TFT_16BIT_320240);
      Lcd_PowerEnable(0, 1);
      Lcd_EnvidOnOff(1);
      Uart_Printf("[TFT 64K COLOR(16bit/1pixel) LCD TEST]₩n");
      Glib_ClearScr(0, MODE_TFT_16BIT_240320);
```

```
Glib_FilledRectangle(0,0,319,119,0xf800);
Glib_FilledRectangle(0,120,319,240,0xf800);
Uart_Printf("TFT 64K color mode test 1. Press any key!₩n");
Uart_Getch();
Glib_ClearScr(0, MODE_TFT_16BIT_320240);
Glib_Rectangle(0,0,319,239,0x07e0);
Glib_FilledRectangle(0,0,20,20,65535);
Glib_Rectangle(300,220,319,239,65535);
Glib_Line(0,0,319,239,0x1f);
Glib_Line(319,0,0,239,0xf800);
Uart_Printf("TFT 64K color mode test 2. Press any key!₩n");
Uart_Getch();
Glib_ClearScr(0, MODE_TFT_16BIT_320240);
k=0;
for(i=60;i<180;i+=10)
{
    for(j=80;j<240;j+=10)
    {
        Glib_FilledRectangle(j,i,j+9,i+9,k);
        k++;
    }
}
Glib_Rectangle(0,0,319,239,65535);
Glib_Line(0,0,319,239,65535);
Glib_Line(0,239,319,0,65535);

Glib_Rectangle(0+320,0,319+320,239,255);
Glib_Line(0+320,0,319+320,239,255);
Glib_Line(0+320,239,319+320,0,255);

Glib_Rectangle(0,0+240,319,239+240,255);
Glib_Line(0,0+240,319,239+240,255);
Glib_Line(0,239+240,319,0+240,255);

Glib_Rectangle(0+310,0+240,319+320,239+240,255);
Glib_Line(0+310,0+240,319+320,239+240,255);
Glib_Line(0+310,239+240,319+320,0+240,255);
Glib_Rectangle(40+320,40+240,640-41,480-41,0x1f);

Uart_Printf("Virtual Screen Test(TFT 64K color). Press any key[ijkm₩₩r]!₩n");
MoveViewPort(MODE_TFT_16BIT_320240);
```

```
    Lcd_MoveViewPort(0,0,MODE_TFT_16BIT_320240);
    Lcd_EnvidOnOff(0);
    Lcd_Port_Return();
}
```

17.2.1. LCD 추가 실습

1. 실습의 목적

LCD에 대한 이해와 UART를 통해서 입력한 데이터 수신에 따라 LCD 화면에 이미지를 출력한다.

2. 방법 및 절차

■ 단계 1

초기화 루틴을 포함한 주어진 프로그램을 빌드하기 위하여 EWARM을 실행하여 새로운 Workspace 및 프로젝트를 만들고 프로젝트를 실습 보드 환경에 맞도록 설정한다.

■ 단계 2

프로젝트 옵션을 설정한 후 소스를 컴파일 및 링킹하여 디버깅 정보가 포함된 *.elf 파일을 생성한다.

■ 단계 3

스파이더를 사용하여 실습 보드(MBA2440)에 로드한다. 프로그램은 0x30000000 번지부터 적재된다.

■ 단계 4

PC 상에 하이퍼터미널 또는 dnw와 같은 시리얼 통신 프로그램을 구동하고 COM 포트 옵션을 설정한다.

■ 단계 5

다운로드한 이미지를 실행하여 통신 에뮬레이터 상에 메시지가 출력되는지 확인한다.

■ 단계 6

DNW실행 내용 중 "Select the function to test:" 부분에 0, 1, 2의 키보드 입력을 주면 각각 입력 메시지에 따라 MBA2440보드의 LCD 화면에 실행되는 결과를 확인할 수 있다.

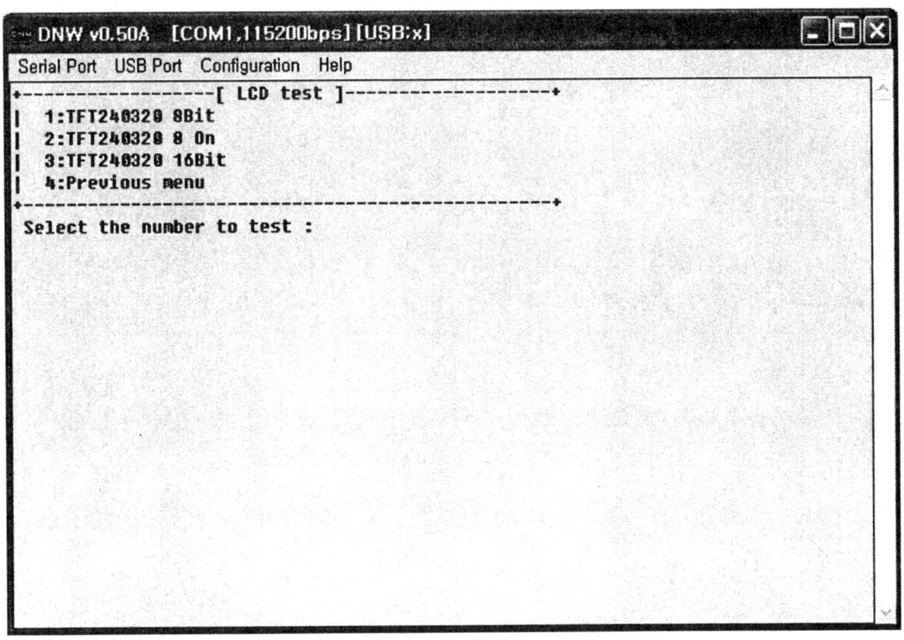

[그림 17-2] DNW 실행 화면

17.3. MBA2440 회로도

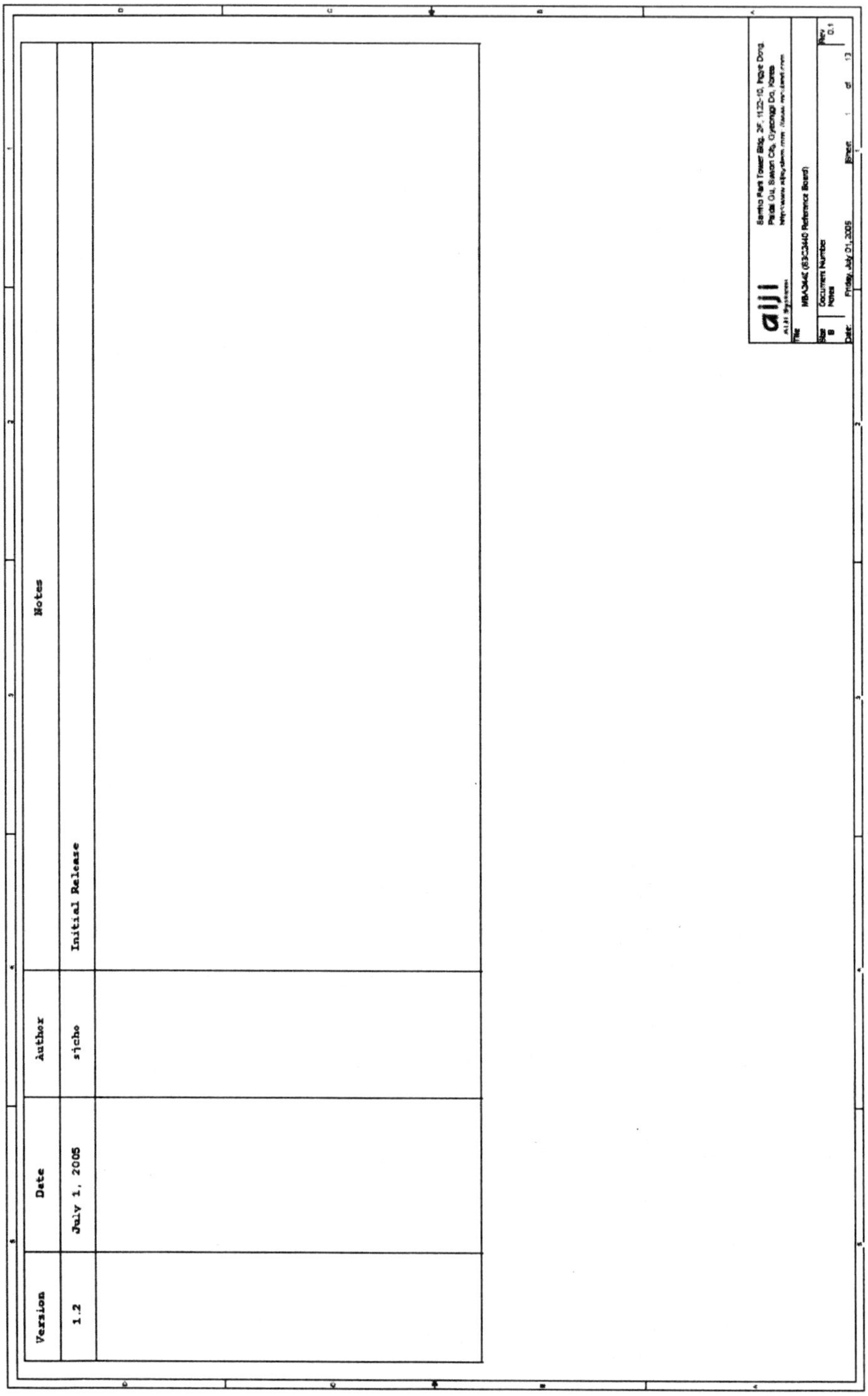

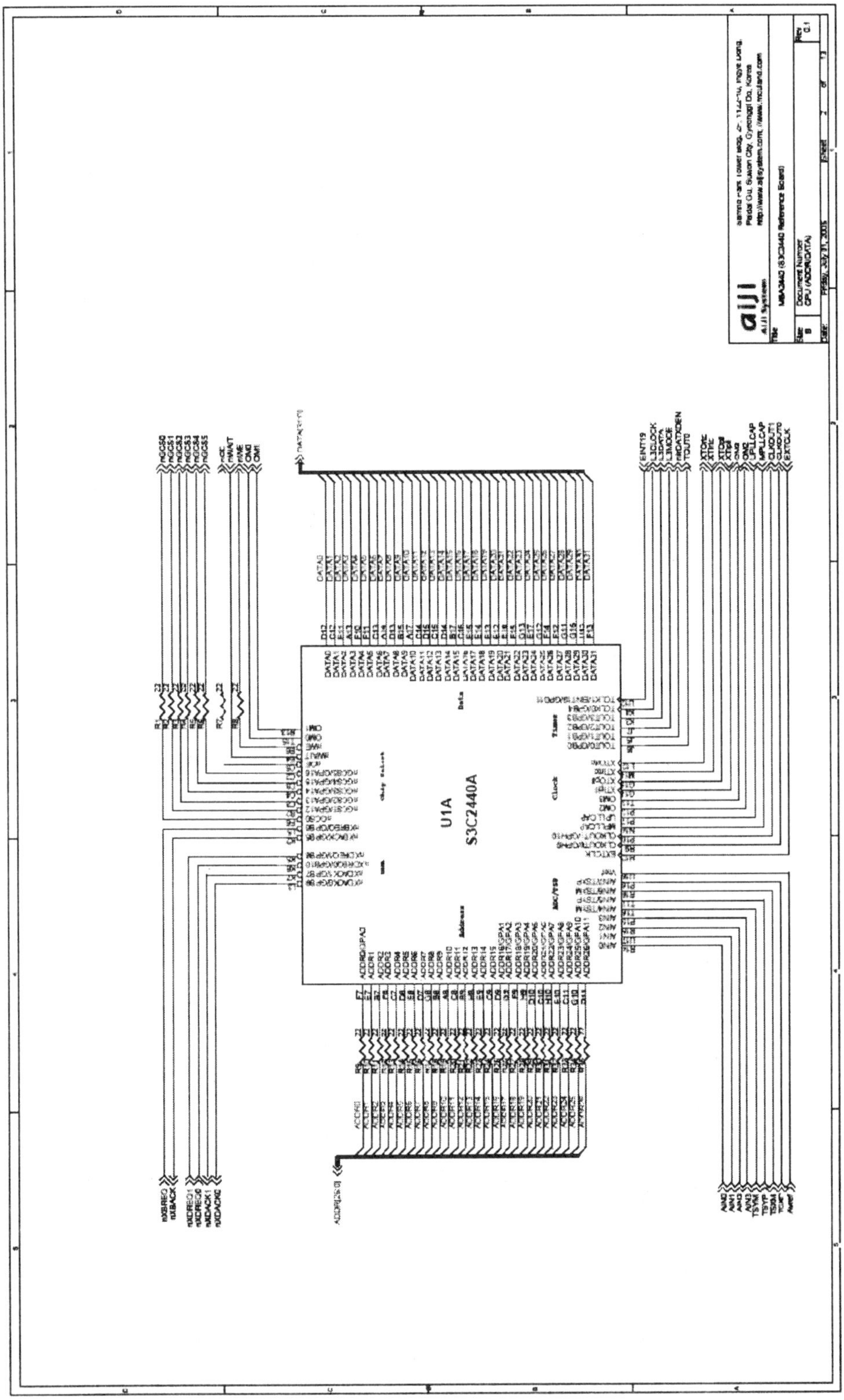
U1A
S3C2440A

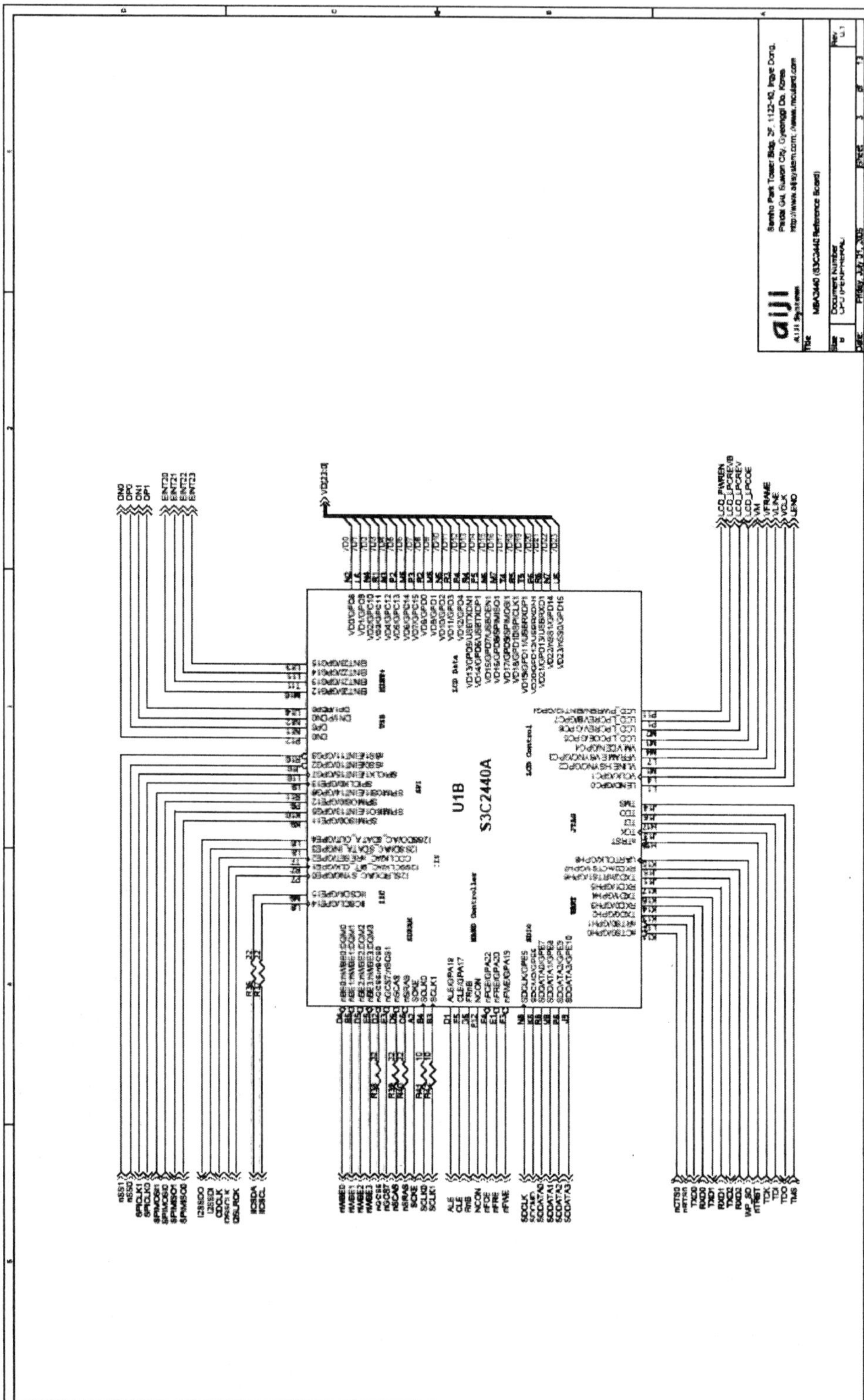
U1B
S3C2440A

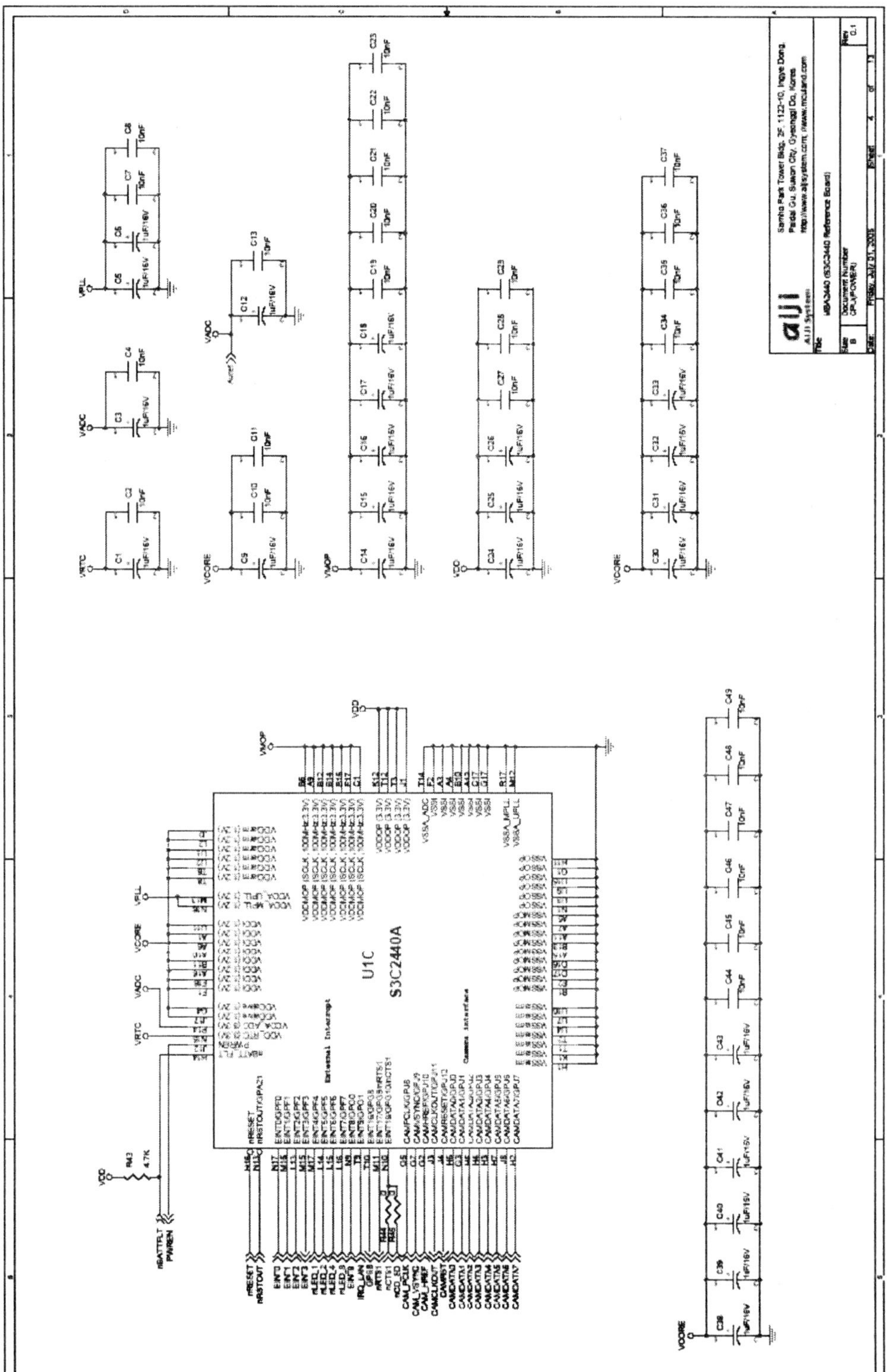

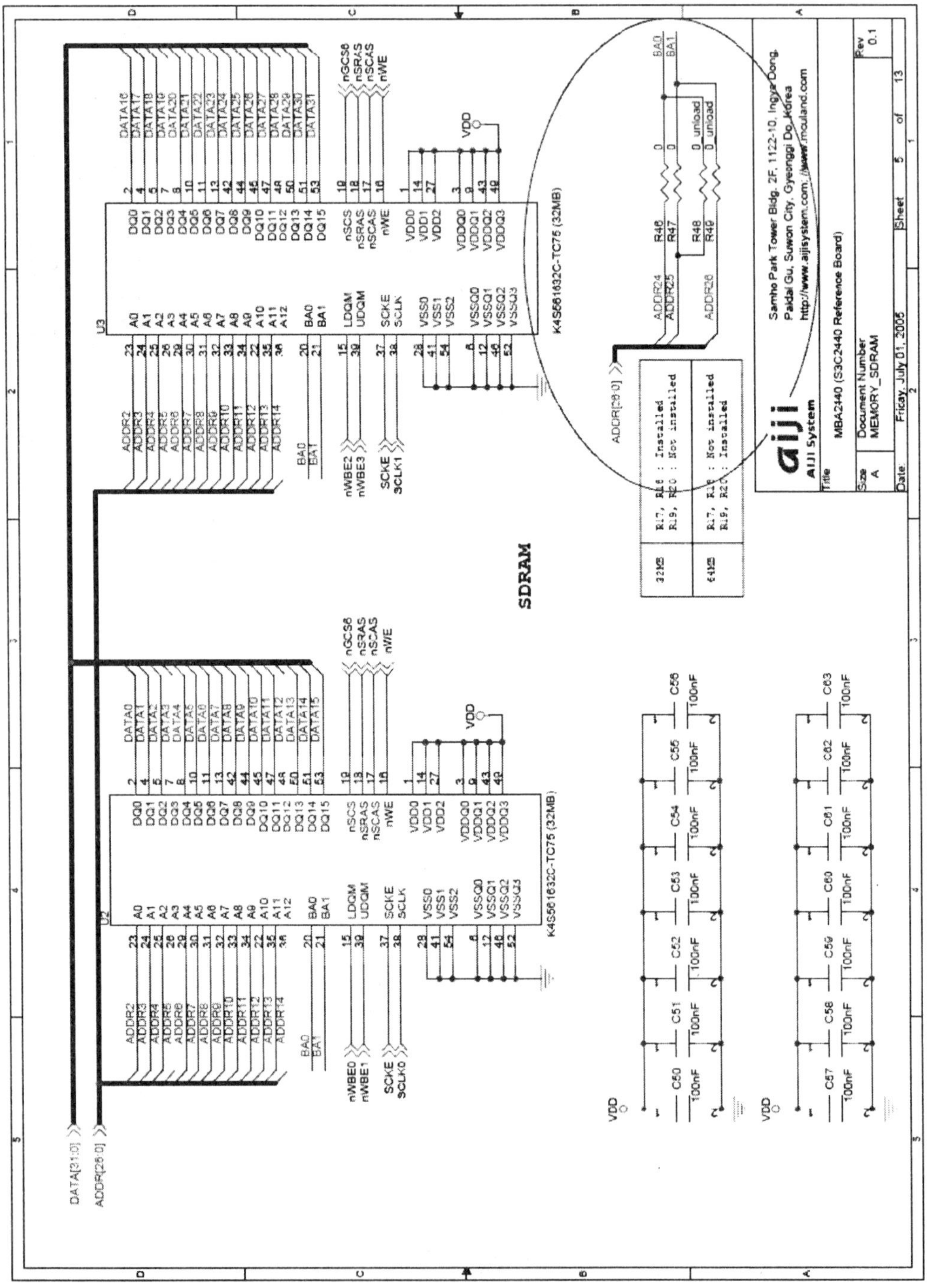
SDRAM
K4S561632C-TC75 (32MB)
MBA2140 (S3C2440 Reference Board)
MEMORY_SDRAM
Friday, July 01, 2005

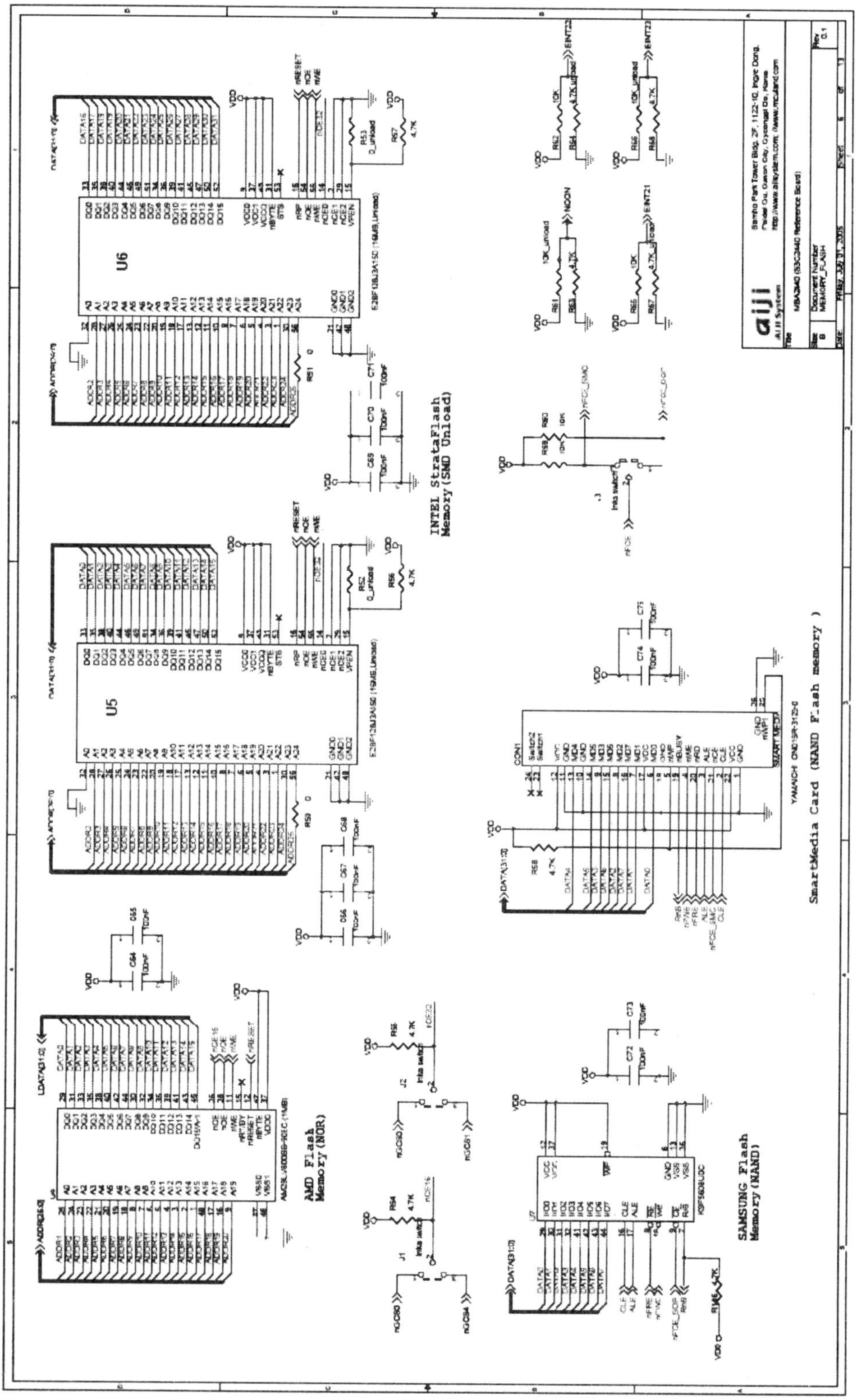
INTEL StrataFlash
Memory(SMD Unload)
AMD Flash
Memory(NOR)
SAMSUNG Flash
Memory(NAND)
SmartMedia Card (NAND Flash memory)

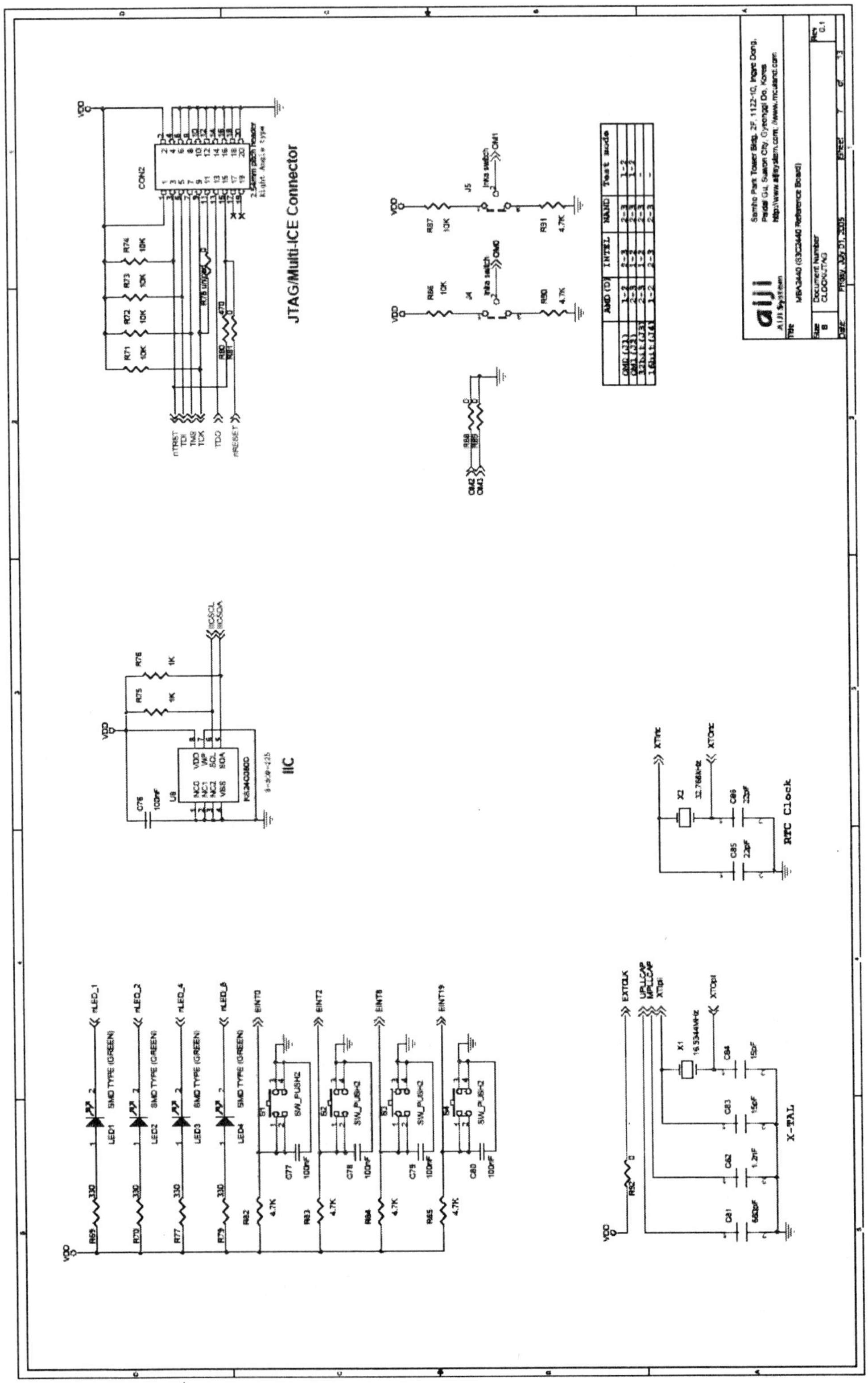
JTAG/Multi-ICE Connector
IIC
RTC Clock
X-TAL

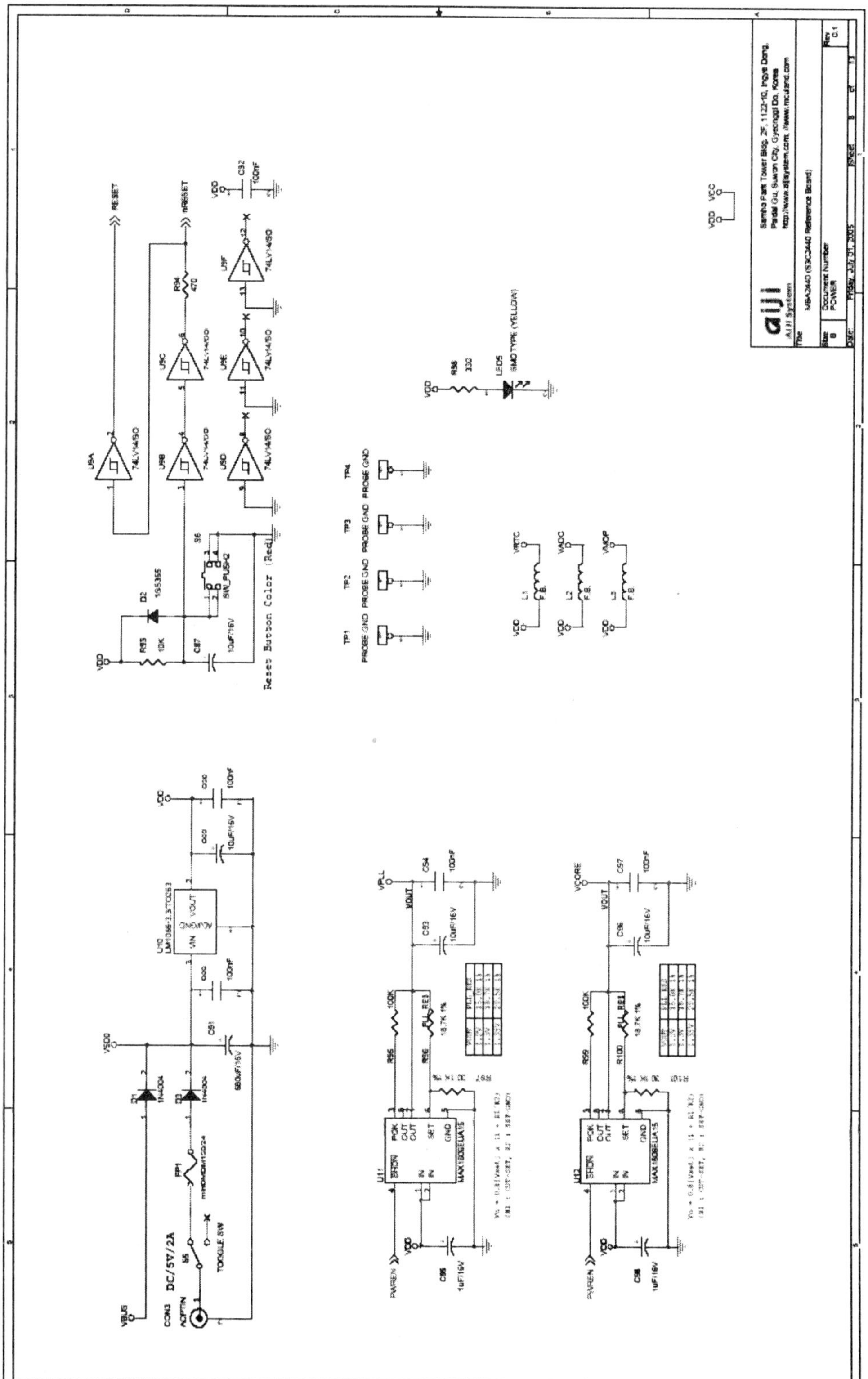

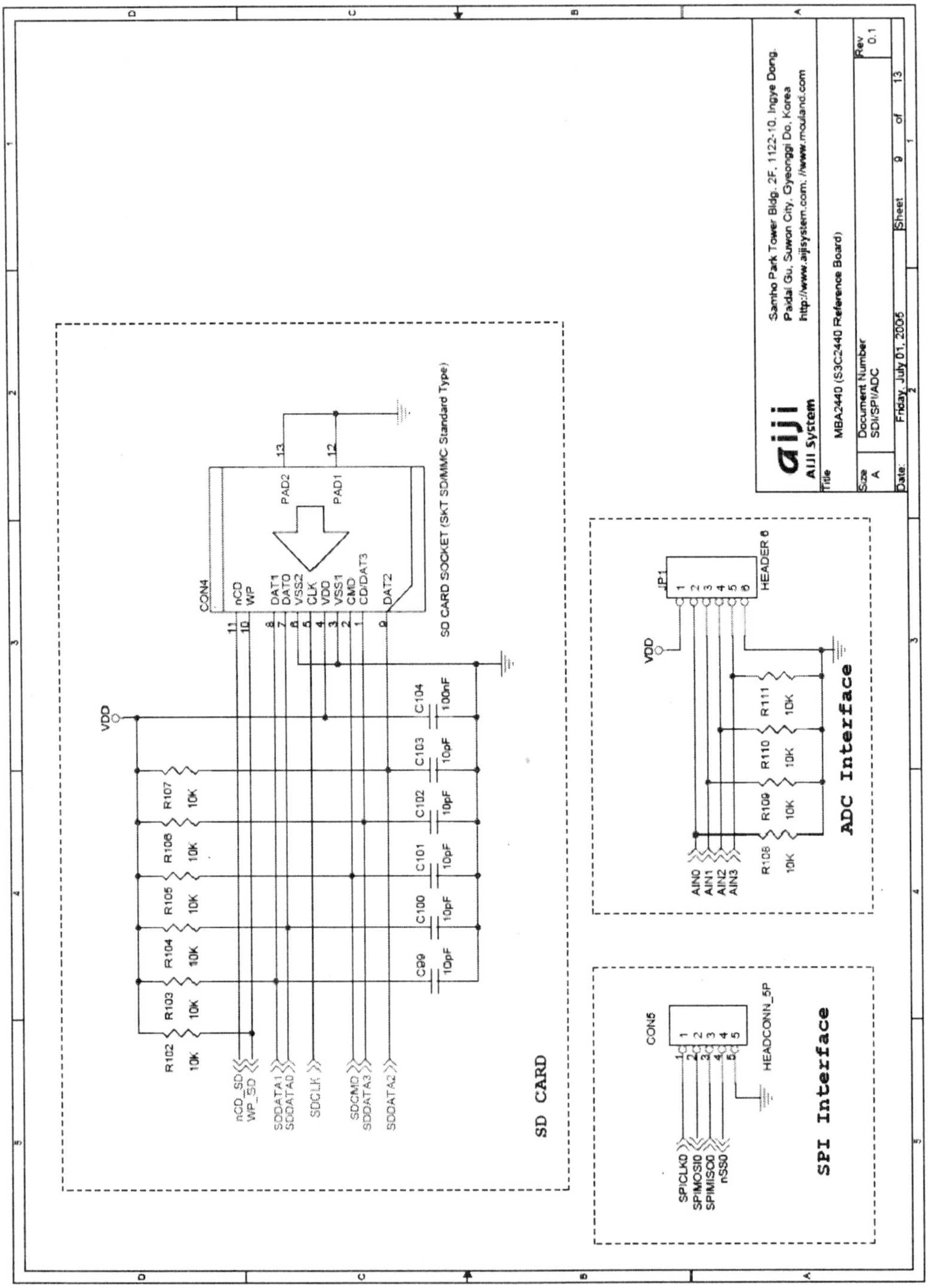
SD CARD
SD CARD SOCKET (SKT SD/MMC Standard Type)
ADC Interface
SPI Interface
AIJI System
Samho Park Tower Bldg. 2F, 1122-10, Ingye Dong,
Paldal Gu, Suwon City, Gyeonggi Do, Korea
MBA2440 (S3C2440 Reference Board)
Document Number
SDI/SPI/ADC
Friday, July 01, 2005
Sheet 9 of 13
Rev 0.1

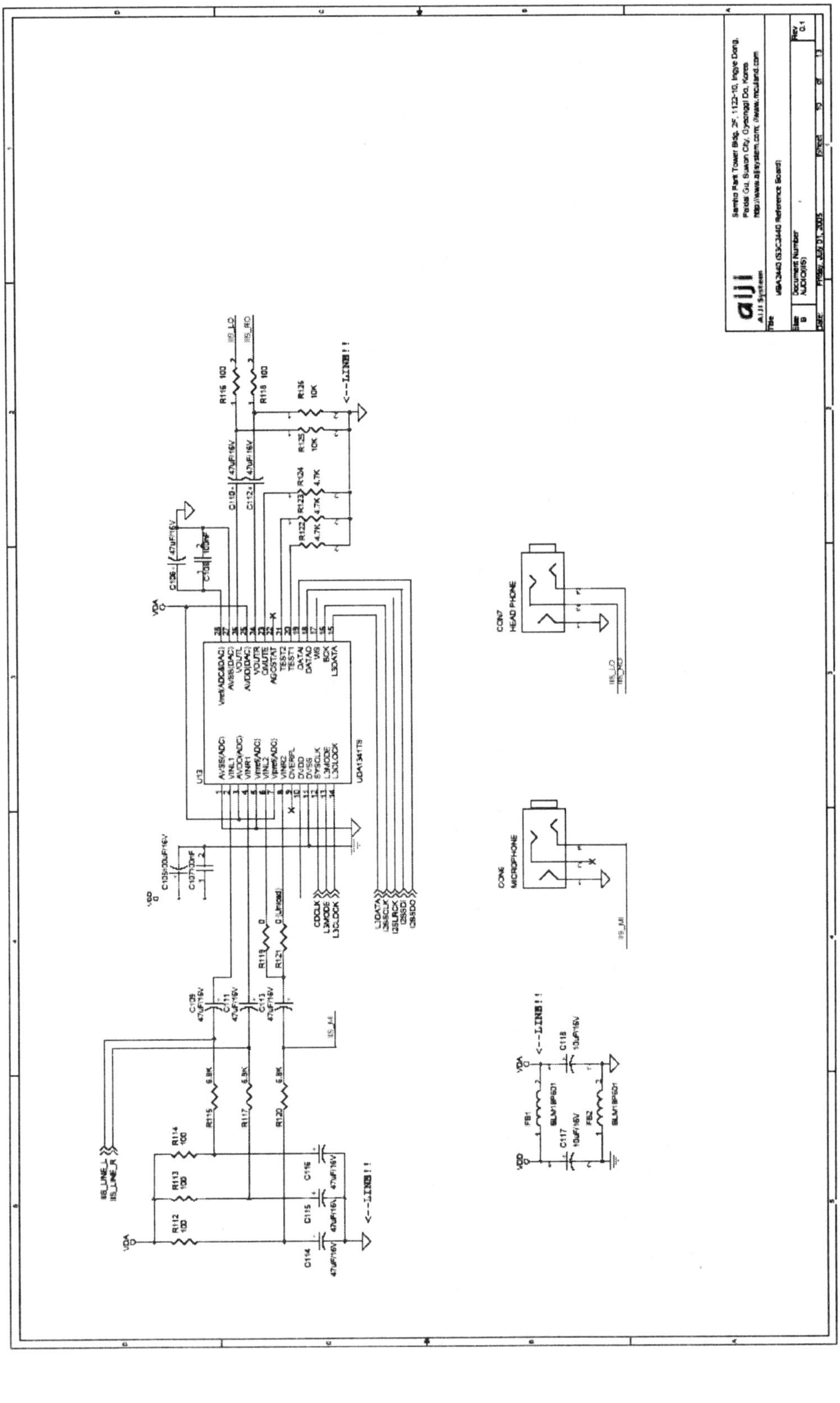

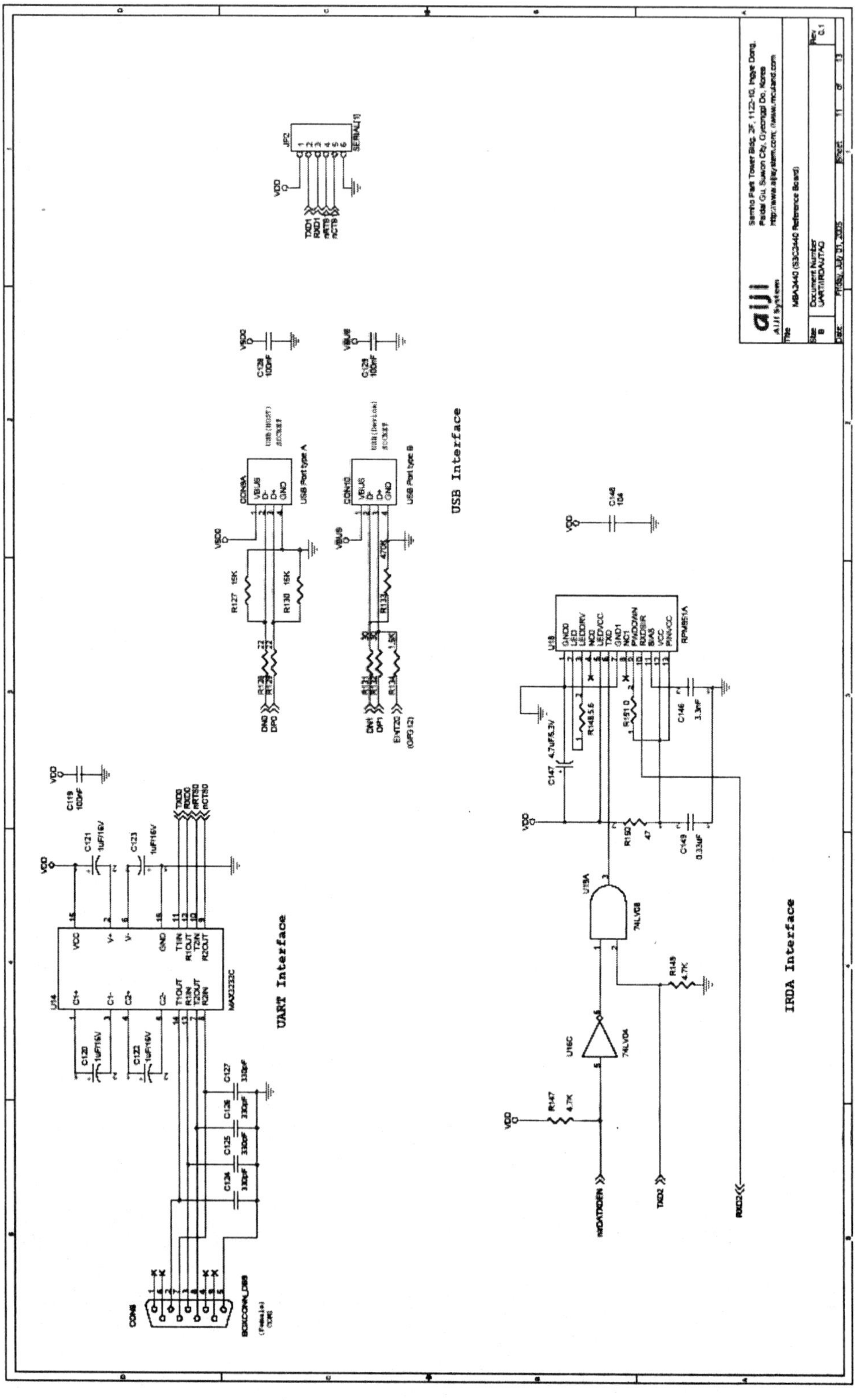
USB Interface
UART Interface
IRDA Interface
MAX3232C
USB Port type A
USB Port type B
RPM851A
74LV08
74LV04

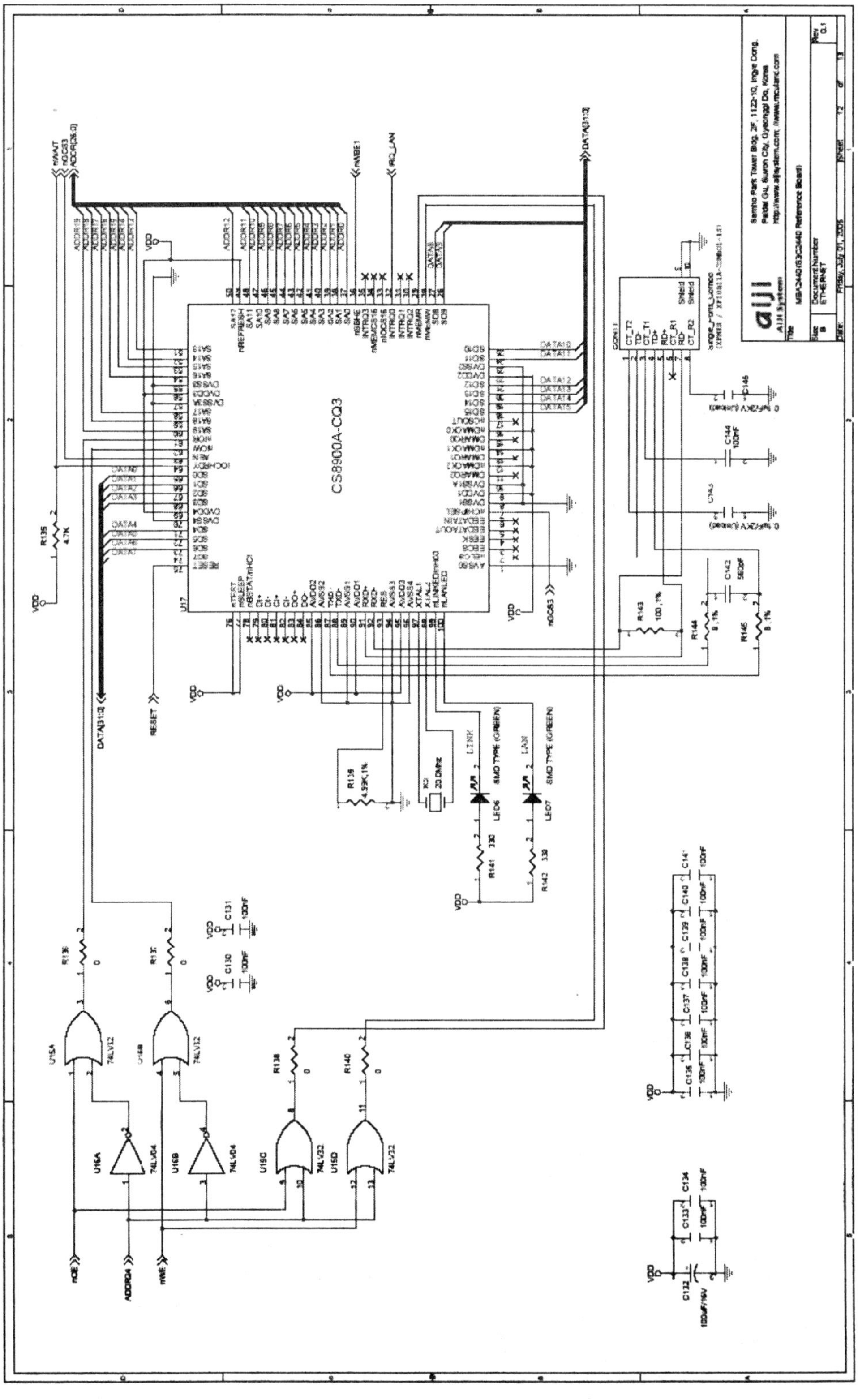
CS8900A-CQ3
U17
RESET
DATA[31:0]
74LV32
74LV04
SMD TYPE (GREEN)
MBA2440(S3C2440 Reference Board)
ETHERNET

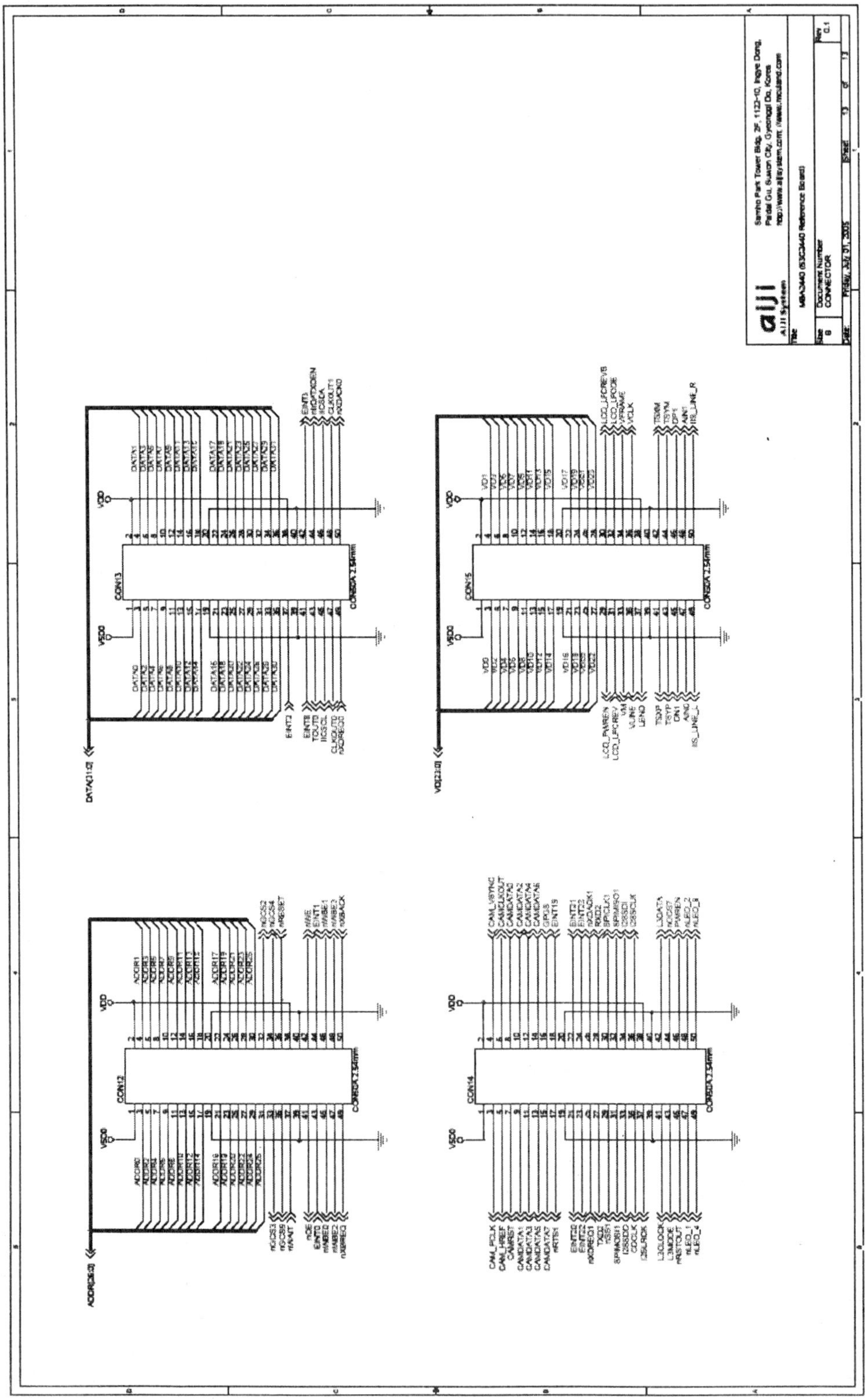

찾아보기

AIJI System Spider

ARM용 고성능 개발장비(S/W)

Spider는 OPENice-A950 전용 디버거로서 소스 레벨에서의 코드 디버깅을 수행하며 고급 프로그래밍 언어 및 다양한 이미지 포맷을 지원합니다.

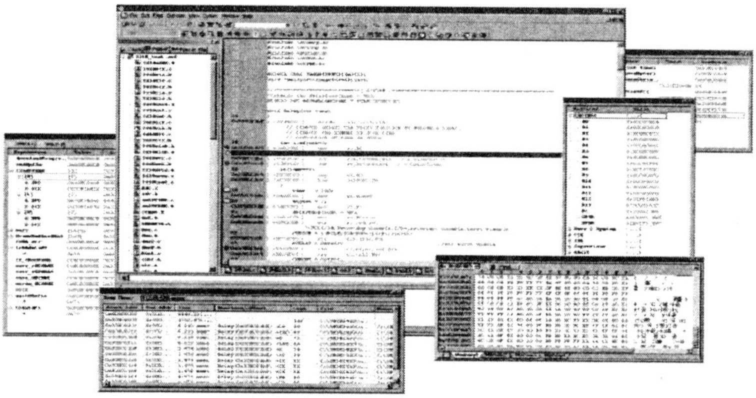

Feature

▣ 편리한 내장 에디터

- Syntax Coloring
- 자동 들여쓰기
- 다양한 폰트 및 스타일 지원
- 다양한 검색 및 바꾸기 기능

▣ 다양한 View 윈도우

- 메모리, 레지스터, 지역 및 전역 변수 윈도우
- Watch, Breakpoint 윈도우
- Call Stack (backtrace) 윈도우
- Workspace 윈도우 (파일, 함수, 변수 트리)
- SFR Register 윈도우

▣ 편리한 SMU(SFR) 설정 기능

- 각 프로세서별 디바이스 파일 제공
- Script 또는 윈도우 내에서 설정 가능

▣ 디버깅

- 다양한 이미지 지원 (Dwarf1/2, ELF, AxF)
- 소스레벨 디버깅 지원
- Step, Run, Go, Stop 기능
- Continue step/breakpoint
- Go to cursor
- Software 및 Hardware breakpoint 지원
- 역어셈블리 기능
- Semihosting
- Command Line 인터페이스 지원
- Multi-Core 디버깅
- Binary Downloading
- Flash Downloading
- Script 지원

AIJI System **MBA2440** 고성능 임베디드시스템 개발용 보드

MBA2440은 삼성의 S3C2440 MCU를 기반으로 제작된 개발용 보드로서 MCU의 내부에 있는 블록의 기능을 테스트 해 보는데 적합하도록 제작되어 있습니다. MBA2440 보드는 BASE 보드, 3.5" LCD 옵션 보드로 이루어져 있습니다.

MBA2440 BASE 보드는 총 200핀의 확장 커넥터를 포함하고 있으며 이 확장 커넥터는 S3C2440 에서 생성되는 어드레스, 데이터 버스, 및 대부분의 시그널과 연결되어 있습니다. 따라서 확장 커넥터를 통해 메인 프로세서의 구현 가능한 거의 모든 기능을 처리가 가능하여 보드에 기본적으로 장착되어 있는 부품 이외의 제품 개발에도 용이 하도록 하였습니다.
MBA2440 3.5" LCD 옵션 보드는 3.5" land scape TFT LCD와 카메라인터페이스, PCMCIA 인터페이스로 이루어져 있습니다.

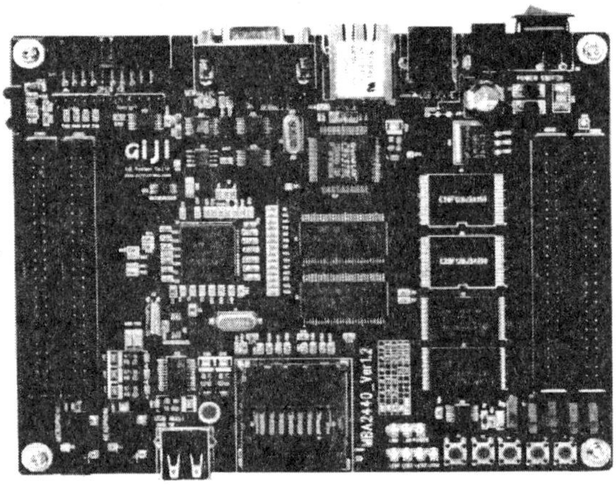

응용분야

PDA, GPS, Car Navigation System, MP3, 영상시스템, PMP, DMB

지원 OS

WinCE5.0 , Linux2.4.20, UBIFOS (Binary Code 제공)

시스템 구성

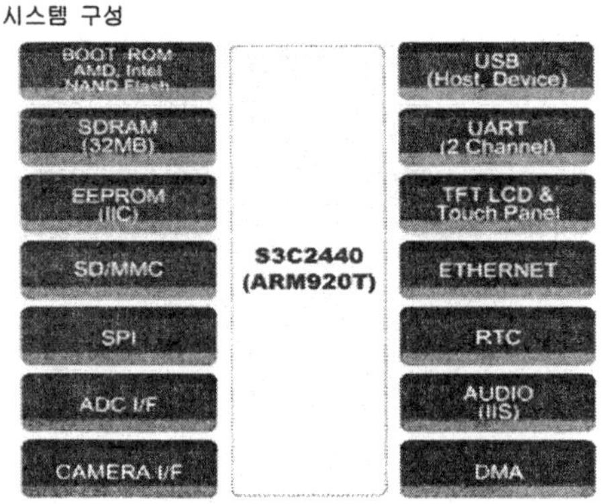

Specification

Processor : S3C2440A (ARM920T)

Boot Rom :

NOR flash

- AMD 8Mbit 1EA (default)
- INTEL Strata 32MB(16MBX2) (option)

NAND flash

- K9F5608U0C 32MB (default)
- SMC(K9S1208V0M) 64MB (option)

Memory : SDRAM (K4S281632) 32MB (16MB x 2)

UART : 2 channels (RS-232, 6 pin connector)

IrDA : 1 port

USB : 1 host, 1 device

Ethernet : CS8900

RTC : 32.768KHz

IIC : KS24C080C

ADC I/F : 6 pin connector

SPI I/F : 5 pin connector

IIS I/F : UDA1341 (Micro phone, Head phone JACK)

SD : SD host Interface

임베디드 시스템 설계와 응용

2012년 1월 15일 2판 3쇄 발행

저 자 남상엽 · 조상영 · 이무영
발행인 남 승 우

발행처 도서출판 상尙 학學 당堂

서울시 동작구 사당로9가길 6(사당동 220-43)
TEL : 02) 595-1692~4
FAX : 02) 595-1394
E-mail : namdoo6@unitel.co.kr
신고 : 2-155호 (1968. 11. 29)

정가 22,000원

ISBN 89-85437-41-0 93560
ISBN 978-89-85437-41-7 93560